波动系统的定性分析
与数值计算

姜晓丽　著

科 学 出 版 社
北 京

内 容 简 介

本书以复杂波动系统解的判定为背景，围绕初始值，研究如何找出弱解的最佳存在条件，优化适定性的区域和门槛结果，从而形成一个行之有效的判定方案. 本书首先综述波动系统的分类、结构、研究背景和经典波动系统问题，进而详细地叙述与本书相关的初边值问题，以及本书用到的弱解理论和数值算法. 在此基础上，本书研究了位势井框架下初始条件对波动系统整体适定性的影响，同时基于有限差分法和迭代原理对其中两类波动系统进行了数值算法的探讨. 本书的研究内容对于解决物理和工程领域的实际问题，例如，光栅传感器的检测性能和桥梁的坚固度等具有重要的现实意义，同时在理论层面为复杂非线性系统的可解条件和适定性分析提供了可行方案，具有一定的科学价值.

本书可作为相关专业工程技术人员、高校学生、科研人员的参考书.

图书在版编目(CIP)数据

波动系统的定性分析与数值计算/姜晓丽著. —北京: 科学出版社, 2018.8
ISBN 978-7-03-058352-9

Ⅰ.①波… Ⅱ.①姜… Ⅲ.①波动方程-定性分析②波动方程-数值计算
Ⅳ.①O175.27

中国版本图书馆 CIP 数据核字(2018) 第 168824 号

责任编辑: 张　震　姜　红/责任校对: 蒋　萍
责任印制: 吴兆东/封面设计: 无极书装

科学出版社 出版
北京东黄城根北街 16 号
邮政编码: 100717
http://www.sciencep.com

北京凌奇印刷有限责任公司 印刷
科学出版社发行　各地新华书店经销
*
2018 年 8 月第 一 版　开本: 720×1000 1/16
2018 年 8 月第一次印刷　印张: 11 1/2
字数: 240 000
POD定价: 99.00元
(如有印装质量问题, 我社负责调换)

前　　言

　　波动系统在声学、电磁学、流体力学和工程制造等领域广泛存在, 用于描述横波和纵波的振动现象. 随之产生的诸多非经典波动系统的可解性问题也对传统的可解原理和初值条件提出了挑战. 例如, 在复杂多变的桥梁颤振系统中, 会有不确定的风速、车体振动的加速度以及桥梁的振动频率等耦合因素综合作用的情况, 导致无法预估系统的识别阈值. 因此, 本书针对这些初始条件和系统自身结构等限制情况, 以复杂波动系统解的判定为背景, 围绕初始值, 研究如何找出弱解的最佳存在条件, 优化适定性的区域和门槛结果, 从而形成一个行之有效的判定方案. 第 1 章论述了波动系统初边值问题的背景、目的及意义等. 第 2 章介绍了一类具有非线性源和阻尼的基尔霍夫系统, 刻画解的不同性态; 利用变分法找到了不同能量级别下系统相应的可解性条件, 提出了可解性判定方法. 第 3 章研究了一类具有非线性源和阻尼以及黏弹性项的基尔霍夫系统; 构建了相应的位势井结构框架, 在不同能量水平下建立了解的整体存在与非存在的判定方法. 第 4 章讨论了一类高阶色散广义 Bq 系统的弱解和数值解, 得到了低能和临界情形下解的整体存在和有限时间爆破性质及门槛条件, 并构造了一种三层隐式守恒差分格式. 第 5 章针对一类弱耗散波动系统的适定性与算法进行了研究, 得到了系统在两种能量级别下可解的条件; 基于有限差分法和多重有限体积法建立了两种不同的离散格式. 本书最后给出了参考文献, 它们密切关联于本书所讨论的内容, 也可以帮助读者进一步学习更深的非线性动力系统理论及其应用与扩展.

　　本书在阐述前人的理论和方法方面力求分析精髓, 并直接给出新颖观点和想法. 本书的内容是作者近年来的一些研究成果. 本书在研究和形成过程中, 得到哈尔滨工程大学罗跃生教授、徐润章教授的悉心指导和帮助, 是他们将作者引入了非线性科学领域. 感谢作者现工作单位——渤海大学数理学院的支持. 本书获得国家自然科学基金青年科学基金项目 (项目编号: 11101102)、辽宁省科技厅项目 (项目编号: 201602009) 的资助.

　　由于作者水平有限, 书中难免有不足之处, 真诚欢迎读者批评指正.

姜晓丽

2017 年 12 月于锦州

目　　录

第1章 绪 论

本章简要介绍波动系统对应的模型和发展背景, 介绍本书的研究目的及解决的关键科学问题, 并给出解决问题的研究方案. 考虑到波动系统在工程和物理上的应用日益广泛, 本章最后将本书的研究特色与以往研究成果进行了对比讨论.

1.1 研究的问题

本书共研究四类波动系统, 两类带有非线性源及耗散项的耦合基尔霍夫波动系统, 一类具有高阶色散项的广义非线性 Boussinesq(简称 Bq) 波动系统和一类具有耗散项的非线性波动系统. 下面对这四类系统分别作简要介绍.

第 2 章研究如下一类具有非线性阻尼和非线性源的耦合基尔霍夫系统（耦合体现在基尔霍夫项上）的初边值问题, 主要关注和讨论其整体适定性问题:

$$
\begin{cases}
u_{tt} - (a + b\|\nabla u\|^2 + b\|\nabla v\|^2)\Delta u + g(u_t) = f(u), (x,t) \in \Omega \times (0,T], \\
v_{tt} - (a + b\|\nabla u\|^2 + b\|\nabla v\|^2)\Delta v + g(v_t) = h(v), (x,t) \in \Omega \times (0,T], \\
u(x,0) = u_0(x), u_t(x,0) = u_1(x), x \in \Omega, \\
v(x,0) = v_0(x), v_t(x,0) = v_1(x), x \in \Omega, \\
u(x,t) = 0, v(x,t) = 0, (x,t) \in \partial\Omega \times (0,T],
\end{cases}
\tag{1.1}
$$

式中, a,b 为基尔霍夫项的系数, $a \geqslant 0, b \geqslant 0$ 且 $a + b > 0$;∇ 为梯度符号; Δ 为拉普拉斯算子, $\Delta = \nabla^2$; $f(u), h(v)$ 为系统的外力项; $g(s)$ 为系统的阻尼项. $f(u), h(v)$ 与 $g(s)$ 满足条件 1.1~条件 1.4.

条件 1.1 $f'(0) = h'(0) = 0$.

条件 1.2 $f(u), h(v)$ 是单调的且当 $u > 0, v > 0$ 时为凸函数; 当 $u < 0, v < 0$ 时为凹函数.

条件 1.3　$(p+1)F(u) \leqslant uf(u)$, $|uf(u)| \leqslant \gamma_1|F(u)|$, $(q+1)H(v) \leqslant vh(v)$, $|vh(v)| \leqslant \gamma_2|H(v)|$, 当 $n = 1,2$ 时, $2 < p+1 \leqslant \gamma_1 < \infty$. $2 < q+1 \leqslant \gamma_2 < \infty$; 当 $n \geqslant 3$ 时, $2 < p+1 \leqslant \gamma_1 \leqslant \dfrac{2n}{n-2}$, $2 < q+1 \leqslant \gamma_2 \leqslant \dfrac{2n}{n-2}$, 式中, $F(u) = \displaystyle\int_0^u f(s)\mathrm{d}s$, $H(v) = \displaystyle\int_0^v h(s)\mathrm{d}s$.

条件 1.4　$c_1|s|^r \leqslant |g(s)| \leqslant c_2|s|^r$, $c_1, c_2 > 0$, 当 $n \geqslant 3$ 时, $1 \leqslant r \leqslant \dfrac{n+2}{n-2}$; 当 $n = 1,2$ 时, $0 \leqslant r < \infty$. $sg(s) \geqslant 0$, $g: \mathbb{R} \to \mathbb{R}$ 是一个 C^1 递增函数.

第 3 章对如下具有非线性阻尼、耦合非线性源及黏弹性项的耦合基尔霍夫系统在全能级空间（由井深划分的三种初始能量水平）的整体可解性进行分析:

$$
\begin{cases}
u_{tt} - M(t)\Delta u + \displaystyle\int_0^t g_1(t-s)\Delta u\mathrm{d}s + |u_t|^{p-1}u_t = f_1(u,v), & \Omega \times (0, +\infty), \\[2mm]
v_{tt} - M(t)\Delta v + \displaystyle\int_0^t g_2(t-s)\Delta u\mathrm{d}s + |v_t|^{q-1}v_t = f_2(u,v), & \Omega \times (0, +\infty), \\[2mm]
u(x,0) = u_0(x), u_t(x,0) = u_1(x), & x \in \Omega, \\[1mm]
v(x,0) = v_0(x), v_t(x,0) = v_1(x), & x \in \Omega, \\[1mm]
u(x,t) = v(x,t) = 0, & \partial\Omega \times [0, +\infty),
\end{cases}
\tag{1.2}
$$

式中, Ω 为 $\mathbb{R}^n$ 内有光滑边界 $\partial\Omega$ 的有界域; $M(t) = m_0 + \alpha(\|\nabla u\|^2 + \|\nabla v\|^2)^\gamma$, 是一个非负函数, 其中, $\alpha \geqslant 0, m_0 + \alpha > 0, \gamma > 0$. 对于 $\Delta u, \Delta v$ 的耦合系数 $M(s)$, 对 $s \geqslant 0$ 松弛函数 g_1 和 g_2, 非线性指标 m, p, q 及非线性源项 $f_1(u,v)$, $f_2(u,v)$ 分别满足条件 1.5~条件 1.8.

条件 1.5　对于非线性源项 $f_1(u,v), f_2(u,v)$ 满足

$$
\begin{cases}
f_1(u,v) = (m+1)(a|u+v|^{m-1}(u+v) + b|u|^{\frac{m-3}{2}}|v|^{\frac{m+1}{2}}u), \\[2mm]
f_2(u,v) = (m+1)(a|u+v|^{m-1}(u+v) + b|v|^{\frac{m-3}{2}}|u|^{\frac{m+1}{2}}v).
\end{cases}
$$

条件 1.6　$M(s)$ 是一个 C^1 函数, 对于 $s \geqslant 0$ 满足

$$
M(s) = m_0 + \alpha(\|\nabla u\|^2 + \|\nabla v\|^2)^\gamma, m_0 \geqslant 0, \alpha \geqslant 0, \gamma > 0.
$$

条件 1.7　非线性指标 m, p, q 满足

$$
m > 1, 若 n = 1,2 \text{ 或 } 1 < m \leqslant 3, 若 n = 3
$$

和

$$p, q \geqslant 1, \text{若 } n = 1, 2 \text{ 或 } 1 < p, q \leqslant 5, \text{若 } n = 3.$$

条件 1.8 对于 $s \geqslant 0$, 松弛函数 g_1, g_2 是 C^1 函数且满足

$$g_1(s) \geqslant 0, m_0 - \int_0^\infty g_1(s)\mathrm{d}s = l > 0,$$

$$g_2(s) \geqslant 0, m_0 - \int_0^\infty g_2(s)\mathrm{d}s = k > 0$$

和

$$g_1'(s) \leqslant 0, g_2'(s) \leqslant 0.$$

第 4 章研究如下一类高阶广义 Bq 系统的整体适定性问题, 利用有限差分法将系统进行离散, 经过证明得出此离散格式是守恒的, 同时具有稳定性和存在性及依范数二阶收敛等性质:

$$\begin{cases} u_{tt} - u_{xx} - u_{xxtt} + u_{xxxx} + u_{xxxxtt} = f(u)_{xx}, x \in \mathbb{R}, t > 0, \\ u(x, 0) = u_0(x), u_t(x, 0) = u_1(x), x \in \mathbb{R}, \end{cases} \tag{1.3}$$

主要针对如下两类非线性源 $f(u)$ 的条件 1.9 与条件 1.10 进行讨论.

条件 1.9

$$f(u) = \pm|u|^p, p > 4 \text{ 且 } p \neq 2k, k = 3, 4, \cdots,$$

或

$$f(u) = -|u|^{p-1}u, p > 4 \text{ 且 } p \neq 2k + 1, k = 2, 3, \cdots.$$

条件 1.10

$$f(u) = \pm u^{2k}, k = 1, 2, \cdots \text{ 或 } f(u) = -u^{2k+1}u, k = 1, 2, \cdots.$$

第 5 章研究如下一类非线性耗散波动系统的整体适定性, 讨论在低初始能量和临界初始能量情形下系统的整体存在性、非整体存在性和衰减速率问题. 对系统 (1.4) 从两个角度利用两种方法, 分别为有限差分法和多重有限体积法进行离散, 分析得到的离散格式的存在唯一性和收敛阶, 并通过算例进行数值实验, 来佐证格式的有效性:

$$\begin{cases} u_{tt} - \Delta u + \gamma u_t = f(u), x \in \Omega, t > 0, \\ u(x, 0) = u_0(x), u_t(x, 0) = u_1(x), x \in \Omega, \\ u(x, t) = 0, x \in \partial\Omega, t \geqslant 0, \end{cases} \tag{1.4}$$

式中, $\gamma \geqslant 0$, Ω 为 $\mathbb{R}^n$ 中的有界域. $f(u)$ 满足条件 1.11~条件 1.13.

条件 1.11 $f(u) \in C^1(\mathbb{R})$ 且对任意的 $u \in \mathbb{R}$, 满足条件 $u\left(uf'(u) - f(u)\right) \geqslant 0$, 当且仅当 $u = 0$ 时上述不等式取等号.

条件 1.12 存在 $a > 0$ 和 q 使得对任意的 $u \in \mathbb{R}$ 有 $|f(u)| \leqslant a|u|^q$ 成立, 且当 $n = 1, 2$ 时, 有 $1 < q < \infty$; 当 $n \geqslant 3$ 时, 有 $1 < q < \dfrac{n+2}{n-2}$.

条件 1.13 对某些 $1 < p \leqslant q$, $F(u) = \displaystyle\int_0^u f(s)\mathrm{d}s$ 和任意 $u \in \mathbb{R}$ 有 $(p+1)F(u) \leqslant uf(u)$ 成立.

1.2 研究背景

下面对四类波动系统的发展背景分别进行说明.

系统 (1.1) 起源于对弹性弦微小幅度振动的描述, 见文献 [1]. 具体来说, 它来源于基尔霍夫链, 这种数学物理模型描述了由下述混合方程中给出的长度为 $L > 0$ 的弹性弦的偏转问题, 并由如下单个方程演化而来:

$$\rho h u_{tt} + \delta u_t = \left(p_0 + \frac{Eh}{2L}\int_0^L u_t^2 \mathrm{d}x\right) u_{xx} + f(u), \tag{1.5}$$

式中, $0 < x < L, t \geqslant 0$, $u(x,t)$ 为在 t 时刻绳上 x 点处的横向偏转; E 为 Young 系数; ρ 为密度; h 为横截面面积; L 为长度; p_0 为初始张力; δ 为阻力系数; f 为外力. 当 $p_0 = 0$ 时, 系统 (1.5) 被称为退化的无弹性的或高维泛化的基尔霍夫系统; 否则称为非退化的弹性弦模型. 系统 (1.5) 最早是由 kirchhoff[2] 于 1883 年在研究张紧的弦或板上进行微小横振动现象时提出来的, 后来此类方程便以他的名字命名. 也可以参考 Ames[3] 的介绍. 事实上, 在 n 维的一般情况下, 系统 (1.5) 又经常被描述成式 (1.6), 它是基尔霍夫系统具有代表性的形式:

$$u_{tt} - M(\|\nabla u\|^2)\Delta u + \delta u_t = f(u), \tag{1.6}$$

式中, $M(\|\nabla u\|^2) = M(r)$ 为一个非负局部利普希茨函数 $(r \geqslant 0)$, 且 $M(r) = m_0 + \alpha(a + b\|\nabla u\|^2)^\gamma$; u 为杆的横向位移; x 为振动方向的位移; t 为时间; 弦的非线性弹性和杆内的拉伸负荷分别与 b, α 和 a, m_0 有关.

既然系统 (1.1) 源于单个基尔霍夫方程, 为了能说明问题, 有必要在下面的篇幅中提及一些单个基尔霍夫方程的发展概况. 在过去很长一段时间里, 此类方程的初边值问题已被广泛研究, 并得到了许多有价值和可供参考的结果.

Greenberg 和 Hu [4] 在一维空间 $\mathbb{R}$ 中进行了基尔霍夫线性波动方程

$$u_{tt} - m\left(\|\nabla u\|^2\right)^2 \Delta u = 0 \tag{1.7}$$

初值问题的研究. 对于一些满足衰减条件的小初值 (u_0, u_1) 得到了整体解存在且唯一, 运用的主要方法是引进变换将解函数转换成一对未知函数. D'Ancona 和 Spagnolo[5] 将一维空间 $\mathbb{R}$ 推广为 n 维, 同时对于更一般的算子 m 用同样的方法研究了系统 (1.7) 存在整体解, 推广了文献 [4] 中的结果. 他们又在文献 [6] 中在希尔伯特空间范数的定义下证明了系统 (1.7) 在三维空间中存在唯一的整体解, 存在整体解要求的条件是初值 (u_0, u_1) 具有较小的范数 $\|\nabla u_0\|_{H^{1,2}} + \|\nabla u_1\|_{H^{1,2}}$. Rzymowski[7] 也在一维空间 $\mathbb{R}$ 中得到了系统 (1.7) 的整体解存在的结论. 与文献 [4] 不同的是此文放宽了初值的假设条件: 令 $(u_0, u_1) \in C^3(\mathbb{R}) \times C^2(\mathbb{R})$, 使得 $\partial_x u_0, \partial_{xx} u_0, \partial_{xxx} u_0, u_1, \partial_x u_1, \partial_{xx} u_1 \in C_0 L^1(\mathbb{R})$, 并且 $\|\partial_{xx} u_0 * \partial_x u_0\|_{L^1} + \|\partial_x u_0 * \partial_x u_1\|_{L^1} + \|\partial_x u_1 * u_1\|_{L^1}$ 充分小, 式中 $*$ 表示卷积. 对于系统 (1.7) 在有界域上的初边值问题, Racke[8] 首先证明了其整体存在性质, 此结果在文献 [9] 和文献 [10] 中得到了改进. 这两篇文献运用广义傅里叶变换得到了保证整体解存在的充分小的初值. 而在文献 [11] 中 Yamazaki 在通常的索伯列夫空间中的范数意义下证明了系统 (1.7) 在大于等于四维空间的有界域存在唯一的整体解; 同时 Yamazaki 又于文献 [12] 中考虑了三维空间的有界域的小初值整体解存在问题, 得出了与文献 [11] 类似的结论, 并对于 $L^1(\mathbb{R})$ 范数关于时间进行了逐点估计.

对于系统 (1.6) 具有线性阻尼情况, de Brito[13] 在希尔伯特空间中论证了解的存在唯一性和正则性; 同时这篇文献还研究了与上述方程对应的非线性积分-微分方程的初边值问题, 证明了古典解的存在性、唯一性和稳定性. Hosoya 和 Yamada[14] 针对具有线性弱阻尼的基尔霍夫方程的初边值问题进行了探讨, 在较小的初值条件下证明了局部解和整体解存在定理, 首次尝试讨论了此类方程的长时间行为, 得到了解的指数型衰减性质. 同类的与之平行的研究还有 Ikehata [15] 考虑了具有线性强阻尼的基尔霍夫方程的初边值问题的整体存在定理. Yamada[16] 对于拟线性耗散

波动方程的初值问题做了整体存在性的分析. Yamada 发现, 若初值 (u_0, u_1) 和非线性函数 $f(u)$ 满足 $\|u_0\| \leqslant \delta$, $\|u_1\| \leqslant \delta$ 和 $\int_0^\infty \|f(s)\|_1 \mathrm{d}s \leqslant \delta$, 则系统的解是整体存在的. 若保持初值的取值范围不变, 令非线性函数 $f(u) = 0$, 则解满足渐近性质 $\|u(x,t)\| = o(1)$. Nishihara[17] 也研究了类似的拟线性基尔霍夫方程的初边值问题, 运用 Galerkin 近似解方法结合能量法讨论了系统解的长时间行为. 不同于上面几篇文献的是拓宽了初值的取值范围, 不必要求初值较小, Nishihara 就外力项 f 的不同情况得到了解的指数衰减结果. 具体来说, 当 $f \equiv 0$ 时, $u(x,t) = O(\exp(-\beta t))$, 而若 f 及其导数 f' 在 $t \to +\infty$ 时满足指数型衰减, 则方程的解及导数也有指数型衰减. Matsuyama[18] 考虑了具有间断非线性项的波动方程的奇异摄动问题:

$$u_{tt} - \left(\varepsilon + \|\nabla u\|^2\right) \Delta u + \delta u_t + g(u) = 0,$$

得到了保证整体解存在的初值范围为 $\dfrac{\|\nabla u_1\|^2}{\|\nabla u_0\|^2} + \|\Delta u_0\|^2 < \dfrac{\delta^2}{4}$, 且其解 $u(t)$ 指数衰减为 $\|\nabla u(t)\| \leqslant \dfrac{C}{(1+t)^{\frac{1}{2}}}$ 和 $\|u'(t)\| \leqslant \dfrac{C}{1+t}$. Nakao[19] 运用变分方法研究了具有线性阻尼的基尔霍夫方程的初边值问题, 构建了初值的无界集合证明了整体光滑解存在. Taniguchi [20] 考虑了具有耗散项的基尔霍夫方程的初边值问题:

$$u_{tt} - M(\|tu\|^2)\Delta u + \gamma_2 u_t + |u_t|^p u_t = |u|^q u$$

基于压缩映像原理, 分别建立了其解的整体存在性和指数型衰减性质即解的渐近性质. 从某种意义来讲, 对于基尔霍夫波动方程的解的适定性研究进入了一个更深的层面.

Matsuyama 和 Ikehata [21] 研究了如下具有非线性弱阻尼项和源项的基尔霍夫方程解的存在性与形态:

$$u_{tt} - M\left(\|\nabla u\|^2\right) \Delta u + \delta |u_t|^{p-1} u_t = \mu |u|^{q-1} u,$$

在 $H^2 \times H_0^1$ 空间里给出了整体可解性和具有 $E(u_0, u_1)^{\frac{q-1}{2}} < \dfrac{1}{C}$ 形式的能量衰减结论. Benaissa 和 Messaoudi[22] 考虑了带有耗散项的 q-Laplacian 基尔霍夫方程, 在某些假设条件下, 他们证明了在低初始能量状态下该初值问题的整体解存在, 给出了此问题局部解爆破的一些充分条件, 分析了解的爆破行为. Zeng 等 [23] 探索了基

尔霍夫弱阻尼方程的初边值问题, 他们指出了满足什么样的初始条件, 会导致该问题在高初始能量下不存在整体解. 这是关于基尔霍夫方程在超临界能量情形下的第一个研究, 而关于两个方程构成的此类系统在此方面还没有任何结果.

因为本书创新点之一在于针对结构复杂的基尔霍夫系统分析高初始能量下解的定性性质, 而这源于最新研究动态带来的启发, 所以, 下面介绍这方面的一些研究成果及其研究方法, 它们为本书提供了借鉴性的思路.

目前, 一些学者正致力于研究在高初始能量水平下偏微分方程的整体适定性. 讨论系统具有任意高初始能量 $E(0) > 0$ 时解的适定性问题的思维模式是由 Gazzda 和 Weth[24] 首先提出的. 他们针对一类半线性抛物方程发现了任意大初值条件下解会发生有限时间爆破的性质. Gazzda 和 Squassina[25] 研究了半线性阻尼波动系统

$$u_{tt} - \Delta u - \omega \Delta u_t + \mu u_t = |u|^{p-2}u.$$

在强阻尼项不存在的情况下证明了若初值 $u(x,0)$ 属于不稳定集合 (位势井外空间), 且初值与能量泛函满足一个已知不等式, $u(x,0)$ 与 $u_t(x,0)$ 在某个空间中的内积大于零, 则该问题具有高初始能量的局部解会在有限时间内爆破. 文献 [26]~文献 [28] 讨论了应用此技术结合位势井凸函数方法, 讨论了几类不同的非线性发展方程定解问题的解在高初始能量下的整体适定性问题. Wang[26] 考虑了如下具有黏弹性耗散项的非线性波动方程的初边值问题:

$$u_{tt} - \Delta u + \int_0^t g(t-s)\Delta u(s)\mathrm{d}s + u_t = |u|^{p-1}u, \tag{1.8}$$

在对记忆项 g 满足一些合适的假设条件, 且初值满足四个充分条件时, 得出了系统 (1.8) 具有任意高初始能量的局部解会在有限时间内爆破. Taskesen 等 [29] 研究了如下 Bq 方程的初值问题:

$$u_{tt} - u_{xx} + u_{xxxx} + u_{xxxxtt} = (f(u))_{xx},$$

式中, $f(u) = \gamma|u|^p$, γ 为正数. 通过定义新的泛函, 使用位势井族理论, 给出了一些保证上述问题在高初始能量状态下整体弱解存在的充分条件. 文献 [30] 将文献 [29] 中的结果推广到无穷维. Kuter 等 [31] 研究了如下含有四阶色散项 Bq 方程的初值

问题:

$$u_{tt} - \Delta u - \beta_1 \Delta u_{tt} + \beta_2 \Delta^2 u = \Delta\beta|u|^p, \tag{1.9}$$

令 $u_0 \in H^1(\mathbb{R}^n)$, $S = (-\Delta)^{\frac{1}{2}}$, $(Su_0, Su_1) \in L^2(\mathbb{R}^n)$, $a = \dfrac{(p+1)\gamma}{(p+3)\gamma + p - 1}$, 假设 $E(0) > 0, K(u,0) > 0$ 证明了系统 (1.9) 在时间区间 $t \in [0, \infty)$ 上弱解 $u(x,t)$ 整体存在. 通过一系列仿真实验, 佐证了证明该问题的高初始能量整体存在性引入新泛函的必要性与有效性. Xu 和 Yang[32] 研究了如下四阶非线性耗散色散波动方程的初边值问题:

$$u_{tt} - \Delta u - \Delta u_t - \Delta u_{tt} + u_t = |u|^{p-1}, \tag{1.10}$$

通过定义新的泛函, 使用位势井理论和改进的凸函数方法, 给出了一些保证系统 (1.10) 在任意高初始能量状态下, 弱解在有限时间内爆破的充分条件. 关于复杂系统尤其是基尔霍夫系统的整体适定性在临界和超临界情形, 到目前为止还没有任何研究结果. 在工程及物理上有关此类系统的相应问题还未得到解决, 所以本书关于两类基尔霍夫系统的定性研究意义重大.

若系统 (1.1) 中的 $M(t) = 1$, 则其退化为一般的波动系统. 此类系统描述了非线性的波现象, 多见于流体力学、毛细管引力波和生物化学中. 其主要的工作成果集中在文献 [33]~文献 [55] 中. 在研究电磁场中介子的运动时, 文献 [33] 和文献 [34] 首先引入了波动系统

$$\begin{cases} u_{tt} - \Delta u + m_1^2 u + g^2 v^2 u = 0, \\ v_{tt} - \Delta v + m_2^2 v + h^2 u^2 v = 0, \end{cases}$$

此类模型的物理意义是描述了标量场 u, v 的数量 m_1, m_2 之间的相互影响. 特别是它刻画了电磁场中的带电介子的运动情况. 这两篇文献给出了方程的古典解, 指出量子场算子可以用解流形的微分算子表示出来, 并在希尔伯特空间给出了合理的解释.

Jögens[35]、Medeiros 和 Menzala[36] 都研究了此类系统, 发现了有界区域内的混合系统弱解的存在性. 文献 [37] 和文献 [38] 通过使用 Galerkin 方法对上面的方程进行了推广, 研究了解的整体存在问题. 文献 [39] 借助于加权 Strichartz 估计法

在无界域上获得了哈密顿双曲系统的整体存在与不存在定理. Zhang[40] 针对低初始能量找到了耦合波动系统的整体存在与爆破的最佳条件.

Reed[41] 对于耦合波动系统

$$\begin{cases} u_{tt} - \Delta u + m_1^2 u = -4\lambda(u+\alpha v)^3 - 2\beta u v^2, \\ v_{tt} - \Delta v + m_2^2 v = -4\alpha\lambda(u+\alpha v)^3 - 2\beta u^2 v, \end{cases}$$

得出了系统整体适定性的条件. 通过对能量等式的讨论, 得到了整体解的存在性、唯一性和爆破成立的初值条件. Wei 和 Yan[42] 用相同的方法将上述结论平行地推广到了含有 k 个变量的同类系统中.

Wang[43] 考虑了具有非负位势但不具有阻尼项的克莱因–戈尔登波动系统

$$\begin{cases} u_{tt} - \Delta u + m_1^2 u + K_1(x)u = a_1|v|^{q+1}|u|^{p-1}u, \\ v_{tt} - \Delta v + m_2^2 v + K_2(x)v = a_2|u|^{p+1}|v|^{q-1}v \end{cases}$$

的柯西问题, 对于低维空间 $n = 2,3$ 的情况得到了系统的基态解是存在的. 同时也证明了在高初始能量的状态下满足合适的初值条件, 解不会整体存在. Komornik 和 Rao[44] 于 1997 年提出波动系统

$$\begin{cases} u_1'' - \Delta u_1 + \alpha(u_1 - u_2) = 0, \\ u_2'' - \Delta u_2 + \alpha(u_2 - u_1) = 0 \end{cases}$$

的初边值问题. 此模型描述了横向自由振动的弹性连接的双膜复合系统. 式中, u_1 和 u_2 为两个振动膜偏离平衡位置的位移; 耦合项 $\alpha(u_1 - u_2)$ 为耦合弹性层施加的力. 这篇文献证明了上述线性紧系统当初值满足合适条件时, 在一致的指数稳定性和非线性边界条件下解具有衰减性质. Aassila[45] 通过弱化边界条件中的耗散项, 使 $|u'|$ 趋向于无穷, 推广了上述系统的衰减结果. Rajaram 和 Najafi[46] 对具有精确边界控制并具有耦合低阶项的双线性波动系统进行了研究:

$$\begin{cases} u_{tt} - \Delta u + \alpha(u - v) + \beta(u_t - v_t) = 0, \\ v_{tt} - \Delta v + \alpha(v - u) + \beta(v_t - u_t) = 0, \end{cases}$$

获得了精确可控性的结论. Sun 和 Wang[47] 在对具有线性弱阻尼和非线性源项的

波动系统

$$\begin{cases} \partial_t^2 u_1 - \Delta u_1 + \partial_t u_1 = |u_2|^{p_1}, \\ \partial_t^2 u_2 - \Delta u_2 + \partial_t u_2 = |u_1|^{p_2} \end{cases}$$

的初值问题进行研究时发现, 源项的指数 p_1, p_2 和空间的维数 n 满足不同的关系, 系统的整体适定性是完全不同的. 利用文献 [47] 的思维方法, Takeda[48] 将类似的整体适定性的结果由两个变量构成的系统推广到 k 个变量组成的系统的柯西问题, 发现在小初值限制下将解的整体存在性和有限时间爆破区分开的临界指数与相应的热系统和文献 [47] 中两个变量的波动系统是完全一致的. Wu [49] 研究了如下具有线性弱阻尼的非线性波动系统的初值问题:

$$\begin{cases} u_{tt} - \Delta u + m_1^2 u + \gamma_1 u_t = (|u|^{2p} + |v|^{p+1}|u|^{p-1})u, \\ v_{tt} - \Delta v + m_2^2 v + \gamma_1 v_t = (|v|^{2p} + |u|^{p+1}|v|^{p-1})v. \end{cases}$$

此类非线性波动系统又称为克莱因–戈尔登系统, 描述了在相对论量子力学情况下, 寻找特定粒子在某一位置的量子幅. 这篇文献采用位势井方法结合凸函数方法, 证明了当初始能量满足 $E(0) < d$ 和 $I(u_0, v_0) < 0$ 时上述系统的解在有限时间内爆破. 2010 年 Liu[50] 也针对具有阻尼项的非线性克莱因–戈尔登系统做了讨论, 证明了该系统具有任意高初始能量的弱解的整体不存在性, 得到了局部解在有限时间内爆破的现象. 对于含有非线性弱阻尼项的波动系统

$$\begin{cases} u_{tt} - \Delta u + |u_t|^{p-1}u_t = f(u, v), \\ v_{tt} - \Delta v + |v_t|^{q-1}v_t = h(u, v) \end{cases}$$

的初边值问题的整体适定性的研究, 可以参考文献 [51] 中的叙述: 假设 $r \leqslant \min\{p, q\}$ 成立, 系统即存在一个整体弱解, 而在假设 $r > \max\{p, q\}$ 和 $E(0) < 0$ 的前提下, 证明了爆破解的存在. Toundykov 等 [52] 对此结果做了进一步的推广, 利用位势井方法, 将能量初始水平值由负数拓宽至正数, 但要求其上界值不超过过山值, 在此条件下获得了弱解的整体存在、一致衰减率和有限时间爆破. Wu[53] 研究了下面的非线性波动系统当 $F(u, v)$ 中的 $r = 3$ 的情况:

$$\begin{cases} u_{tt} - \Delta u + |u_t|^{p-1}u_t + m_1^2 u = F_u(u, v), \\ v_{tt} - \Delta v + |v_t|^{q-1}v_t + m_2^2 v = F_v(u, v), \end{cases}$$

在指标 $p = q = 1$、初始能量为正和负时分别估计出了爆破时间的上界, 而在负初始能量值下对于爆破时间也给出了恰当估计. 在此工作基础上, Li 等 [54] 也利用对能量水平分层次的思想讨论了高阶波动系统的初边值问题:

$$\begin{cases} u_{tt} + \Delta^2 u + |u_t|^{p-1} u_t = F_u(u, v), \\ v_{tt} + \Delta^2 v + |v_t|^{q-1} v_t = F_v(u, v), \end{cases}$$

式中, $F(u, v) = \alpha|u + v|^{r+1} + 2\beta|uv|^{\frac{r+1}{2}}$, $r \geqslant 3$, $\alpha > 1$, $\beta > 0$. 对于 $p = q = 1$ 的情况, 从初始能量 $E(0)$ 的四个范围出发, 得到了系统的爆破现象和爆破时间的长度; 对于指标 $1 < p, q < r$ 的情况, 分别讨论了 $E(0) < 0$ 和 $0 < E(0) < d$ 时的爆破性质; 同时使用位势井理论证明了整体存在性质; 并运用 Nakao 不等式建立了能量函数的衰减估计结果. 具有线性弱阻尼和非线性弱阻尼项的波动系统

$$\begin{cases} u_{tt} + u_t + |u_t|^{m-1} u_t = \operatorname{div}\left(\rho_1(|\nabla u|^2)\nabla u\right) + f_1(u, v), \\ v_{tt} + v_t + |v_t|^{r-1} v_t = \operatorname{div}\left(\rho_1(|\nabla v|^2)\nabla v\right) + f_2(u, v) \end{cases} \tag{1.11}$$

的初边值问题的处理方法可以参见以下文献的论述. 此种类型的问题多见于材料科学和物理学中. 当初值满足 $u_0(x), v_0(x) \in H_0^1(\Omega)$, $u_1(x), v_1(x) \in L^2(\Omega)$ 时, 文献 [55] 对于系统 (1.11) 中 $\rho_1 \equiv 1$ 的情况在充分小的正初始能量和 $F(u, v) = \alpha|u + v|^{p+1} + 2\beta|uv|^{\frac{p+1}{2}}$ 的假设下, 分别建立了解的存在定理和爆破定理. 与文献 [51] 相比, 文献 [55] 利用基态系统和著名的过山理论指出了整体适定性间的联系, 并且解整体存在的条件可以不必像文献 [51] 中必须强调充分小的正初始能量. 更多的关于此类系统的相关结果可参见文献 [56]~文献 [58].

含有两个变量的基尔霍夫系统, 最早是由 Park 和 Bae[59] 在 1998 年提出的:

$$\begin{cases} u_{tt} - (\|\nabla u\|^2 + \|\nabla v\|^2)^\gamma \Delta u + \delta|u_t|^{p-1} u_t = \mu|u|^{q-1} u, \\ v_{tt} - (\|\nabla u\|^2 + \|\nabla v\|^2)^\gamma \Delta v + \delta|v_t|^{p-1} v_t = \mu|v|^{q-1} v. \end{cases}$$

利用近似解理论证明了上述问题弱解的存在性, 得到了弱解存在的初值条件为 $2\gamma < \min\{q - 1, (4 - N)q + N - 2\}$, $\mu\left(C(\Omega, q+1)\right)^{q+1} \left(\dfrac{2(q+1)(\gamma+1)}{q - 1 - 2\gamma} E(u_0, v_0)\right)^{\frac{q-1-2\gamma}{2(\gamma+1)}}$ < 1. 之后, Park 和 Bae 分析了弹性杆的两种情况: 一是仅受强迫力的作用, 二是外力与阻尼力共同作用. 在这两种情形下对上述系统的解进行了对比. 对比结果

体现在弱解的局部性与整体性上. 对于与上述模型相同或相近的基尔霍夫系统, 文献 [60]~文献 [64] 从不同角度论述了它们的整体存在性, 但这些结论有一个共同的特点, 就是它们都对初值有较高的 "小性" 要求, 又没有指出到底有多小. Alves[64] 考虑了如下由两点支持的简支架系统的整体存在行为, 借助 Galerkin 法分析了解的存在性:

$$\begin{cases} u_{tt} - M\left(\|\nabla u\|^2 + \|\nabla v\|^2\right)\Delta u + \Delta^2 u - u_t = f(t,x), \\ v_{tt} - M\left(\|\nabla u\|^2 + \|\nabla v\|^2\right)\Delta v + \Delta^2 v - v_t = g(t,x). \end{cases}$$

Park 和 Bae[65] 研究得到了如下基尔霍夫系统弱解的整体存在性质:

$$\begin{cases} u_{tt} - M(\|\nabla u\|^2 + \|\nabla v\|^2)\Delta u + \delta|u_t|^\rho u_t - \mu|u|^\alpha u = 0, \\ v_{tt} - M(\|\nabla u\|^2 + \|\nabla v\|^2)\Delta v + \delta|v_t|^\rho v_t - \mu|v|^\alpha v = 0, \end{cases}$$

假设 $(u_0, v_0) \in H_0^1(\Omega) \cap H^2(\Omega)$, $(u_1, v_1) \in H_0^1(\Omega)$, $\dfrac{\mu}{a}\left(\dfrac{2(\alpha+2)}{a\alpha C_1(\varepsilon)}\right)\dfrac{\alpha}{2} < 1$, $u_0 \geqslant 0, v_0 \geqslant 0$, 利用 Galerkin 法构造近似解, 给出了上述系统局部解的存在性与唯一性及其成立的条件. 此系统是本书研究的系统 (1.1) 的初始模型.

如下具有强阻尼的基尔霍夫系统的混合初边值问题也成为学者研究的热点, 文献 [66]~文献 [69] 运用不同的方法讨论了其解的存在性、唯一性和衰减率问题, 得到了不同条件下的解的定性性质:

$$\begin{cases} u'' - M(\|\nabla u\|_2^2 + \|\nabla v\|_2^2)\Delta u - \Delta u' = 0, \\ v'' - M(\|\nabla u\|_2^2 + \|\nabla v\|_2^2)\Delta v - \Delta v' = 0. \end{cases}$$

对上述系统最近具有代表性的研究, 见 Park 和 Bae[70] 的论述. 假设 $u_0, v_0, u_1, v_1 \in V \cap H^{\frac{3}{2}}(\Omega)$, 若 $n \geqslant 3$, $\gamma \leqslant \rho \leqslant \dfrac{1}{n-2}$; 若 $n = 1, 2$, $\rho \geqslant \gamma > 0$, 得到了系统解的整体存在和一致衰减现象.

Bae[71] 针对如下在系统本身和边界条件中都具有阻尼的基尔霍夫系统, 其中边界中含有基尔霍夫项:

$$\begin{cases} u_1'' + \Delta^2 u_1 + au_1 + g_1(u_1') = 0, \\ u_2'' - \Delta u_2 + au_2 + g_2(u_2') = 0, \end{cases}$$

研究了解的整体存在和长时间行为. Bae[72] 又研究了具有记忆条件约束的混合边界条件的基尔霍夫系统, 发现若初值满足某些条件, 则系统存在一个唯一解, 且能量的衰减方式为 $E(t) \leqslant C_1 E(0) \mathrm{e}^{-C_2 t}$ 或 $E(t) \leqslant C_1 E(0)(1+t)^{-(p+1)}$.

Liu 和 Wang [73] 研究了具有双阻尼 $g(u_t)$ 和 $g(v_t)$ 的更一般的基尔霍夫系统, 即系统 (1.1). 他们假设 $f(u)$, $h(v)$, $g(s)$ 满足条件 1.14 和条件 1.15.

条件 1.14　$f(s), h(s) \in C^1(\Omega)$, $f(0) = h(0) = 0$, $|f(s)| \leqslant |s|^{p+1}$, $|h(s)| \leqslant |s|^{q+1}$, $uf(u) \geqslant 0$, $vh(v) \geqslant 0$. 不失一般性, 不妨设 $p \geqslant q$.

条件 1.15　$a = 0$ 的情况: $2 < p, q \leqslant 4$, 若 $n \geqslant 3$; $2 < p, q < \infty$, 若 $n = 1, 2$. $a > 0$ 的情况: $0 < p, q \leqslant \dfrac{4}{n-2}$, 若 $n \geqslant 3$; $0 < p, q < \infty$, 若 $n = 1, 2$.

并且定义了正定集合和与系统 (1.1) 相关的位势 W 和 V. 对初值进行较严格的控制, 既而得到低初始能量下解的整体存在性和爆破结果. 而临界能量和任意高初始能量条件下系统 (1.1) 的整体适定性依旧是未解决的问题. 但文献 [73] 首次利用位势井理论思想对基尔霍夫系统进行定性分析, 引导学者对前沿科研动态的思考. 同时他们也对 Park 和 Bae 的整体存在结果进行了改进.

下面, 在已有结果的基础上对临界能量和任意高初始能量条件下系统 (1.1) 存在的未解决的问题进行分析, 这也是本书研究第一个基尔霍夫系统的目的与意义.

文献 [59]～文献 [64]、文献 [71]～文献 [73] 主要采用无井深的位势井方法研究了解的整体存在性、不存在性与爆破. 例如, 文献 [73] 为了得到弱解的存在, 要求初始能量 $E(0)$ 在 $a > 0$ 时满足 $E(0) < \dfrac{d_1}{2}$, 在 $a = 0$ 时满足 $E(0) < \dfrac{d_2}{2}$, 式中, d_1 和 d_2 的定义为

$$d_1 = aq \left(4(q+2) \right)^{-1} \min \left\{ \left(a|\mu_1|^{-1} C_*^{-(p+2)} \right)^{\frac{2}{p}}, \left(a|\mu_2|^{-1} C_*^{-(q+2)} \right)^{\frac{2}{q}} \right\},$$

$$d_2 = b(q-2) \left(8(q+2) \right)^{-1} \min \left\{ \left(b|\mu_1|^{-1} C_*^{-(p+2)} \right)^{\frac{4}{p-2}}, \left(b|\mu_2|^{-1} C_*^{-(q+2)} \right)^{\frac{4}{q-2}} \right\}.$$

为了证明解的爆破, 要求初始能量为负或者小于某一个正的常数 C_α, 式中,

$$C_\alpha = p a^{\frac{p+2}{p}} \left(n C_*^{p+2} \right)^{\frac{2}{p}} \left(2(p+2) \right)^{-1}, a > 0,$$

$$C_\alpha = (p-2) b^{\frac{p+2}{p-2}} \left(n C_*^{p+2} \right)^{\frac{4}{2-p}} \left(4(p+2) \right)^{-1}, a = 0.$$

(1) 观察上述条件, 本书要思考的第一个问题是: 上述使系统整体存在或不存在的参数 $\dfrac{d_1}{2}$, d_1, $\dfrac{d_2}{2}$, d_2 或 C_α 是否是确保各个结论成立的最佳条件. 换句话说, 如果它们是保证结论成立的最大上界, 观察它们的定义发现它们的表达式都是直接给出的, 对照位势井定义中 d 的表达式 $d = \inf\limits_{I(u,v)=0} J(u,v)$, 发现它们表示的意义并不是同一种情况. 因此如何改进文献 [73] 中的位势理论框架, 使上述几个参数如何接近或达到最佳值, 是目前尚待解决的一个很有意义的重要问题.

(2) 尽管文献 [73] 对于含两个变量的基尔霍夫系统 (1.1) 利用位势理论讨论了解的整体存在性和有限时间爆破性质, 但并未对解的长时间行为进行研究. 在同一个位势井框架下讨论系统的整体解和长时间行为是一个有机的系统. 在此理论框架下, 弄清位势井结构和初值条件对衰减速率的影响是一个重要的问题.

(3) 已有文献在解的整体存在定理和爆破定理的假设中, 将系统 (1.1) 的非线性源项限制成下列具体条件: $|f(u)| \leqslant |u|^{p+1}$ 和 $|h(v)| \leqslant |v|^{q+1}$ 或者 $f(u) = |u|^{\alpha-1}u$ 和 $|h(v)| = |v|^{\beta-1}v$ 等. 很明显这类非线性源项满足系统 (1.1) 中的条件 1.1～条件 1.3. 也就是此种情况包含在本书要研究的问题之中. 另外条件 1.1～条件 1.3 还包括下列具体的非线性源项情况, 例如, $f(u) = \pm|u|^p, h(v) = \pm|v|^q$ 或者 $f(u) = -|u|^{p-1}, h(v) = -|v|^{q-1}$, 还有文献 [59]、文献 [60] 和文献 [73] 中针对的源项 $f(u) = |u|^p u$ 和 $|h(v)| = |v|^q v$ 也是条件 1.1～条件 1.3 的一个特例. 因此上面已有文献的研究结果不可能包含条件 1.1～条件 1.3 中的源项 $f(u)$ 和 $h(v)$ 的一切情况. 事实上, 条件 1.1～条件 1.3 囊括了更加宽泛的源项. 所以, 本书对于系统 (1.1) 继续推进的工作是将特殊源项换成更一般的形式, 来讨论解的存在性与爆破性质. 这是到目前仍未解决的非常有意义的问题.

(4) 本书将初始能量分为三个层次: $E(0) < d$, $E(0) = d$ 和 $E(0) > d$. 从物理学的角度来看, 由于所谓的位势井深实际上是非常小的数, 故对低初始能量部分的研究仅是研究了空间的一小部分, 而对临界和高初始能量情况的研究才是空间的大部分. 但是在临界和高初始能量情形下目前已有的位势理论框架都不能直接使用, 此时如何构建整体解存在性以及有限时间爆破时初始值所满足的条件是本书首先要解决的问题.

下面回顾一些已有的黏弹性基尔霍夫系统 (包括单个方程) 的结果. 而在总结

这些成果之前, 首先要明确这类系统的出处, 以便于了解它的工程和物理背景及今后的应用方向. 单一的黏弹性基尔霍夫系统形式如下:

$$u_{tt} - M(\|\nabla u\|^2)\Delta u + \int_0^t g(t-s)\Delta u ds + h(u_t) = f(u), \qquad (1.12)$$

它是一种描述可变形固体的运动和遗传效应的模型. 此模型在 $g = 0$ 及一维空间情形下表示弹性弦的一种小振幅振动, 且这种振动与不能被忽略的形变张力有关; 当 $g \neq 0$ 时常用它来描述具有衰退记忆的张紧弦的动力学性质. 同时它揭示了物体的平衡态不仅与现有的形变有关而且也受之前的形变梯度的影响, 见文献 [74]. 其中记忆项即黏弹性项为 $\int_0^t g(t-s)\Delta u ds$, 这里被积函数中的 $g(t-s)$ 通常也称为松弛函数. 记忆项是反映系统的过去状态对系统未来行为的影响, 是反映材料的记忆性能的. 而弹性材料在很多情况下都具有这种记忆性能. Torrejón 和 Yong[74] 首次研究了单个方程 (1.12) 在 $h(u_t) = 0$ 时的初值问题, 对大量初值分析, 发现当初值足够光滑时此无阻尼方程的弱渐近稳定解是存在的. Rivera[75] 考虑了基尔霍夫黏弹性方程的整体适定性问题, 在希尔伯特空间中建立了小初值下的整体解存在定理, 同时对黏弹性项做一定限制, 得到了总能量呈指数型衰减到零.

Wu 和 Tsai[76] 对于方程 (1.12) 中阻尼项 $h(u_t) = -\Delta u_t$ 和源项为指数型函数的情况做了研究, 限制 $g'(t) \leqslant -rg(t)$, 得到了解的整体存在和指数型衰减结论. Wu[77] 针对更弱的条件 $g'(t) \leqslant 0$ 改进了方程 (1.12) 的能量衰减结果.

如下黏弹性波动系统的初边值问题的整体可解性备受关注:

$$\begin{cases} u_{tt} - \Delta u + \int_0^t g_1(t-s)\Delta u ds + h_1(u_t) = f(u,v), \\ v_{tt} - \Delta v + \int_0^t g_2(t-s)\Delta u ds + h_2(v_t) = h(u,v). \end{cases} \qquad (1.13)$$

当系统 (1.13) 不含黏弹性项 $g_i(i = 1, 2)$ 时, Agre 和 Rammaha[51] 阐述了它的弱解的局部存在和整体存在. 利用凸函数方法, 还发现了在负初始能量下弱解的有限时间爆破现象. Said-Houari[78] 将这一爆破结果推广到了正初始能量情况.

另一方面, 当系统 (1.13) 含有黏弹性项 $g_i(i = 1, 2)$ 时, 关于此系统解的长时间行为和爆破现象有大量的研究结果. 例如, Liang 和 Gao [79] 考虑了系统 (1.13) 具

有强阻尼 $h_1(u_t) = -\Delta u_t$ 和 $h_2(v_t) = -\Delta v_t$ 时的初边值问题, 发现当初值落在稳定集合内部时能量函数的衰减率呈指数型; 相反, 若初值落在不稳定集合内部, 则会发生正初始能量下的有限时间爆破.

Ma 等 [80] 分析了如下耦合的非线性黏弹性波动系统初边值问题的解:

$$
\begin{cases}
u_{tt} - \Delta u + \displaystyle\int_0^t g(t-s)\Delta u(s)\mathrm{d}s + u_t = a_1 |v|^{q+1}|u|^{p-1}u, \\
u_{tt} - \Delta v + \displaystyle\int_0^t g(t-s)\Delta v(s)\mathrm{d}s + v_t = a_2 |u|^{p+1}|v|^{q-1}v,
\end{cases}
$$

他们应用文献 [26] 中的方法和文献 [53] 中处理非线性源项的技巧得到了与文献 [23] 类似的高初始能量下解的爆破结论.

对于非线性弱阻尼 $h_1(u_t) = |u_t|^{m-1}u_t$ 和 $h_2(v_t) = |v_t|^{r-1}v_t$ 的情形, Han 和 Wang[81] 在负能量 $E(0) < 0$ 时分别讨论了相应系统解的局部适定性、整体适定性和有限时间爆破. 后来对于一些正初始值, 也得到了类似的整体适定性和有限时间爆破结论. 而这一爆破结论在文献 [82] 中被 Messaoudi 和 Said-Houari 进一步改进. 与此同时, Messaoudi 和 Tatar[83] 讨论了如下一类黏弹性波动系统的整体适定性:

$$
\begin{cases}
u_{tt} - \Delta u + \displaystyle\int_0^t g_1(t-s)\Delta u\mathrm{d}s + f(u,v) = 0, \\
v_{tt} - \Delta v + \displaystyle\int_0^t g_2(t-s)\Delta u\mathrm{d}s + h(u,v) = 0,
\end{cases}
\tag{1.14}
$$

式中, 外力项 $f(u,v)$ 和 $h(u,v)$ 满足 $f(u,v) \leqslant d(|u|^{\beta_1} + |v|^{\beta_2}), h(u,v) \leqslant d(|u|^{\beta_3} + |v|^{\beta_4})$, 其中, 常数 $d > 0, 1 \leqslant \beta_i \leqslant \dfrac{n}{n-2}$, $i = 1, 2, 3, 4$. 他们得到了解的衰减类型是指数型还是多项式型与松弛函数 g_i $(i = 1, 2)$ 有关. 他们的结论与文献 [84] 相同, 但是对松弛函数 g_1, g_2 的限制条件更弱且是在更一般的耦合源项基础上提出的, 因此改进了文献 [84] 的结论.

Wu[85] 研究了具有黏弹性项的基尔霍夫系统 (1.2) 的初边值问题, 主要给出了三个结论. 首先证明了当初值落在稳定集合中系统的解整体存在, 接着得出能量函数的衰减率是指数型还是多项式型依赖于参数 p, q, 最后通过改进文献 [78] 中的方法在小初值情况下证明了解会发生有限时间爆破. 目前关于系统 (1.2) 还存在如下一些未解决的问题.

(1) 针对具有耦合源项的系统 (1.2) 能否在不同初始能量水平下进行定性分析. 已有文献研究了系统 (1.2) 在较小的初值下解的整体适定性问题, 但是针对此系统在较大初值下解的性质尚无任何结论.

(2) 非线性阻尼项是影响基尔霍夫系统 (1.2) 整体适定性的重要因素. 注意到经典的位势井凸函数方法适用于证明具有线性弱阻尼问题在低初始能量状态下解的非整体存在性. 而系统 (1.2) 具有非线性弱阻尼, 这时便出现一个问题就是如何改进经典的位势井凸函数方法才能克服这种非线性机理带来的困难.

(3) 黏弹性项对于系统 (1.2) 的研究带来哪些困难? 本书要研究的系统 (1.2) 显然比前一个系统 (1.1) 更加复杂, 因为除了与系统 (1.1) 在基尔霍夫主部, 阻尼项及耦合源项有类似的形式外, 它还包含一个黏弹性项. 这种黏弹性项的特征是具有非局部性和时滞性, 目前这两种性质的结构关系和作用机理并不很明确.

(4) 耦合的非线性源项和基尔霍夫项对解的性质有哪些影响? 易见系统 (1.2) 较系统 (1.1) 的非线性项和基尔霍夫项都具有更强的耦合特征, 这种耦合不但要考虑非线性因素对系统的影响, 更重要的是要考虑系统之间相互作用对系统的影响, 并且耦合方式不同, 解亦不同. 耦合源项中两个变量的相互作用机理通过哪种方式表现出来? 对于系统 (1.2) 复杂的非线性耦合源项对位势井结构和初值条件有怎样的依赖关系? 对衰减速率和不变集合有着怎样的影响? 对整体存在和有限时间爆破的影响又是什么?

古典的 Bq 系统, 其对应的原始模型形式如下:

$$u_{tt} = -\gamma u_{xxxx} + u_{xx} + (u^2)_{xx}.$$

它是一类非常重要且著名的高阶强非线性数学物理模型, 最早是由法国著名数学家、物理学家 Boussinesq[86] 于 1872 年在研究水面上重力作用下小振幅长波水波的运动现象时给出的, 其通常可以用来描述弱色散介质中非线性波的传播; 同时还首次对孤立波的存在现象做出了科学的分析和解释.

在对弹塑性结构进行弱非线性分析的过程中, 如下一类描述弹性杆的纵向运动的 Bq 系统被提出, 见 An 和 Peirce [87] 的叙述:

$$u_{tt} + u_{xxxx} = a(u_x^2)_x,$$

式中, a 为一个常数.

之后, 在对非线性弦的振动及其他物理问题的研究中, 学者从方程的精确流体力学集合角度得到了改进的 Bq 系统 (简称 IBq 系统)

$$\begin{cases} u_{tt} - u_{xx} - u_{xxtt} = (u^2)_{xx}, x \in \mathbb{R}, t > 0, \\ u(x,0) = \varphi(x), u_t(x,0) = \psi(x), x \in \mathbb{R}. \end{cases}$$

它也如其他类 Bq 系统 (表达式中含有 u_{xxxx}, 而不含 u_{xxtt}) 类似, 描述了浅水波面上的长波传播, 还可代表指向磁场的右角位波的传播现象, 同时这种 IBq 系统趋近于 "坏的" Bq 系统:

$$\begin{cases} u_{tt} - u_{xx} - u_{xxxx} - (u^2)_{xx} = 0, x \in \mathbb{R}, t > 0, \\ u(x,0) = \varphi(x), u_t(x,0) = \psi(x), x \in \mathbb{R}. \end{cases}$$

Makhan'kov[88] 指出如下 IBq 系统

$$\begin{cases} u_{tt} - \Delta u - \Delta u_{tt} = \Delta(u^2), x \in \mathbb{R}, t > 0, \\ u(x,0) = \varphi(x), u_t(x,0) = \psi(x), x \in \mathbb{R}, \end{cases}$$

可以从精确的水动力集合所对应的等离子体系统获得, 并且这种改进的 IBq 系统类似于改进的 Korteweg-de Vries 系统. 于是从这一角度又产生了如下的 Bq 系统

$$\begin{cases} u_{tt} - \Delta u - \Delta u_{tt} = \Delta(u^3), x \in \mathbb{R}, t > 0, \\ u(x,0) = \varphi(x), u_t(x,0) = \psi(x), x \in \mathbb{R}, \end{cases} \tag{1.15}$$

而系统 (1.15) 就是所说的 IBq 系统.

Wang 和 Chen [89, 90] 研究了如下多维广义的 IBq 系统的柯西问题:

$$\begin{cases} u_{tt} - \Delta u - \Delta u_{tt} = \Delta f(u), x \in \mathbb{R}, t > 0, \\ u(x,0) = \varphi(x), u_t(x,0) = \psi(x), x \in \mathbb{R}, \end{cases}$$

运用傅里叶变换和变分理论, 分别得到了系统的小振幅解的局部存在性、整体存在性和非存在性.

为了研究具有表面张力的水波问题, Schneider 和 Wayne[91] 考虑了如下含有高阶色散项的具有表面张力的广义 IBq 水波系统模型

$$\begin{cases} u_{tt} - u_{xx} - u_{xxtt} - \mu u_{xxxx} + u_{xxxxtt} = (u^2)_{xx}, x \in \mathbb{R}, t > 0, \\ u(x,0) = \varphi(x), u_t(x,0) = \psi(x), x \in \mathbb{R}, \end{cases} \tag{1.16}$$

式中, $x, t, \mu \in \mathbb{R}$; $u(x,t) \in \mathbb{R}$. 此模型来源于二维水波问题. 在系统 (1.16) 中, μ 是定义系统适定性好坏的决定性因素. 具体来说, 当 $\mu > 0$ 时, 由于线性稳定, 故此时系统 (1.16) 被称为 "坏的" Bq 系统. 相反, 当 $\mu < 0$ 时, 系统 (1.16) 被称为 "好的" Bq 系统. 但是即便针对这种 "好的" Bq 系统, 也需要对初值或与系统有关的参数量做适当的限制, 才可以讨论其整体适定性. 这个问题在后面研究广义 Bq 系统的过程中将会体会到.

如下高阶色散 Bq 系统可以看成古典的 Bq 系统的延伸和扩展 (见 Boussinesq 在文献 [92] 中的说明):

$$\begin{cases} u_{tt} - u_{xx} - (\mu + 1) u_{xxxx} + u_{xxxxxx} = (u^2)_{xx}, x \in \mathbb{R}, t > 0, \\ u(x,0) = \varphi(x), u_t(x,0) = \psi(x), x \in \mathbb{R}, \end{cases} \tag{1.17}$$

文献 [91] 研究了系统 (1.16) 满足下列条件的解的性质: 含六阶导数项、四阶导数项前面的系数取较小的值. 水波问题中的最低阶非线性项的性质与古典的 Bq 系统相同, 原因是最低阶非线性项的性质与表面张力无关. 系统 (1.17) 具有 "坏的" 适定性, 由此期望系统 (1.16) 能够成为它的等价替代模型. 在这种意义上的等价实质上是要求二者在长波长度极限层次下, 对时间的二阶偏导数和对空间的二阶偏导数等价, 即有 $\partial_t^2 u = \partial_x^2 u + O(\varepsilon^2)$. 因此, 本书要研究的系统 (1.3) 是所有 Bq 系统中 "好的" 情形, 同时它也是同类问题中的高阶广义系统.

按照文献 [89]~文献 [91] 中的研究方法, Wang 和 Mu [93] 考虑了具有高阶色散项的广义 Bq 系统 (1.3) 的柯西问题, 即本书要研究的问题. 通过使用压缩映像原理, 他们得到了当 $f \in C^m, f(0) = 0$ 时, 对某些 $m \geqslant s \geqslant 0$, 系统 (1.3) 存在局部解; 同时, 对非线性项进行合理的假设: $f \in C^1(\mathbb{R})$ 且 $uf(u) \leqslant (2 + \epsilon) F(u)$ (对某些 ϵ), $F(u) = \int_0^u f(s)ds$, 通过降低系统 (1.3) 相应的微分不等式的阶数, 建立了解的爆破

定理; 更进一步, 运用压缩映像原理和一致估计法讨论了系统的整体小振幅解及其一致衰减问题. 然而, 并没有指出系统 (1.3) 解的整体存在与非整体存在条件之间有什么必然联系. 而另外一个公开的问题就是文献 [93] 中对源项做的假设条件并不包含本书对于源项的限制情况 $f(u) = |u|^p$, $p \geqslant 4$, 文献 [93] 中的所有结论对于这种源项情形并不适用, 这就需要对这一问题从新的角度去考虑.

之后, Wang 和 Guo[94] 也研究了类似的广义 Bq 系统的柯西问题:

$$\begin{cases} u_{tt} - u_{xx} - u_{xxtt} + \alpha u_{xxxx} + \beta u_{xxxxtt} = f(u)_{xx}, x \in \mathbb{R}, t > 0, \\ u(x,0) = \varphi(x), u_t(x,0) = \psi(x), x \in \mathbb{R}, \end{cases} \tag{1.18}$$

式中, $\alpha > 0$; $\beta > 0$; $f(x) \in C^{[s]+3}(\mathbb{R})$ $(s \geqslant 1)$ 为给定的具体的非线性函数. 使用压缩映像理论, 他们证明了系统 (1.18) 的解存在且唯一. 此外, 还利用能量泛函的临界点理论和凸函数方法, 得到了使解爆破的充分条件, 对解的爆破时长做了估计. 注意到文献 [94] 为保证整体解存在要求 $f'(u)$ 有下界（对任意 $u \in \mathbb{R}$）. 而使得系统爆破的条件是 $f(u)$ 满足不等式 $uf(u) \leqslant 2(1 + \lambda)F(u)$, 式中, $\lambda > 0$ 为常数; $F(u) = \int_0^u f(s)\mathrm{d}s$. 对比文献 [94] 中的源项约束与本书中源项的条件 1.9 或条件 1.10, 很显然, 条件 1.9 或条件 1.10 约束下的 $f'(u)$ 可以没有下界, 也不必一定要满足不等式 $uf(u) \leqslant 2(1 + \lambda)F(u)$. 因此, 本书给出的非线性项要宽泛得多, 对这样一些符合约束条件 1.9 或条件 1.10 的 $f(u)$ 是不能直接推广到文献 [94] 的所有结论上去的. 因此, 需要对这些包含更广泛情形的源项系统 (1.3) 进行深入研究, 通过对照不同的系统条件对解的性质的影响, 以获得不同的非线性项影响解的定性性态的实质, 进而得到更有理论意义的创新性的结论. 另外, 更多有关广义 Bq 系统的研究和结论可以参见文献 [95]~文献 [101] 的论述.

在此, 本书还必须提及 Levine 和 Payne[102] 对于凸函数方法的贡献. 他们研究了一类具有非线性边界条件的波动系统的初边值问题和一类多孔介质系统的终值问题, 并利用一种凸函数方法得到了解非整体存在的充分条件. 这种凸函数方法在之后的许多文献中都得到了应用和改进, 本书也多次借鉴这种方法来讨论解的非整体存在性质.

以上是本书从理论分析的角度给出的关于 Bq 系统的发展历史及研究成果, 下面从数值计算的角度对 Bq 系统的数值计算背景做进一步介绍.

Abbott 等 [103] 在一个相对的大区域对 Bq 系统进行近似计算时得出了港口内的波浪呈现出不规则的运动规律. 陶建华 [104] 结合一种基于 Bq 系统的紊流水波模型, 提出了窄缝法, 主要用于处理计算动力边界问题, 同时还模拟了波浪的爬坡及回落的变化规律. Madsen 等 [105] 考虑了非规则波的环流现象, 并与规则波的破碎过程进行了对比. 而在求解 Bq 系统的数值方法中常用的有有限差分法、有限元法和有限体积法. Peregrine[106] 在有限差分基础上利用差分代替微商得到了一维 Bq 系统的近似解. 张岩和陶建华 [107] 针对 Bq 系统建立了分裂与不分裂格式, 并对格式的收敛阶和稳定性进行了分析. 研究水深较大情况的非线性 Bq 系统的数值解主要有如下工作: 洪广文和张洪生 [108] 利用预估校正格式, 建立了二阶精度的离散格式, 并从泰勒展式出发对格式进行了修正, 使精度达到三阶. 朱良生和洪广文 [109] 在不同时间层上提出了变量的差分格式, 得到了任意水深的数值解法. 对于改进的 Bq 系统, 目前尚未发现任何不稳定现象. 为研究其解的性质, 学者提出了有效的数值格式. El-Zoheiry[110] 以紧隐式方法为基础, 提出了新的数值方法, 该方法是一种三层迭代格式. Bratsos[111] 设计了一种有限差分格式, 此隐式格式可以达到二阶精度. 同时, 为了处理 IBq 系统中具有的非线性作用, Bratsos[112] 又构造了一种预测校正格式. 还有许多关于 Bq 系统和高阶 Bq 系统的数值研究的文献. 例如, 文献 [113]~文献 [122], 但这些文献对广义 Bq 系统的数值分析较少, 其中文献 [113]、文献 [114] 与文献 [118] 都没给出守恒的格式, 也没给出比较严格的理论证明. 关于有限元法和有限体积法在 Bq 系统数值研究中的应用也有很多结论, 包括现在的混和有限体积法的应用也十分活跃, 这里不再一一赘述.

尽管已有文献 [103]~文献 [122] 基于不同的 Bq 系统的数值算法做了不同的研究, 但是这些研究结果, 或是针对线性系统, 而忽略了非线性作用做一个理想化的假设. 显然, 这种算法和模拟离模型真正的内部状态和性质有很大差距; 或是针对较简单的系统结构建立了差分格式, 与工程或力学中要解决的问题的真实情况存在误差; 或是即便对于复杂 Bq 系统, 例如, 具有高阶色散项, 进行了一些算法的探讨, 也缺少必要的理论证明. 另外, 至今为止, 很少见到对于非线性高阶色散 Bq 系统守恒差分算法的数值研究, 主要原因是如何转化非线性作用还没有成熟和固定的方法. 目前, 数值计算广泛发展的同时, 能否做到尽量保持原问题的本质特征已经成为新的研究热点. 因此, 研究一种能够保证 Bq 系统能量守恒的数值算法是非常有意义的. 故本书在第 4 章将尝试建立一种新的守恒差分格式.

为了说明问题, 本书将从不含耗散项的非线性波动系统说起, 为的是能够在此介绍本书运用频率较多的一种理论方法, 即位势井理论.

Payne 和 Sattinger[123] 针对经典的非线性波动系统的非正定能量问题, 于 1968 年首次提出了一种变分理论称为位势井理论. 他们考虑了如下系统的初边值问题:

$$
\begin{cases}
u_{tt} - \Delta u = f(u), x \in \Omega, t > 0, \\
u(x,0) = u_0(x), u_t(x,0) = u_1(x), x \in \Omega, \\
u(x,t) = 0, x \in \partial\Omega, t \geqslant 0,
\end{cases}
$$

建立了势能泛函、Nehari 泛函, 并利用泛函和分析技术对初值进行了划分, 定义了两个表达式和两个集合. 具体如下:

（Ⅰ） $J(u) = \dfrac{1}{2}\|\nabla u\|^2 - \displaystyle\int_\Omega F(u)\mathrm{d}x; I(u) = \|\nabla u\|^2 - \int_\Omega uf(u)\mathrm{d}x;$

（Ⅱ） $W = \{u \in H_0^1(\Omega) \mid I(u) > 0\} \cup \{0\}; V = \{u \in H_0^1(\Omega) \mid I(u) < 0\}.$

利用这些量和集合得出整体存在和非整体存在的方法称为位势井方法. 而这种划分也是类最优的（比如门槛条件）, 因为 $E(0) < d$ 实质上已经对初值所属的空间进行了限制. 这是本书研究所有系统的一个关键, 其实关于这一点在前面三类系统的整体适定性研究中已经明确交代过. 同时, 这种理论也是本书研究第四类系统的一个重要手段.

如下具有线性弱阻尼的波动系统被提出来用以描述具有耗散结构的物理现象:

$$
\begin{cases}
u_{tt} - \Delta u + \mu u_t = f(u), x \in \Omega, t > 0, \\
u(x,0) = u_0(x), u_t(x,0) = u_1(x), x \in \Omega, \\
u(x,t) = 0, x \in \partial\Omega, t \geqslant 0,
\end{cases}
\tag{1.19}
$$

系统 (1.19) 是一类重要的非线性物理模型, 它描述了在黏弹性材料容器中波的传播情况（例如, 当空间维数为一维时, 表示弹性杆（弦）做微小振动时位移函数所满足的一般规律; 当空间维数大于等于二维时, 表示波在均匀各向同性的弹性体中

的传播)，见文献 [124] 和文献 [125]. 此模型也可描述管道中气体小扰动的横纵向传播，见文献 [126]. Levine 和 Serrin[127] 研究了系统 (1.19) 当 $f(u) = |u|^{p-1}u$ 时的初边值问题，他们在二维空间中得出若满足 $E(0) < 0, 1 < l < p, 1 < m < p$ 和 $\int_0^\infty \rho(t) \left(\max\left(k(t), \rho(t)\right)\right)^{-(1+\theta)} \mathrm{d}t = \infty$，则系统 (1.19) 在 $[0, \infty)$ 上解不会长时间存在; 并对初值进行 $E(0) < 0$ 和 $(u_0, p(v_0)) \geqslant 0$ 的约束证明了系统 (1.19) 不存在整体解. Vitillaro[128] 利用位势井方法研究了系统 (1.19) 在临界初始能量 $E(0) = d$ 时解的整体适定性. Haraux 和 Zuazua[129] 在研究系统

$$\begin{cases} u_{tt} - \Delta u + g(u_t) = f(u), x \in \Omega, t > 0, \\ u(x, 0) = u_0(x), u_t(x, 0) = u_1(x), x \in \Omega \end{cases}$$

的柯西问题时发现，若保证初值足够小且属于稳定集合，则有整体解存在的结论，并且当源项的指标 $p = 1$ 时，上述方程的解呈指数型衰减，而当 $p > 1$ 时，解则会呈多项式型的衰减. Kopáčková[130] 也利用位势井方法研究了系统

$$\begin{cases} u_{tt} + Lu + g(u_t) = f(u), x \in \Omega, t > 0, \\ u(x, 0) = u_0(x), u_t(x, 0) = u_1(x), x \in \Omega, \\ u(x, t) = 0, x \in \partial\Omega, t \geqslant 0 \end{cases}$$

的初边值问题，指出当非线性源项 $f(u)$ 不存在时，弱阻尼项 u_t 的存在导致具有任意初值的解长时间存在. 该结果被 Levine 等 [131] 扩展到了空间为任意维数的情形. 文献 [132] 和文献 [133] 研究了与文献 [131] 相同的问题. 他们给出了在 $E(0) < d - \varepsilon$ 的情况下整体解不存在的条件，这里 $\varepsilon \in (0, d)$，且 ε 是一个与弱阻尼系数 μ 有关的变量. Pucci 和 Serrin[134] 将文献 [131] 中的结果由 $E(0) < 0$ 推广到 $E(0) < d$，改进了文献 [131] 中的结论. Xu [135] 应用位势井族方法考虑了如下克莱因–戈尔登方程的柯西问题:

$$\begin{cases} u_{tt} - \Delta u + u + \mu u_t = |u|^{p-1}u, x \in \Omega, t > 0, \\ u(x, 0) = u_0(x), u_t(x, 0) = u_1(x), x \in \Omega, \end{cases}$$

建立了一系列与能量结构有关的泛函, 得到了稳定和不稳定两个不变集合, 在此基础上分别针对低初始能量 $E(0) < d$ 和临界初值 $E(0) = d$ 建立了解的整体存在与有限时间爆破定理, 得到了二者成立的最佳条件, 并同时通过乘子法分析了低初始能量状态下 $(E(0) < d)$ 解的渐进性质, 在此基础上得到了临界状态下 $(E(0) = d)$, 该问题的解会以指数型衰减到零.

Nakao 和 Ono[136] 于 1993 年研究了如下弱耗散波动系统的柯西问题:

$$\begin{cases} u_{tt} - \Delta u + u_t - |u|^p u = 0, x \in \Omega, t > 0, \\ u(x,0) = u_0(x), u_t(x,0) = u_1(x), x \in \Omega, \end{cases}$$

得出当指标 p 满足 $\dfrac{4}{N} \leqslant p \leqslant \dfrac{4}{N-2}$ 时, 初值足够光滑属于稳定集合 W, 且 $\|u_1\|_2 + \|\nabla u_0\|_2$ 充分小, 则系统存在一个唯一的整体弱解, 并得到解有一个多项式型的衰减, 形式为 $\|u_t\|_2^2 + \|\nabla u\|_2^2 \leqslant C_1(1+t)^{-1}$, 将位势井理论做了相应的推广.

对于系统 (1.19), 文献 [127]~文献 [136] 利用变分方法得出了解的整体存在性和非存在性. 但在定理的假设中, 只针对非线性项 $f(u)$ 为 u 的多项式形式做了讨论, 即这些文献大多对源项的约束为 $f(u) = \pm|u|^{p-1}u$ 或 $f(u) = |u|^p u$. 本书感兴趣的是对于更广泛的包含上述所有源项情况, 或者其他泛函形式 (例如, 组合源项) 在内的一般源项的系统 (1.19), 其解是会整体存在还是有限时间爆破. 这二者之间是否存在一个最佳条件? 这是一个尚未解决的有意思的问题. 本书还会考虑如果对初值的大小进行细致的划分, 是否可以分不同级别来讨论解的整体存在性和有限时间爆破? 例如, 在位势井框架下, 定义井深 d 之后, 是否可以从不同能级的角度出发分别得到 $E(u_0) < d$ 和 $E(u_0) = d$ 时解的整体存在性和非存在性呢?

数值求解微分系统的方法大体上可分为五个分支: 有限体积法、有限差分法、边界元法、有限元法、无网格法. 本书将在有限体积法的基础上提出一种新的方法, 称为多重有限体积法, 并运用这种新方法来求解系统 (1.4) (其中 $f(u) = u|u|$), 即第 5 章中研究的非线性耗散波动系统. 为此, 需要回顾有限体积法的一些相关工作.

Vanhille 等 [137] 研究了多孔介质中的非线性超声波, 利用有限体积法求解了其传播过程与运动规律. Jenny 等 [138] 针对多相流模型提出了适合的格式, 此格式基于有限体积法. Bank 和 Rose[139] 针对二阶椭圆系统在平面有界域上提出了盒式法, 该方法是有限体积法的推广.

Kumar 等 [140] 讨论了二阶双曲问题的半离散分段线性有限体积格式, 并在 L^2, L^1 和 H^1 范数意义下得到了最优误差估计.

Alpert 等 [141] 数值分析波动系统

$$\begin{cases} u_{tt} - c^2 \Delta u = 0, -\infty < x < +\infty, \\ u(x,0) = u_0(x), u_t(x,0) = \nu_0(x) \end{cases}$$

时提出一种时间对称的格式, 这种格式在处理不规则网格情形下的不稳定性时非常有效. Banks 和 Henshaw [142] 也针对上述波动系统做了算法研究, 通过守恒的有限差分近似法建立了高精度迎风格式.

Chen 和 Liu[143] 提出了如下波动系统的二网格有限体积离散格式:

$$\begin{cases} u_{tt} - \nabla \cdot (a(x)\nabla u) = f(u), x \in \Omega, 0 < t \leqslant T, \\ u(x,0) = u_0(x), u_t(x,0) = u_1(x), x \in \Omega, \\ u(x,t) = 0, x \in \partial\Omega, 0 < t \leqslant T. \end{cases}$$

这种技术可以将非对称非线性问题在细空间中化为对称线性形式解决.

Yang[144] 对于矩形域上的二阶波动系统建立了两个时间层交替的隐式格式, 在 H^1 范数下得到一个二阶误差估计:

$$\begin{cases} a_1 b_1 u_{tt} - \nabla \cdot (a(x)\nabla u) = f(u), x \in \Omega, 0 < t \leqslant T, \\ u(x,0) = u_0(x), u_t(x,0) = u_1(x), x \in \Omega, \\ u(x,t) = 0, x \in \partial\Omega, 0 < t \leqslant T. \end{cases}$$

该方法以二阶基函数的空间离散化有限体积法和时间步长的 Crank-Nicolson 法为基础.

Dehghan 和 Shokri[145] 研究了二维 sine-Gordon 系统

$$u_{tt} + \beta u_t = u_{xx} + u_{yy} + \phi(x,y)\sin(u)$$

的纽曼边界问题时, 利用配置点和径向基函数给出一种新格式. 同时他们又于文献 [146] 中利用这种方法建立了克莱因--戈尔登系统的离散格式, 解决了二次和三次非线性项的离散方法.

本书将在有限体积法的思想基础上, 对有限体积法进行改进, 研究出一种新的微分系统数值离散格式的构造方法, 又称多重有限体积法. 此方法可以摆脱有限体积法在积分区间上的限制, 并且在积分形式上也能够做改进. 积分时可以引入变限因子 ε. 在构造格式时, 可以改变积分区域的大小, 对于同一个方程就能得到不同的格式. 由于积分因子的加入使得在分析离散格式稳定性时, 可以人为规定积分因子的大小使其稳定. 当然通过调节积分因子 ε, 还可以使得系统满足其他性质. 另外, 多重有限体积法是为了通过积分 "消除" 导数项, 对未知函数进行拉格朗日插值. 在处理一阶和二阶时间和空间偏导时, 分别用到 "两层九点拉格朗日插值法", 误差精度都在二阶. 对于其他具有具体工程背景的微分系统, 可选取其他合适的插值方法, 得到合适的离散格式.

1.3　研究内容及目的

本节从研究内容及目的出发简要阐述本书的主要工作.

在第 2 章中, 对于具有阻尼项和非线性源项的基尔霍夫系统 (1.1), 本书将给出其在不同初始能量水平下解的整体存在性、渐近性与非整体存在性; 将特殊的非线性项推广到更一般的形式并考虑非线性阻尼的情形; 证明临界初始能量条件下系统的整体适定性; 证明任意高初始能量条件下系统的解的有限时间爆破.

在第 3 章中, 关于具有非线性阻尼、非线性源及黏弹性项的时滞基尔霍夫系统 (1.2) 处理的主要问题如下: 首先, 研究非线性耦合对基尔霍夫系统 (1.2) 的解性质的影响, 研究基尔霍夫系统 (1.2) 在耦合源项和耦合主部系数作用下解的性质, 得出复杂的非线性耦合系数及源项对于位势井结构和初值条件的依赖关系, 两类耦合之间的相互制约关系以及对不变集合与整体存在和有限时间爆破等性质的影响. 其次, 分析非线性黏弹性项对基尔霍夫系统 (1.2) 整体适定性的影响, 通过建立位势井结构来研究黏弹性项与井深 d 的表达式、势能泛函以及与初值的关系, 得到系统的复杂结构尤其是黏弹性项影响位势结构的实质, 进一步弄清黏弹性项与整体解在三种能级下的存在性与非存在性的关系及作用规律. 最后, 对基尔霍夫系统 (1.2) 在不同初始能量水平下进行定性分析. 要全面系统地研究基尔霍夫系统 (1.2) 必然要针对能量水平分层次讨论, 即三种情况: $E(0) < d$, $E(0) = d$ 和 $E(0) > 0$. 而要进行全面分析首先要解决这三种情况中可能产生的困难和问题. 对于 $E(0) < d$ 的情形, 估计井深值 d 是一个关键所在. 在临界初始能量状态下与低初始能量情况平行的不变集合不复存在. 因此通过控制初值的取值得到不变集合是必须解决的. 特别是针对高初始能量状态, 经典的位势井结构将完全不可用, 所有的位势框架都不能直接使用, 故需要研究出一种新的有效的方法.

由于第 4 章将讨论两个主块: 一是解的性质, 二是算法的研究. 所以, 第 4 章第一主块将对 Bq 系统 (1.3) 在两种能量级别下进行整体适定性的讨论, 对初值所属的范围和非线性指标进行控制, 刻画出解的性质. 在算法研究这一块, 尽管已有许多学者利用有限体积法、有限元法与有限差分法讨论了一些 Bq 系统的数值解问题, 但是对于能够保持 Bq 系统 (1.3) 原来属性的守恒差分格式至今尚未建立. 同时, 也很少见到对具有非线性作用的系统的离散格式, 进行严格的收敛性、存在性和稳定性的分析, 无法从理论上保证差分格式的有效性. 所以, 本书将对非线性高阶色散 Bq 系统 (1.3) 的守恒差分格式进行研究.

对于非线性耗散波动系统 (1.4), 以往文献多数集中在对 $f(u) = \pm|u|^{p-1}u$ 或 $f(u) = |u|^p u$ 的讨论上. 第 5 章第一部分将已有文献的源项推广到更广泛情况, 讨论解的整体存在和有限时间爆破成立的条件, 并试图得到这二者之间存在的最佳条件. 本书还将根据井深 d 对位势井进行细致的划分, 从不同能量级别讨论系统 (1.4) 解的整体存在性和有限时间爆破, 并且给出一般源项的波动系统对应的衰减定理. 此外, 第 5 章第二部分采用有限差分法和多重有限体积法这两种数值计算方法求解带有耗散项的半线性波动系统式 (5.33)~式 (5.36).

1.4　研究路线与方法

本书进行理论定性分析时采用的研究方法主要有 Galerkin 方法、紧致性收敛原理、反耗散技术、位势井方法、凸函数方法、傅里叶变换、尺度放缩法. 在数值计算方面, 主要运用有限差分法、多重有限体积法、一些微分不等式、不动点原理、能量分析法、数学归纳法. 下面针对每一系统给出详细的说明, 其中基尔霍夫系统 (1.1) 与系统 (1.2) 重在定性分析, 而系统 (1.3) 与系统 (1.4) 既有定性分析又有数值计算.

关于具有阻尼项和非线性源项的基尔霍夫系统 (1.1), 本书主要利用临界点理论与凸函数方法及反耗散技术展开研究. 在位势井理论框架下采用紧致性收敛原理与精细的泛函分析技术对系统各项进行先验估计, 在能级有界的前提下得到整体解存在性; 应用乘子法讨论解的长时间行为; 结合凸函数方法控制微分不等式中各参变量的大小, 来证明解的有限时间爆破; 针对初始能量与井深等价的情形, 结合尺度放缩法讨论解的整体存在性与非存在性; 而对于任意大正初始能量情形, 本书在反耗散技术支撑下, 通过解的正则性等式结合初值与能量的微分不等式分析解的非整体存在性.

关于具有非线性阻尼、非线性源及黏弹性项的时滞基尔霍夫系统 (1.2), 本书采用经典的 Galerkin 方法, 证明解有界进而得到整体解存在性. 在新的位势井结构框架下构建与分析新的不变集合, 证明基尔霍夫系统 (1.2) 高初始能量整体解的不稳定集合的不变性. 利用反耗散技术和众多重要的微分不等式来得到高初始能量状态下解的非整体存在的充分条件.

关于具有高阶色散项的 Bq 解的整体可解性, 本书主要利用的方法是傅里叶变换、尺度放缩法、位势井方法、凸函数法和变分方法. 具体可参见本书第 4 章的论述. 关于具有高阶色散项的 Bq 系统 (1.3) 数值计算的研究, 主要利用有限差分法在规则的矩形网格内构造系统的离散格式. 采用导数项对称的前后差分形式及待定系数法的源项形式建立一种三层隐式守恒差分格式. 将差分系统各项内积化, 得出能量式满足某种离散守恒律. 然后借助一些微分不等式和引理对近似解进行先验估计, 利用数学归纳法证明差分格式解的存在性. 同时, 借助 Brouwer 不动点原理, 在能量分析法的基础上, 从理论上推导该离散格式无条件稳定, 具有二阶时间和空间精度即依范数二阶收敛, 并通过数值实验佐证了格式的有效性.

关于具有非线性耗散的波动系统 (1.4), 第 5 章主要运用了位势井方法与凸函数方法及变分方法来研究系统的整体可解性. 利用有限差分法构造一种新的离散格式, 为了得到格式解的存在唯一性, 运用了系数矩阵的可逆性这一工具. 对于有限差分法, 由于方程含有半线性项 $u|u|$, 此项表现为非线性作用, 为了解决这种半线

性所带来的困难, 经过多次调整检验, 最后用 $u_i^n|u_i^n|$ 来近似 $u|u|$. 化 "非线性为线性" 即在用该格式进行数值计算时, 实际上只需解一个线性系统. 本书拟运用多重有限体积法建立一种新的迭代格式. 首先对系统中的方程积分消除其中的导数项, 得到未知函数的积分方程. 对空间 x、时间 t 进行网格剖分, 进而运用拉格朗日插值法对 $u(x,t)$ 进行近似. 然后将其代入积分方程计算积分, 可得到关于未知函数在网格节点的函数值的递推方程. 通过求解递推方程便可以计算出系统式 (5.33)~式 (5.36) 的数值解.

1.5　研究特色及意义

(1) 本书基于变分理论, 提出了一种有井深的位势井方法与改进的凸函数法相结合的整体可解性判断方法. 此方法的原理是利用势能变化估计出井深值, 从而将初值划分为三个层次; 用能量中的某些部分控制外力项的负作用, 同时兼顾多个结构项的影响. 本书研究的基尔霍夫系统存在多个复杂结构项, 尤其是推广的源项. 已有的可解性判断方法大多是基于较小初值和特定源项进行的, 而基于较大初值和更广源项的处理方法目前还未见结果. 因此, 本书提出了针对结构复杂的基尔霍夫系统的可解性判断方法, 并利用基于位势理论和分析手段相结合的方法对系统的整体存在、非整体存在及衰减行为进行了不同能量级别的分析. 为研究结构更复杂的波动系统的可解性和数值计算提供了可行依据.

(2) 本书基于弱反耗散流微调势能的原理, 提出了一种基于记忆性能的基尔霍夫系统的可解判断方法. 此系统的已有可解性多是在无记忆项下展开的, 辅助泛函在设定中有明确的形式, 而在黏弹性系统中, 记忆项具有时滞性特征, 与其他结构项没有明显的关联. 为此本书设计了反耗散方法, 并对上述方法进行了理论验证, 结果表明所设计的方法能有效地找到高初始能量爆破条件.

(3) 本书提出了一种使用变分法、尺度放缩法、改进的凸函数法相结合的高阶 Bq 系统的可解判断方法, 基于类最优理论划分了能级空间. 基于差分思想提出了针对能量守恒格式的有限差分待定系数法, 并对上述方法进行了理论分析和数值实验. 结果表明所设计的方法能有效地找到复杂结构项的差分形式, 得到较好的收敛阶, 并有助于建立解的稳定性性质.

(4) 本书提出了一种基于位势井理论、乘子法、凸函数法相结合的判断系统可解性的方法, 找到了非线性耗散波动系统的整体存在与非存在的门槛条件. 非线性项对离散格式影响较大, 而它又是系统构成不能忽略的结构, 所以非线性项的离散格式设计首要的是保证格式的有效性. 本书介绍了两种基于化非线性为线性和迭代理论的数值方法, 然后对所设计的格式进行了数值实验, 与已有可靠的结果对比发现格式是有效的.

第2章 耗散基尔霍夫系统的定性分析

本章将研究如下一类具有阻尼项和非线性源项的耦合基尔霍夫系统

$$
\begin{cases}
u_{tt} - (a + b\|\nabla u\|^2 + b\|\nabla v\|^2)\Delta u + g(u_t) = f(u), \ (x,t) \in \Omega \times (0,T], \\
v_{tt} - (a + b\|\nabla u\|^2 + b\|\nabla v\|^2)\Delta v + g(v_t) = h(v), \ (x,t) \in \Omega \times (0,T], \\
u(x,0) = u_0(x), u_t(x,0) = u_1(x), x \in \Omega, \\
v(x,0) = v_0(x), v_t(x,0) = v_1(x), x \in \Omega, \\
u(x,t) = 0, v(x,t) = 0, (x,t) \in \partial\Omega \times (0,T],
\end{cases}
$$

在满足条件 1.1~条件 1.4 四个约束条件下, 解的整体存在性、有限时间爆破及长时间行为.

2.1 预备知识及位势井族的引入

首先给出位势井族、不变集合、势能泛函、Nehari 泛函等基础定义, 然后利用这些基础定义, 得出位势井族的相关性质, 进而利用它们来证明系统 (1.1) 的解的整体存在性与有限时间爆破性质, 并对解的衰减性进行估计.

定义解的最大存在时间为 $T = T(u,v)$. 同时, 定义 C^1 上的连续函数 $J(u,v)$, $I(u,v), E(u,v): H_0^1(\Omega) \to \mathbb{R}$ 如下:

$$
\begin{aligned}
J(u,v) = {} & \frac{a}{2} \left(\|\nabla u\|^2 + \|\nabla v\|^2\right) + \frac{b}{4} \left(\|\nabla u\|^2 + \|\nabla v\|^2\right)^2 \\
& - \int_\Omega (F(u) + H(v)) \, \mathrm{d}x,
\end{aligned} \tag{2.1}
$$

$$
\begin{aligned}
I(u,v) = {} & a \left(\|\nabla u\|^2 + \|\nabla v\|^2\right) + b \left(\|\nabla u\|^2 + \|\nabla v\|^2\right)^2 \\
& - \int_\Omega (uf(u) + vh(v)) \, \mathrm{d}x,
\end{aligned} \tag{2.2}
$$

$$E(u,v) = \frac{1}{2}(\|u_t\|^2 + \|v_t\|^2) + \frac{a}{2}\left(\|\nabla u\|^2 + \|\nabla v\|^2\right)$$

$$+ \frac{b}{4}\left(\|\nabla u\|^2 + \|\nabla v\|^2\right)^2 - \int_\Omega (F(u) + H(v))\,\mathrm{d}x, \tag{2.3}$$

式中, $F(u) = \displaystyle\int_0^u f(s)\mathrm{d}s$; $H(v) = \displaystyle\int_0^v h(s)\mathrm{d}s$.

结合系统 (1.1) 可知 $E(u,v)$ 满足耗散等式

$$E(u(t), v(t)) + \int_s^t \int_\Omega (g(u_t(\tau))u_t(\tau) + g(v_t(\tau))v_t(\tau))\,\mathrm{d}\tau$$

$$= E(u(s), v(s)), 0 \leqslant s \leqslant t \leqslant T_{\max}. \tag{2.4}$$

定义泛函 $J(u,v)$ 的过山值 (即众所周知的位势井深度 d) 为

$$d = \inf_{(u,v)\in H_0^1(\Omega)\times H_0^1(\Omega)\backslash\{(0,0)\}} \max_{\lambda\geqslant 0} J(\lambda u, \lambda v).$$

由极值原理可以证明位势井深度 d 也可被表示为

$$d = \inf_{(u,v)\in\mathscr{N}} J(u,v), \tag{2.5}$$

$$\mathscr{N} = \{(u,v)\in H_0^1(\Omega)\times H_0^1(\Omega)\backslash\{(0,0)\}\mid I(u,v) = 0\}. \tag{2.6}$$

显然 Nehari 泛函 $\mathscr{N}$ 将 $H_0^1(\Omega)$ 空间分割为两个无界集

$$W' = \{(u,v)\in H_0^1(\Omega)\times H_0^1(\Omega)\mid I(u,v) > 0\}\cup\{0,0\},$$

$$V' = \{(u,v)\in H_0^1(\Omega)\times H_0^1(\Omega)\mid I(u,v) < 0\}.$$

同时, 考虑能级 $J(u,v)$ 的表达式

$$J^\alpha = \{(u,v)\in H_0^1(\Omega)\times H_0^1(\Omega)\mid J(u,v) < \alpha\}, \alpha\in\mathbb{R}.$$

在此基础上, 引入稳定集合 W 与不稳定集合 V:

$$W = J^d\cap W', V = J^d\cap V'.$$

当 $\delta > 0$ 时, 定义位势井族 $I_\delta(u,v)$:

$$I_\delta(u,v) = \delta(a(\|\nabla u\|^2 + \|\nabla v\|^2) + b(\|\nabla u\|^2 + \|\nabla v\|^2)^2)$$

$$- \int_\Omega (uf(u) + vh(v))\mathrm{d}x, \delta > 0,$$

及位势井族深度 $d(\delta)$ 的定义为

$$d(\delta) = \inf_{(u,v) \in \mathscr{N}_\delta} J(u,v),$$

$$\mathscr{N}_\delta = \{(u,v) \in H_0^1(\Omega) \times H_0^1(\Omega) \mid I_\delta(u,v) = 0, \|\nabla u\| \neq 0, \|\nabla v\| \neq 0\},$$

且位势井族内集合 W_δ 与位势井族外集合 V_δ 的定义为

$$W_\delta = \{(u,v) \in H_0^1(\Omega) \times H_0^1(\Omega) \mid I_\delta(u,v) > 0, J(u,v) < d(\delta)\} \cup \{(0,0)\},$$

$$V_\delta = \{(u,v) \in H_0^1(\Omega) \times H_0^1(\Omega) \mid I_\delta(u,v) < 0, J(u,v) < d(\delta)\}.$$

在以上定义的基础上, 给出一些有关位势井族集合 W_δ 与 V_δ 及泛函 $J(u,v)$, $I(u,v)$ 与 Nehari 泛函 $\mathscr{N}$ 的性质, 这些性质在后面的证明中会一一用到.

首先介绍引理 2.1, 参见文献 [123]. 这一引理分析了满足条件 1.1~条件 1.3 的广义源项具有一定的非线性可控性, 正是因为这种可控性的估计才使得后面的诸多推导过程能够顺利进行, 关于这一点在后面的证明中将会体会到.

引理 2.1 （Ⅰ）如果 $A, B > 0$, 那么对于任意的 $u \in \mathbb{R}$, $v \in \mathbb{R}$, 必有 $|F(u)| \leqslant A|u|^{\gamma_1}$, $|H(v)| \leqslant B|v|^{\gamma_2}$;

（Ⅱ）对于任意的 $u \in \mathbb{R}$, $v \in \mathbb{R}$, 恒有 $|uf(u)| \leqslant \gamma_1 A|u|^{\gamma_1}$ 和 $|vh(v)| \leqslant \gamma_2 B|v|^{\gamma_2}$;

（Ⅲ）$uf(u) \geqslant 0$, $vh(v) \geqslant 0$, $u(uf'(u) - f(u)) \geqslant 0$, $v(vh'(v) - h(v)) \geqslant 0$ 当且仅当 $u = 0$ 且 $v = 0$ 时等号成立.

（Ⅳ）当 $|u| \geqslant 1$ 与 $|v| \geqslant 1$ 时, 恒有 $uf(u) \geqslant (p+1)A''|u|^{p+1}$ 与 $vh(v) \geqslant (q+1)B''|v|^{q+1}$.

由文献 [147] 易得以下两个引理. 它们描述了映射 $\lambda \mapsto J(\lambda u, \lambda v)$ 的单调性, 同时, 对 $I(\lambda u, \lambda v)$ 的符号做了判断.

引理 2.2 设 $f(u)$ 与 $h(v)$ 满足条件 1.1~条件 1.3, 且 $(u,v) \in H_0^1(\Omega) \times H_0^1(\Omega)$, $\|\nabla u\| \neq 0$, $\|\nabla v\| \neq 0$, 那么如下三个结论一定成立:

（Ⅰ）$\lim\limits_{\lambda \to +\infty} J(\lambda u, \lambda v) = -\infty$;

（Ⅱ）存在唯一的 $\lambda^* = \lambda^*(u,v) > 0$ 使得 $\dfrac{\mathrm{d}}{\mathrm{d}\lambda} J(\lambda u, \lambda v)|_{\lambda=\lambda^*} = 0$;

（Ⅲ）$\dfrac{\mathrm{d}^2}{\mathrm{d}\lambda^2} J(\lambda u, \lambda v)|_{\lambda=\lambda^*} < 0$.

考虑引理 2.1 和引理 2.2 并结合文献 [147] 中的方法, 可以得到引理 2.3.

引理 2.3　设 $(u,v) \in H_0^1(\Omega) \times H_0^1(\Omega)$ 且 $\|\nabla u\| \neq 0$, $\|\nabla v\| \neq 0$, 那么

（Ⅰ） $\displaystyle\lim_{\lambda \to 0} J(\lambda u, \lambda v) = 0$, $\displaystyle\lim_{\lambda \to +\infty} J(\lambda u, \lambda v) = -\infty$;

（Ⅱ）当 $0 \leqslant \lambda \leqslant \lambda^*$ 时, $J(\lambda u, \lambda v)$ 单调递增; 当 $\lambda^* < \lambda < \infty$ 时, $J(\lambda u, \lambda v)$ 单调递减, 当 $\lambda = \lambda^*$ 时, $J(\lambda u, \lambda v)$ 取极大值;

（Ⅲ）当 $0 < \lambda < \lambda^*$ 时, $I(\lambda u, \lambda v) > 0$; 当 $\lambda^* < \lambda < \infty$ 时, $I(\lambda u, \lambda v) < 0$, 且 $I(\lambda^* u, \lambda^* v) = 0$.

其次, 进一步来揭示非线性源项 $f(u)$ 与 $h(v)$ 的一些性质, 这些性质对于接下来的系统的先验估计是非常必要的.

引理 2.4　设 $f(u)$ 与 $h(v)$ 满足条件 1.1~条件 1.3, $(u,v) \in H_0^1(\Omega) \times H_0^1(\Omega)$, $\|\nabla u\| \neq 0$, $\|\nabla v\| \neq 0$ 且 $\phi(\lambda) = \dfrac{1}{\lambda} \displaystyle\int_\Omega (uf(\lambda u) + vh(\lambda v)) \mathrm{d}x$, 那么有如下两个结论成立:

（Ⅰ）当 $0 \leqslant \lambda < \infty$ 时, $\phi(\lambda)$ 是严格单调递增的;

（Ⅱ） $\displaystyle\lim_{\lambda \to 0} \phi(\lambda) = 0$, $\displaystyle\lim_{\lambda \to +\infty} \phi(\lambda) = +\infty$.

证明:（Ⅰ）由引理 2.1 中的 (Ⅲ) 可知, 当 $\lambda > 0$ 时有

$$\phi'(\lambda) = \frac{1}{\lambda^2} \int_\Omega \left(\lambda u^2 f'(\lambda u) - uf(\lambda u) + \lambda v^2 h'(\lambda v) - vh(\lambda v) \right) \mathrm{d}x$$

$$= \frac{1}{\lambda^3} \int_\Omega \left(\lambda u \left(\lambda u f'(\lambda u) - f(\lambda u) \right) + \lambda v \left(\lambda v h'(\lambda v) - h(\lambda v) \right) \right) \mathrm{d}x$$

$$> 0.$$

由此可知当 $0 \leqslant \lambda < \infty$ 时, $\phi(\lambda)$ 是严格单调递增的.

（Ⅱ）由引理 2.1 中的 (Ⅱ) 可以得出

$$\phi(\lambda) \leqslant \frac{1}{\lambda^2} \int_\Omega \left(\left| \lambda u f(\lambda u) \right| + \left| \lambda v h(\lambda v) \right| \right) \mathrm{d}x$$

$$\leqslant \gamma_1 A \lambda^{\gamma_1 - 2} \|u\|_{\gamma_1}^{\gamma_1} + \gamma_2 B \lambda^{\gamma_2 - 2} \|v\|_{\gamma_2}^{\gamma_2}.$$

所以 $\displaystyle\lim_{\lambda \to 0} \phi(\lambda) = 0$. 另一方面, 由 $uf(u) \geqslant 0$, $vh(v) \geqslant 0$ 及引理 2.1 中的 (Ⅳ) 可知

$$\phi(\lambda) = \frac{1}{\lambda^2} \int_{\Omega} (\lambda u f(\lambda u) + \lambda v h(\lambda v)) \, \mathrm{d}x$$

$$\geqslant \frac{1}{\lambda^2} \int_{\Omega_\lambda} (\lambda u f(\lambda u) + \lambda v h(\lambda v)) \, \mathrm{d}x$$

$$\geqslant \frac{(p+1)A''}{\lambda^2} \int_{\Omega_\lambda} |\lambda u|^{p+1} \mathrm{d}x + \frac{(q+1)B''}{\lambda^2} \int_{\Omega_\lambda} |\lambda v|^{q+1} \mathrm{d}x$$

$$= (p+1)A''\lambda^{p-1} \int_{\Omega_\lambda} |u|^{p+1} \mathrm{d}x + (q+1)B''\lambda^{q-1} \int_{\Omega_\lambda} |v|^{q+1} \mathrm{d}x$$

$$= (p+1)A''\lambda^{p-1} \int_{\Omega} |u|^{p+1} \mathrm{d}x + (q+1)B''\lambda^{q-1} \int_{\Omega} |v|^{q+1} \mathrm{d}x$$

$$= (p+1)A''\lambda^{p-1} \|u\|_{p+1}^{p+1} + (q+1)B''\lambda^{q-1} \|v\|_{q+1}^{q+1},$$

式中,

$$\Omega_\lambda = \left\{ x \in \Omega \,\middle|\, |u(x)| \geqslant \frac{1}{\lambda}, |v(x)| \geqslant \frac{1}{\lambda} \right\}.$$

显然可得

$$\lim_{\lambda \to +\infty} \int_{\Omega} |u|^{p+1} \mathrm{d}x = \|u\|_{p+1}^{p+1} > 0, \ \lim_{\lambda \to +\infty} \int_{\Omega} |v|^{q+1} \mathrm{d}x = \|v\|_{q+1}^{q+1} > 0.$$

因此, 得到 $\lim\limits_{\lambda \to +\infty} \phi(\lambda) = +\infty.$ □

下面的引理将给出范数 $\|\nabla u\|^2 + \|\nabla v\|^2$ 与泛函 $I_\delta(u, v)$ 的关系. 这对于后面不变集合的证明是十分必要的.

引理 2.5　设 $f(u)$ 与 $h(v)$ 满足条件 1.1～条件 1.3, $(u, v) \in H_0^1(\Omega) \times H_0^1(\Omega)$ 且 $\gamma_1 = \gamma_2$.

（Ⅰ）若 $0 < \|\nabla u\|^2 + \|\nabla v\|^2 < r(\delta)$, 则 $I_\delta(u, v) > 0$. 特别地, 当 $0 < \|\nabla u\|^2 + \|\nabla v\|^2 < r(1)$ 时, 有 $I(u, v) > 0$;

（Ⅱ）若 $I_\delta(u, v) < 0$, 则 $\|\nabla u\|^2 + \|\nabla v\|^2 > r(\delta)$. 特别地, 当 $I(u, v) < 0$ 时, 有 $\|\nabla u\|^2 + \|\nabla v\|^2 > r(1)$;

（Ⅲ）若 $I_\delta(u, v) = 0$, 则 $\|\nabla u\| = 0$, $\|\nabla v\| = 0$ 或 $\|\nabla u\|^2 + \|\nabla v\|^2 \geqslant r(\delta)$. 特别地, 当 $I(u, v) = 0$ 时, 有 $\|\nabla u\| = 0$, $\|\nabla v\| = 0$ 或 $\|\nabla u\|^2 + \|\nabla v\|^2 \geqslant r(1)$.

其中, $C_* = \max\{A'C_{1*}^{\gamma_1}, B'C_{2*}^{\gamma_2}\}$, C_{1*}, C_{2*} 分别为 $H_0^1(\Omega)$ 嵌入到 $L^{\gamma_1}(\Omega)$ 与

$L^{\gamma_2}(\Omega)$ 的嵌入常数且

$$r(\delta) = \left(\frac{\delta}{C_*}\right)^{\frac{2}{\gamma_1-2}}; A' = \sup\frac{uf(u)}{a|u|^{\gamma_1}}; B' = \sup\frac{vh(v)}{a|v|^{\gamma_2}}.$$

证明：（Ⅰ）由 $0 < \|\nabla u\|^2 + \|\nabla v\|^2 < r(\delta)$ 可知

$$\int_\Omega (uf(u) + vh(v))\,\mathrm{d}x \leqslant aA'\int_\Omega |u|^{\gamma_1}\mathrm{d}x + aB'\int_\Omega |v|^{\gamma_2}\mathrm{d}x$$

$$= aA'\|u\|_{\gamma_1}^{\gamma_1} + aB'\|v\|_{\gamma_2}^{\gamma_2}$$

$$\leqslant aA'C_{1*}^{\gamma_1}\|\nabla u\|^{\gamma_1} + aB'C_{2*}^{\gamma_2}\|\nabla v\|^{\gamma_2}$$

$$\leqslant aC_*(\|\nabla u\|^2 + \|\nabla v\|^2)^{\frac{\gamma_1}{2}}$$

$$< \delta a(\|\nabla u\|^2 + \|\nabla v\|^2)$$

$$\leqslant \delta\left(a\left(\|\nabla u\|^2 + \|\nabla v\|^2\right) + b(\|\nabla u\|^2 + \|\nabla v\|^2)^2\right),$$

式中, a 为系统 (1.1) 中出现的常数. 进一步得 $I_\delta(u,v) > 0$.

（Ⅱ）由 $I_\delta(u,v) < 0$ 易得

$$\delta a\left(\|\nabla u\|^2 + \|\nabla v\|^2\right) \leqslant \delta\left(a\left(\|\nabla u\|^2 + \|\nabla v\|^2\right) + b\left(\|\nabla u\|^2 + \|\nabla v\|^2\right)^2\right)$$

$$< \int_\Omega (uf(u) + vh(v))\mathrm{d}x$$

$$\leqslant aA'\|u\|_{\gamma_1}^{\gamma_1} + aB'\|v\|_{\gamma_2}^{\gamma_2}$$

$$\leqslant aA'C_{1*}^{\gamma_1}\|\nabla u\|^{\gamma_1} + aB'C_{2*}^{\gamma_2}\|\nabla v\|^{\gamma_2}$$

$$\leqslant aC_*(\|\nabla u\|^2 + \|\nabla v\|^2)^{\frac{\gamma_1}{2}},$$

由此可知 $\|\nabla u\|^2 + \|\nabla v\|^2 > r(\delta) = \left(\frac{\delta}{C_*}\right)^{\frac{2}{\gamma_1-2}}$.

（Ⅲ）若 $\|\nabla u\| = 0$, $\|\nabla v\| = 0$, 显然 $I_\delta(u,v) = 0$. 若 $I_\delta(u,v) = 0$, 且 $\|\nabla u\| \neq 0$,

$\|\nabla v\| \neq 0$, 则

$$\delta a \left(\|\nabla u\|^2 + \|\nabla v\|^2\right) \leqslant \delta \left(a \left(\|\nabla u\|^2 + \|\nabla v\|^2\right) + b \left(\|\nabla u\|^2 + \|\nabla v\|^2\right)^2\right)$$

$$\leqslant \int_{\Omega} (uf(u) + vh(v)) \mathrm{d}x$$

$$\leqslant aA' C_{1*}^{\gamma_1} \|\nabla u\|^{\gamma_1} + aB' C_{2*}^{\gamma_2} \|\nabla v\|^{\gamma_2}$$

$$\leqslant aC_* (\|\nabla u\|^2 + \|\nabla v\|^2)^{\frac{\gamma_1}{2}},$$

进一步得 $\|\nabla u\|^2 + \|\nabla v\|^2 \geqslant r(\delta) = \left(\dfrac{\delta}{C_*}\right)^{\frac{2}{\gamma_1 - 2}}$. □

下面的引理将介绍位势井族深度 $d(\delta)$ 与 δ 的关系及其随 δ 变化的规律.

引理 2.6　设 $f(u)$ 与 $h(v)$ 满足条件 1.1~条件 1.3, 且 $\gamma_1 = \gamma_2$, 那么

（ I ）　当 $0 < \delta < \dfrac{P+1}{4}$ 时, 必有 $d(\delta) > a(\delta) r^2(\delta)$, 式中, $P = \min\{p, q\}$; $a(\delta) = b \left(\dfrac{1}{4} - \dfrac{\delta}{P+1}\right)$;

（II）当 $0 \leqslant \delta \leqslant 1$ 时, $d(\delta)$ 单调递增; 当 $1 \leqslant \delta \leqslant K$ 时, $d(\delta)$ 单调递减; 且当 $\delta = 1$ 时, $d = d(1)$ 取极大值;

（III）$\lim\limits_{\delta \to 0} d(\delta) = 0$, 且存在唯一一个 K, $\dfrac{P+1}{4} \leqslant K \leqslant \dfrac{\gamma_1}{4}$, 使得 $d(K) = 0$, 且当 $0 < \delta < K$ 时, $d(\delta) > 0$.

证明:（ I ）若 $I_\delta(u, v) = 0$, 且 $\|\nabla u\| \neq 0, \|\nabla v\| \neq 0$, 由引理 2.5 中的 (III) 可得 $\|\nabla u\|^2 + \|\nabla v\|^2 \geqslant r(\delta)$. 由此结合条件 1.3 知如下对于 $J(u, v)$ 的估计是可行的:

$$J(u, v) := \frac{a}{2} \left(\|\nabla u\|^2 + \|\nabla v\|^2\right) + \frac{b}{4} \left(\|\nabla u\|^2 + \|\nabla v\|^2\right)^2$$

$$- \int_{\Omega} (F(u) + H(v)) \mathrm{d}x$$

$$\geqslant \frac{a}{2} \left(\|\nabla u\|^2 + \|\nabla v\|^2\right) + \frac{b}{4} \left(\|\nabla u\|^2 + \|\nabla v\|^2\right)^2$$

$$- \frac{1}{p+1} \int_{\Omega} uf(u) \mathrm{d}x - \frac{1}{q+1} \int_{\Omega} vh(v) \mathrm{d}x$$

$$\geqslant \frac{a}{2}\left(\|\nabla u\|^2 + \|\nabla v\|^2\right) + \frac{b}{4}\left(\|\nabla u\|^2 + \|\nabla v\|^2\right)^2$$

$$- \frac{1}{P+1}\int_\Omega uf(u)\mathrm{d}x - \frac{1}{P+1}\int_\Omega vh(v)\mathrm{d}x$$

$$\geqslant b\left(\frac{1}{4} - \frac{\delta}{P+1}\right)(\|\nabla u\|^2 + \|\nabla v\|^2)^2 + \frac{1}{P+1}I_\delta(u,v)$$

$$\geqslant a(\delta)r^2(\delta), 0 < \delta < \frac{P+1}{4}.$$

（II）本部分仅证明当 $0 < \delta' < \delta'' < 1$ 时, $d(\delta') < d(\delta'')$, 对于当 $1 < \delta'' < \delta' < K$ 时, $d(\delta') < d(\delta'')$ 的证明同理可得. 显然, 只需证明对于任意的 $(u',v') \in H_0^1(\Omega) \times H_0^1(\Omega)$, $I_{\delta'}(u',v') = 0$, $\|\nabla u'\| \neq 0$, $\|\nabla v'\| \neq 0$ 且 $(u'',v'') \in H_0^1(\Omega) \times H_0^1(\Omega)$, $I_{\delta''}(u'',v'') = 0$, $\|\nabla u''\| \neq 0$, $\|\nabla v''\| \neq 0$, 存在唯一的 $\varepsilon(\delta', \delta'') > 0$, 使得 $J(u',v') < J(u'',v'') - \varepsilon(\delta', \delta'')$ 即可. 事实上, 由引理 2.4 的（I）与（II）, 可以推出 $\phi(\lambda)$ 为可逆函数. 因此, 对于任意的 $(u'',v'') \in \mathscr{N}_{\delta''}$, 可以定义唯一的 $\lambda = \lambda(\delta)$, 有

$$\delta\left(a(\|\nabla \lambda u''\|^2 + \|\nabla \lambda v''\|^2) + b(\|\nabla \lambda u''\|^2 + \|\nabla \lambda v''\|^2)^2\right)$$

$$= \int_\Omega (\lambda u'' f(\lambda u'') + \lambda v'' h(\lambda v''))\,\mathrm{d}x$$

$$= \lambda^2 \frac{1}{\lambda}\int_\Omega (u'' f(\lambda u'') + v'' h(\lambda v''))\mathrm{d}x$$

$$= \lambda^2 \phi(\lambda). \tag{2.7}$$

直接化简式 (2.7) 不难得出

$$\delta\left(a(\|\nabla u''\|^2 + \|\nabla v''\|^2) + b\lambda^2(\|\nabla u''\|^2 + \|\nabla v''\|^2)^2\right) = \phi(\lambda). \tag{2.8}$$

由 $\phi(\lambda)$ 的单调性, 可得

$$\lambda(\delta) = \phi^{-1}\left(\delta\left(a(\|\nabla u''\|^2 + \|\nabla v''\|^2) + b\lambda^2(\|\nabla u''\|^2 + \|\nabla v''\|^2)^2\right)\right), \tag{2.9}$$

并且

$$(\lambda(\delta)u'', \lambda(\delta)v'') \in \mathscr{N}_\delta, \tag{2.10}$$

即 $I_\delta\left(\lambda(\delta)u'', \lambda(\delta)v''\right) = 0$, 展开得

$$\delta\left(a\left(\|\nabla\lambda u''\|^2 + \|\nabla\lambda v''\|^2\right) + b\lambda^2\left(\|\nabla\lambda u''\|^2 + \|\nabla\lambda v''\|^2\right)^2\right)$$
$$= \int_\Omega \left(\lambda u'' f(\lambda u'') + \lambda v'' h(\lambda v'')\right)\mathrm{d}x. \tag{2.11}$$

取 $\delta = \delta''$, 由 $(u'', v'') \in \mathscr{N}_{\delta''}$ 得

$$\delta''\left(a(\|\nabla u''\|^2 + \|\nabla v''\|^2) + b(\|\nabla u''\|^2 + \|\nabla v''\|^2)^2\right)$$
$$= \int_\Omega \left(u'' f(u'') + v'' h(v'')\right)\mathrm{d}x. \tag{2.12}$$

由式 (2.11) 及式 (2.12) 可知 $\lambda(\delta'') = 1$. 令 $m(\lambda) = J(\lambda u'', \lambda v'')$, 那么

$$\begin{aligned}
\frac{\mathrm{d}}{\mathrm{d}\lambda}m(\lambda) &= \frac{1}{\lambda}\left(a\left(\|\nabla\lambda u''\|^2 + \|\nabla\lambda v''\|^2\right) + b\left(\|\nabla\lambda u''\|^2 + \|\nabla\lambda v''\|^2\right)^2\right.\\
&\quad \left. - \int_\Omega \left(\lambda u'' f(\lambda u'') + \lambda v'' h(\lambda v'')\right)\mathrm{d}x\right)\\
&= \frac{1}{\lambda}\left((1-\delta)\left(a(\|\nabla\lambda u''\|^2 + \|\nabla\lambda v''\|^2)\right.\right.\\
&\quad \left.\left. + b\left(\|\nabla\lambda u''\|^2 + \|\nabla\lambda v''\|^2\right)^2\right) + I_\delta(\lambda u'', \lambda v'')\right)\\
&= (1-\delta)\lambda\left(a(\|\nabla u''\|^2 + \|\nabla v''\|^2) + b\lambda^2(\|\nabla u''\|^2 + \|\nabla v''\|^2)^2\right).
\end{aligned}$$

取 $(u', v') = \lambda(\delta')(u'', v'')$, 结合式 (2.10), 可得 $(\lambda(\delta')u'', \lambda(\delta')v'') \in \mathscr{N}_{\delta'}$, 即 $I_{\delta'}(u', v') = 0$ 且 $\|\nabla u'\| \neq 0, \|\nabla v'\| \neq 0$. 应用引理 2.4 中的（Ⅰ）并结合式 (2.9), 可以得出, 当 $0 < \delta' < \delta < \delta'' \leqslant 1$ 时, $\lambda(\delta)$ 单调递增. 由拉格朗日中值定理知必存在一个 $\xi \in (\lambda(\delta'), 1)$ 使得

$$\begin{aligned}
J(u'', v'') - J(u', v') &= m(1) - m(\lambda(\delta'))\\
&= m'(\xi)(1 - \lambda(\delta'))\\
&= (1-\delta)\xi(a(\|\nabla u''\|^2 + \|\nabla v''\|^2)\\
&\quad + b\xi^2(\|\nabla u''\|^2 + \|\nabla v''\|^2)^2)(1 - \lambda(\delta'))
\end{aligned}$$

$$> (1 - \delta'')\lambda(\delta') \left(ar(\delta'') + b\lambda^2(\delta')r^2(\delta'') \right) (1 - \lambda(\delta'))$$

$$\equiv \varepsilon(\delta', \delta'').$$

(III) 对于任意 $(u, v) \in H_0^1(\Omega) \times H_0^1(\Omega)$, $\|\nabla u\| \neq 0$, $\|\nabla v\| \neq 0$ 且 $\delta > 0$, 同样由式 (2.7) 定义唯一的 $\lambda = \lambda(\delta)$. 通过式 (2.8)、式 (2.9) 结合引理 2.4 中的 (II), 可以推出

$$\lim_{\delta \to 0} \lambda(\delta) = 0, \quad \lim_{\delta \to +\infty} \lambda(\delta) = +\infty.$$

由引理 2.2 与引理 2.3 可得

$$\lim_{\delta \to 0} J(\lambda u, \lambda v) = \lim_{\lambda \to 0} J(\lambda u, \lambda v) = 0,$$

并且

$$\lim_{\delta \to 0} d(\delta) = 0.$$

同理, 可知

$$\lim_{\delta \to +\infty} J(\lambda u, \lambda v) = \lim_{\lambda \to +\infty} J(\lambda u, \lambda v) = -\infty,$$

$$\lim_{\delta \to +\infty} d(\delta) = -\infty. \tag{2.13}$$

故由 $d(\delta)$ 的连续性、式 (2.13) 及本引理的 (I) 可以得出, 存在唯一的 K 使得 $d(K) = 0$. 此外, 还可以得出 $K \geqslant \dfrac{P+1}{4}$. 接下来考虑 $K \leqslant \dfrac{\gamma_1}{2}$. 注意到由 $uf(u) \geqslant 0$ 及 $vh(v) \geqslant 0$, 使得 $F(u) \geqslant 0$ 且 $H(v) \geqslant 0$. 所以通过 $|uf(u)| \leqslant \gamma_1|F(u)|$, $|vh(v)| \leqslant \gamma_2|H(v)|$, 可得

$$J(u, v) := \frac{a}{2} \left(\|\nabla u\|^2 + \|\nabla v\|^2 \right) + \frac{b}{4} \left(\|\nabla u\|^2 + \|\nabla v\|^2 \right)^2$$

$$- \int_\Omega \left(F(u) + H(v) \right) \mathrm{d}x$$

$$\leqslant \frac{a}{2} \left(\|\nabla u\|^2 + \|\nabla v\|^2 \right) + \frac{b}{4} \left(\|\nabla u\|^2 + \|\nabla v\|^2 \right)^2$$

$$- \frac{1}{\gamma_1} \int_\Omega uf(u)\mathrm{d}x - \frac{1}{\gamma_2} \int_\Omega vh(v)\mathrm{d}x$$

$$= \left(\frac{1}{2} - \frac{\delta}{\gamma_1} \right) a(\|\nabla u\|^2 + \|\nabla v\|^2)$$

$$+ \left(\frac{1}{4} - \frac{\delta}{\gamma_1} \right) b(\|\nabla u\|^2 + \|\nabla v\|^2)^2 + \frac{1}{\gamma_1} I_\delta(u, v)$$

$$= \left(\frac{1}{2} - \frac{\delta}{\gamma_1} \right) a(\|\nabla u\|^2 + \|\nabla v\|^2)$$

$$+ \left(\frac{1}{4} - \frac{\delta}{\gamma_1} \right) b(\|\nabla u\|^2 + \|\nabla v\|^2)^2 > 0,$$

当 $I_\delta(u, v) = 0$, $\|\nabla u\| \neq 0$, $\|\nabla v\| \neq 0$ 且 $\delta < \dfrac{\gamma_1}{4}$ 时, 一定有 $K \leqslant \dfrac{\gamma_1}{4}$. $\qquad \square$

由 W_δ, V_δ 的定义及引理 2.6 中的 (III), 不难揭示出 δ 的变化与流形变化有如下关系.

引理 2.7　（Ⅰ）如果 $0 < \delta' < \delta'' \leqslant 1$, 那么 $W_{\delta'} \subset W_{\delta''}$;

（Ⅱ）如果 $1 \leqslant \delta'' < \delta' < b$, 那么 $V_{\delta'} \subset V_{\delta''}$.

2.2　低初始能量时耗散基尔霍夫系统的适定性

本节将研究满足条件 1.1~条件 1.4 的系统 (1.1) 的初边值问题. 给出在初始能量 $E(0) < d$ 情况下, 系统对应的解的整体适定性, 包括整体存在性、非整体存在性及解的长时间行为的相关定理. 在此需要强调的是这里的解指的是系统 (1.1) 的弱解.

对系统 (1.1) 的弱解进行如下定义.

定义 2.1（弱解的定义）　称函数 (u, v) 为系统 (1.1) 在 $\Omega \times [0, T]$ 上的弱解, 若 $(u, v) \in L^\infty([0, T], H_0^1(\Omega) \times H_0^1(\Omega))$, $(u_t, v_t) \in L^\infty([0, T], L^2(\Omega) \times L^2(\Omega)) \cap L^\infty([0, T], L^{r+1}(\Omega) \times L^{r+1}(\Omega))$, 总有如下各式成立:

$$(u_t, \omega_1) - \int_0^t \left(\left(a + b\|\nabla u\|^2 + b\|\nabla v\|^2 \right) \Delta u, \omega_1 \right) \mathrm{d}\tau + \int_0^t (g(u_t), \omega_1) \mathrm{d}\tau 2$$

$$= \int_0^t (f(u), \omega_1) \mathrm{d}\tau + (u_1, \omega_1), \quad \omega_1 \in H_0^1(\Omega), \tag{2.14}$$

$$(v_t, \omega_2) - \int_0^t \left(\left(a + b\|\nabla u\|^2 + b\|\nabla v\|^2 \right) \Delta v, \omega_2 \right) \mathrm{d}\tau + \int_0^t (g(v_t), \omega_2) \mathrm{d}\tau$$

$$= \int_0^t (h(v), \omega_2) \mathrm{d}\tau + (v_1, \omega_2), \quad \omega_2 \in H_0^1(\Omega), \tag{2.15}$$

且初值满足

$$
\begin{cases}
u(0,x) = u_0(x),\ u_t(0,x) = u_1(x), \\
v(0,x) = v_0(x),\ v_t(0,x) = v_1(x).
\end{cases}
$$

在得出整体存在定理之前, 给出一个基本引理. 此引理指出, 当初值落在稳定集合 W' 中时, 满足条件 1.1~条件 1.4 的系统 (1.1) 的所有弱解都在集合 W' 范围内. 这个集合 W' 称为不变集合, 它是证明解的整体存在不可缺少的工具.

引理 2.8（不变集合 W'）　设 $g(s), f(s)$ 和 $h(s)$ 满足条件 1.1~条件 1.4, 且 $(u_0, v_0) \in H_0^1(\Omega) \times H_0^1(\Omega)$ 与 $(u_1, v_1) \in L^2(\Omega) \times L^2(\Omega)$, 那么系统 (1.1) 所有满足初始能量 $E(0) < d$、初值 $(u_0, v_0) \in W'$ 的解都属于 W'.

证明： 设 $(u(t), v(t))$ 为系统 (1.1) 的满足条件 $E(0) < d$ 及 $(u_0, v_0) \in W'$ 的任意一个弱解, T 为解 $(u(t), v(t))$ 的最大存在时间. 那么有

$$
\frac{\mathrm{d}}{\mathrm{d}t} E(t) = -(g(u_t), u_t) - (g(v_t), v_t) \leqslant 0. \tag{2.16}
$$

这就意味着在 $[0, T)$ 上, $E(u(t), v(t))$ 是单调递减的, 即 $E(u(t), v(t)) \leqslant E(0) < d$. 若当 $0 < t < T$ 时, $I(u(t), v(t)) > 0$ 不成立. 由反证法, 可以假设存在一个最初的时刻 $t_1 \in (0, T)$ 使得 $I(u(t_1), v(t_1)) \leqslant 0$. 由泛函 $I(u(t), v(t))$ 对时间的连续性, 可知必存在时刻 $t_* \in (0, T)$ 使得 $I(u(t_*), v(t_*)) = 0$. 由位势井深度 d 的定义, 推出

$$
d \leqslant J(u(t_*), v(t_*)) \leqslant E(u(t_*), v(t_*)) \leqslant E(0) < d,
$$

产生矛盾, 以上矛盾的产生说明假设是错误的. 所以引理的结论成立, 引理得证. □

下面将描述 $E(0) < d$ 时系统 (1.1) 满足条件 1.1~条件 1.4 的解的整体存在性.

定理 2.1（$E(0) < d$ 情形下解的整体存在性）　设 $g(s), f(s)$ 和 $h(s)$ 满足条件 1.1~条件 1.4, 且 $(u_0, v_0) \in H_0^1(\Omega) \times H_0^1(\Omega)$, $(u_1, v_1) \in L^2(\Omega) \times L^2(\Omega)$. 如果 $I(u_0, v_0) > 0$, $E(0) < d$, 那么系统 (1.1) 必存在一个整体弱解, 使得 $(u, v) \in L^\infty(0, \infty; H_0^1(\Omega) \times H_0^1(\Omega))$, $(u_t, v_t) \in L^\infty(0, \infty; L^2(\Omega) \times L^2(\Omega)) \cap L^\infty([0, T], L^{r+1}(\Omega) \times L^{r+1}(\Omega))$, 且对于 $t \in [0, \infty)$, 恒有 $(u, v) \in W'$.

证明： 对于定理 2.1 的证明, 分如下四步进行.

步骤 I : 构造近似解.

设 $\{\omega_j\}$ 为算子 $-\Delta$ 的特征方程在函数空间 $H_0^1(\Omega)$ 中的基础解系. 若对于任意的 j 存在 $\|\omega_j\| = 1$, 则 $\{\omega_j\}$ 为空间 $L^2(\Omega)$ 及空间 $H_0^1(\Omega)$ 中的标准正交系. 令 V_m 为由 $\{\omega_1, \omega_2, \cdots, \omega_m\}(m \in \mathbb{N})$ 张成的空间. 为了构造系统 (1.1) 的近似解, 令

$$\begin{cases} u_m(x,t) = \sum_{j=1}^{m} g_{jm}(t)\omega_j(x), m = 1, 2, \cdots, \\ v_m(x,t) = \sum_{j=1}^{m} h_{jm}(t)\omega_j(x), m = 1, 2, \cdots, \end{cases} \tag{2.17}$$

使得近似解 $u_m(x,t)$ 与 $v_m(x,t)$ 满足

$$(u_{mtt}(t), \omega) - \left(\left(a + b\|\nabla u_m(t)\|^2 + b\|\nabla v_m(t)\|^2 \right) \Delta u_m(t), \omega \right)$$

$$+ (g(u_{mt}(t)), \omega) = (f(u_m(t)), \omega), \omega \in V_m, \tag{2.18}$$

$$(v_{mtt}(t), \omega) - \left(\left(a + b\|\nabla u_m(t)\|^2 + b\|\nabla v_m(t)\|^2 \right) \Delta v_m(t), \omega \right)$$

$$+ (g(v_{mt}(t)), \omega) = (h(v_m(t)), \omega), \omega \in V_m, \tag{2.19}$$

同时, 初值条件符合

$$在空间 H_0^1(\Omega) 中, \begin{cases} u_m(0) = u_{0m} = \sum_{j=1}^{m} (u_0, \omega_j)\omega_j \to u_0, \\ v_m(0) = v_{0m} = \sum_{j=1}^{m} (v_0, \omega_j)\omega_j \to v_0; \end{cases} \tag{2.20}$$

$$在空间 L^2(\Omega) 中, \begin{cases} u_{mt}(0) = u_{1m} = \sum_{j=1}^{m} (u_1, \omega_j)\omega_j \to u_1, \\ v_{mt}(0) = v_{1m} = \sum_{j=1}^{m} (v_1, \omega_j)\omega_j \to v_1. \end{cases} \tag{2.21}$$

分别用 $g'_{sm}(t)$, $h'_{sm}(t)$ 与式 (2.18)、式 (2.19) 相乘, 对 s 求和并将两式相加, 可得

$$\frac{\mathrm{d}}{\mathrm{d}t} \left(E(u_m(t), v_m(t)) = - (g(u_{mt}(t)), u_{mt}(t)) - (g(v_{mt}(t)), v_{mt}(t)) \right).$$

将上式两端同时对 τ 积分得

$$E_m(t) + \int_0^t \left((g(u_{mt}(\tau)), u_{mt}(\tau)) + (g(v_{mt}(\tau)), v_{mt}(\tau)) \right) \mathrm{d}\tau = E_m(0), \tag{2.22}$$

式中, 近似解对应的能量 $E_m(t)$ 的定义为

$$E_m(t) := \frac{1}{2}(\|u_{mt}\|^2 + \|v_{mt}\|^2) + \frac{a}{2}(\|\nabla u_m\|^2 + \|\nabla v_m\|^2) + \frac{b}{4}(\|\nabla u_m\|^2$$

$$+ \|\nabla v_m\|^2)^2 - \int_\Omega \big(F(u_m(\tau)) + H(v_m(\tau))\big)\mathrm{d}\tau$$

$$= \frac{1}{2}(\|u_{mt}\|^2 + \|v_{mt}\|^2) + J(u_m, v_m), \tag{2.23}$$

式中, $F(u) = \displaystyle\int_0^u f(s)\mathrm{d}s,\ H(v) = \displaystyle\int_0^v h(s)\mathrm{d}s.$

步骤 II: $E_m(0), I_m(0)$ 及 $J_m(0)$ 的收敛性.

若条件 1.1~条件 1.3 成立, $(u_0, v_0) \in H_0^1(\Omega) \times H_0^1(\Omega)$ 且 $(u_1, v_1) \in L^2(\Omega) \times L^2(\Omega).$ 本部分将证明由式 (2.17)~式 (2.21) 定义的近似解 $(u_m, v_m),$ 随着 $m \to \infty,$ 收敛趋势必为 $E_m(0) \to E(0), I_m(0) \to I(0)$ 和 $J_m(0) \to J(0),$ 其中

$$E(0) = \frac{1}{2}(\|u_1\|^2 + \|v_1\|^2) + \frac{a}{2}(\|\nabla u_0\|^2 + \|\nabla v_0\|^2)$$

$$+ \frac{b}{4}(\|\nabla u_0\|^2 + \|\nabla v_0\|^2)^2 - \int_\Omega (F(u_0) + H(v_0))\mathrm{d}x.$$

注意到由 $(u_0, v_0) \in H_0^1(\Omega) \times H_0^1(\Omega),$ 式 (2.20) 和式 (2.21), 可得当 $m \to \infty$ 时, 有

$$\begin{cases} \|u_{mt}(0)\| \to \|u_1\|, \\[2mm] \|v_{mt}(0)\| \to \|v_1\|, \\[2mm] \|\nabla u_m(0)\| \to \|\nabla u_0\|, \\[2mm] \|\nabla v_t(0)\| \to \|\nabla v_0\|. \end{cases}$$

下面来证明

$$\int_\Omega \big(F(u_m(0)) + H(v_m(0))\big)\,\mathrm{d}x \to \int_\Omega (F(u_0) + H(v_0))\mathrm{d}x, \text{当} m \to \infty.$$

事实上, 下面的估计是成立的:

$$\left| \int_\Omega F(u_m(0))\mathrm{d}x - \int_\Omega F(u_0)\mathrm{d}x \right|$$

$$\leqslant \int_\Omega |f(\varphi_m)||u_m(0) - u_0|\mathrm{d}x$$

$$\leqslant \|f(\varphi_m)\|_k \|u_m(0) - u_0\|_l,$$

式中, $1 < k, l < \infty, \frac{1}{k} + \frac{1}{l} = 1, \varphi_m = u_0 + \theta(u_m(0) - u_0), 0 < \theta < 1.$

接下来说明空间维数不同, 使用嵌入定理时的嵌入指标也不同, 以及如何估计 $\|f(\varphi_m)\|_l^l$.

(i) 若 $n \geqslant 3$. 选择 $k = \dfrac{2n}{n-2}$ 且 $l = \dfrac{2n}{n+2}$, 可得

$$\|u_m(0) - u_0\|_k \leqslant C\|u_m(0) - u_0\|_{H_0^1} \to 0, \text{当 } m \to \infty.$$

由引理 2.1 中的 (II), 可以证明

$$\|f(\varphi_m)\|_l^l \leqslant \int_\Omega \left(A\gamma_1|\varphi_m|^{\gamma_1-1}\right)^l \mathrm{d}x = (A\gamma_1)^l \|\varphi_m\|_{(\gamma_1-1)l}^{(\gamma_1-1)l}.$$

由 φ_m 的定义及式 (2.20), 可知对于足够大的 m, 函数列 φ_m 是有界的. 由条件 1.3 的 $2 \leqslant (\gamma_1-1)l \leqslant \dfrac{2n}{n-2}$ 条件, 可以推出 $\|f(\varphi_m)\|_l \leqslant C$.

(ii) 若 $n = 1, 2$. 固定 $k = l = 2$, 得

$$\|u_m(0) - u_0\|_k \leqslant \|u_m(0) - u_0\| \to 0, \text{当 } m \to \infty.$$

由引理 2.1 中的 (II), 不难导出

$$\|f(\varphi_m)\|_l^l = \|f(\varphi_m)\|^2 \leqslant \int_\Omega \left(A\gamma_1|\varphi_m|^{\gamma_1-1}\right)^2 \mathrm{d}x = (A\gamma_1)^2 \|\varphi_m\|_{2(\gamma_1-1)}^{2(\gamma_1-1)}.$$

同样由条件 1.3, 有 $2 < 2(\gamma_1 - 1) < \infty$, 于是得到 $\|f(\varphi_m)\| < C$.

因此, 对于上述两种情况, 都可以得到

$$\int_\Omega F(u_m(0))\mathrm{d}x \to \int_\Omega F(u_0)\mathrm{d}x, \text{当 } m \to \infty.$$

类似地, 也可以推导

$$\int_\Omega H(v_m(0))\mathrm{d}x \to \int_\Omega H(v_0)\mathrm{d}x, \text{当 } m \to \infty.$$

综合上面的讨论, 可知当 $m \to \infty$ 时, $E_m(0) \to E(0)$. 对于当 $m \to \infty$ 时, $I_m(0) \to I(0)$ 与 $J_m(0) \to J(0)$ 的证明过程同理可得.

步骤III: 近似解的不变性.

本部分将证明不变集合 W' 的不变性对于近似解依然成立. 不变性指的是当解的初值 $(u_0, v_0) \in W'$, 则对于任意近似解都存在 $(u_m, v_m) \in W'$. 若条件 1.1~条

件 1.3 成立, $(u_0, v_0) \in H_0^1(\Omega) \times H_0^1(\Omega)$ 且 $(u_1, v_1) \in L^2(\Omega) \times L^2(\Omega)$, $E(0) < d$. 设 $I(u_0, v_0) > 0$ 或 $\|\nabla u_0\| = 0, \|\nabla v_0\| = 0$, 即 $(u_0, v_0) \in W'$. 下面将证明由式 (2.17)~式 (2.21) 定义的近似解 (u_m, v_m), 当 m 足够大时, 对于任意 $0 \leqslant t < \infty$, 恒有 $(u_m, v_m) \in W'$.

由集合 W 的定义及 $E(0) < d$ 可得 $(u_0, v_0) \in W'$, $J(u_0, v_0) < d$. 由步骤 II, 发现对于足够大的 m, 有 $E_m(0) < d$, $I(u_m(0), v_m(0)) > 0$ 且 $J(u_m(0), v_m(0)) < d$. 所以 $(u_m(0), v_m(0)) \in W'$. 现在证明对于任意 $t > 0$, 当 m 足够大时, 有 $(u_m(t), v_m(t)) \in W'$. 运用反证法, 假设存在一个最小的 $t_0 > 0$ 使得对于足够大的 m, 有 $(u_m(t_0), v_m(t_0)) \notin W'$, 即

$$I(u_m(t_0), v_m(t_0)) = 0 与 (u_m(t_0), v_m(t_0)) \neq (0, 0) 或$$

$$J(u_m(t_0), v_m(t_0)) = d.$$

结合式 (2.22)、式 (2.23) 与条件 1.4, 可以推出

$$\frac{1}{2}(\|u_{mt}\|^2 + \|v_{mt}\|^2) + J(u_m, v_m) \leqslant E_m(0) < d. \tag{2.24}$$

由上式看出 $J(u_m(t_0), v_m(t_0)) = d$ 是不可能的. 另一方面, 若 $I(u_m(t_0), v_m(t_0)) = 0$ 且 $(u_m(t_0), v_m(t_0)) \neq (0, 0)$, 应用式 (2.5) 和式 (2.6), 可得 $J(u_m(t_0), v_m(t_0)) \geqslant d$, 而这与式 (2.24) 矛盾. 因此推出对于任意的 $t > 0$, 对于足够大的 m, 必有 $(u_m(t_0), v_m(t_0)) \in W'$ 成立.

步骤 IV: 近似解的收敛性.

令 $\vartheta = \min\{p, q\}$, 通过直接计算, 可以得出

$$
\begin{aligned}
J(u_m, v_m) :=& \frac{a}{2}\left(\|\nabla u_m\|^2 + \|\nabla v_m\|^2\right) + \frac{b}{4}\left(\|\nabla u_m\|^2 + \|\nabla v_m\|^2\right)^2 \\
& - \int_\Omega \left(F(u_m) + H(v_m)\right) \mathrm{d}x \\
=& \frac{1}{\vartheta + 1} I(u_m, v_m) + \frac{a(\vartheta - 1)}{2(\vartheta + 1)}\left(\|\nabla u_m\|^2 + \|\nabla v_m\|^2\right) \\
& + \frac{b(\vartheta - 3)}{4(\vartheta + 1)}\left(\|\nabla u_m\|^2 + \|\nabla v_m\|^2\right)^2. \tag{2.25}
\end{aligned}
$$

由于 $(u_m(t), v_m(t)) \in W'$, 即 $I(u_m, v_m) > 0$, 从而式 (2.25) 变成

$$J(u_m, v_m) \geqslant \frac{a(\vartheta-1)}{2(\vartheta+1)} \left(\|\nabla u_m\|^2 + \|\nabla v_m\|^2 \right)$$
$$+ \frac{b(\vartheta-3)}{4(\vartheta+1)} \left(\|\nabla u_m\|^2 + \|\nabla v_m\|^2 \right)^2. \tag{2.26}$$

另外, 由条件 1.4, 可以得到

$$(g(u_{mt}), u_{mt}) \geqslant c_1 \|u_{mt}\|_{r+1}^{r+1}, \ (g(v_{mt}), v_{mt}) \geqslant c_1 \|v_{mt}\|_{r+1}^{r+1}. \tag{2.27}$$

结合式 (2.22)、式 (2.23)、式 (2.26) 及式 (2.27), 对于足够大的 m 有

$$d > E_m(0) := E_m(t) + \int_0^t \left((g(u_{mt}(\tau)), u_{mt}(\tau)) + (g(v_{mt}(\tau)), v_{mt}(\tau)) \right) \mathrm{d}\tau$$

$$= \frac{1}{2} (\|u_{mt}\|^2 + \|v_{mt}\|^2) + J(u_m, v_m)$$

$$+ \int_0^t \left((g(u_{mt}(\tau)), u_{mt}(\tau)) + (g(v_{mt}(\tau)), v_{mt}(\tau)) \right) \mathrm{d}\tau$$

$$\geqslant \frac{1}{2} (\|u_{mt}\|^2 + \|v_{mt}\|^2) + \frac{a(\vartheta-1)}{2(\vartheta+1)} (\|\nabla u_m\|^2 + \|\nabla v_m\|^2)$$

$$+ \frac{b(\vartheta-3)}{4(\vartheta+1)} (\|\nabla u_m\|^2 + \|\nabla v_m\|^2)^2$$

$$+ c_1 \int_0^t (\|u_{mt}\|_{r+1}^{r+1} + \|v_{mt}\|_{r+1}^{r+1}) \mathrm{d}\tau$$

$$\geqslant \frac{1}{2} (\|u_{mt}\|^2 + \|v_{mt}\|^2) + \frac{a(\vartheta-1)}{2(\vartheta+1)} (\|\nabla u_m\|^2 + \|\nabla v_m\|^2)$$

$$+ c_1 \int_0^t (\|u_{mt}\|_{r+1}^{r+1} + \|v_{mt}\|_{r+1}^{r+1}) \mathrm{d}\tau. \tag{2.28}$$

考虑式 (2.20) 及式 (2.21) 的收敛性, 并且结合式 (2.28), 推得

$$u_m 与 v_m 在 L^\infty \left(0, \infty; H_0^1(\Omega) \right) 上有界, \tag{2.29}$$

$$u_{mt} 与 v_{mt} 在 L^\infty \left(0, \infty; L^2(\Omega) \cap (L^{r+1}(\Omega)) \right) 上有界. \tag{2.30}$$

对于足够大的 m 与 $0 \leqslant t < \infty$, 由式 (2.28) 可得

$$\|\nabla u_m\|^2 < \frac{2d(\vartheta+1)}{a(\vartheta-1)}, \tag{2.31}$$

$$\|u_m\|_{\gamma_1}^2 < C_{1*}^2 \|\nabla u_m\|^2 < C_{1*}^2 \frac{2d(\vartheta+1)}{a(\vartheta-1)}, \tag{2.32}$$

同时有

$$\|f(u_m)\|_{p'}^{p'} \leqslant \int_\Omega \left(A\gamma_1|u_m|^{\gamma_1-1}\right)^{p'} \mathrm{d}x = (A\gamma_1)^{p'} \|u_m\|_{\gamma_1}^{\gamma_1}$$

$$\leqslant (A\gamma_1)^{p'} C_{1*}^{\gamma_1} \left(\frac{2d(\vartheta+1)}{a(\vartheta-1)}\right)^{\frac{\gamma_1}{2}}, p' = \frac{\gamma_1}{\gamma_1-1}. \tag{2.33}$$

同理, 可得出

$$\|h(v_m)\|_{q'}^{q'} \leqslant (B\gamma_2)^{q'} C_{2*}^{\gamma_2} \left(\frac{2d(\vartheta+1)}{a(\vartheta-1)}\right)^{\frac{\gamma_2}{2}}, q' = \frac{\gamma_2}{\gamma_2-1}, \tag{2.34}$$

式中, C_{1*}, C_{2*} 为 $H_0^1(\Omega)$ 嵌入到 $L^{\gamma_1}(\Omega)$ 及 $L^{\gamma_2}(\Omega)$ 的嵌入常数. 由式 (2.33) 与式 (2.34) 知

$$f(u_m)\text{在}L^\infty\left(0,\infty;L^{p'}(\Omega)\right)\text{上有界}, p' = \frac{\gamma_1}{\gamma_1-1}, \tag{2.35}$$

$$h(v_m)\text{在}L^\infty\left(0,\infty;L^{q'}(\Omega)\right)\text{上有界}, q' = \frac{\gamma_2}{\gamma_2-1}. \tag{2.36}$$

将式 (2.18) 与式 (2.19) 两端对 τ 积分, 可得

$$(u_{mt},\omega_s) - (u_{mt}(0),\omega_s) - \left((a+b\|\nabla u_m\|^2 + b\|\nabla v_m\|^2)\Delta u_m,\omega_s\right)$$

$$+ \int_0^t (g(u_{mt}),\omega_s)\mathrm{d}\tau = \int_0^t (f(u_m),\omega_s)\mathrm{d}\tau, \tag{2.37}$$

$$(v_{mt},\omega_s) - (v_{mt}(0),\omega_s) - \left((a+b\|\nabla u_m\|^2 + b\|\nabla v_m\|^2)\Delta v_m,\omega_s\right)$$

$$+ \int_0^t (g(v_{mt}),\omega_s)\mathrm{d}\tau = \int_0^t (h(v_m),\omega_s)\mathrm{d}\tau. \tag{2.38}$$

式中, $\omega_s \in H_0^1(\Omega)$. 因此, 式 (2.29)、式 (2.30)、式 (2.35) 及式 (2.36) 分别存在子序列, 对式 (2.37) 与式 (2.38) 取极限, 即得到了系统 (1.1) 的弱解 (u,v). 另一方面, 由式 (2.20) 与式 (2.21), 得出 $(u(x,0),v(x,0)) = (u_0(x),v_0(x)) \in H_0^1(\Omega) \times H_0^1(\Omega)$ 且 $(u_t(x,0),v_t(x,0)) = (u_1(x),v_1(x)) \in L^2(\Omega) \times L^2(\Omega)$. 结合引理 2.8 推出, 对于任意 $t \in [0,\infty)$, 恒有 $(u,v) \in W'$. 由此定理 2.1 得证. $\qquad\square$

接下来要说明上述解的整体存在定理同样适用于位势井族, 由于此时空间处于多层次划分状态, 所以此时解的性质也得到了细化. 对于位势井族同样存在一个保证整体解存在的不变集合 W_δ, 它表明了解在后续时间里属性的连续性.

引理 2.9（不变集合 W_δ）　设 $f(u)$ 与 $h(v)$ 满足条件 1.1~条件 1.3, 初值 $(u_0, v_0) \in H_0^1(\Omega) \times H_0^1(\Omega)$ 且 $(u_1, v_1) \in L^2(\Omega) \times L^2(\Omega)$, 同时 $I(u_0, v_0) > 0$ 或 $\|\nabla u_0\| = 0, v_0 = 0$. 如果 $0 < e < d, \delta_1 < \delta_2$ 为 $d(\delta) = e$ 的两个根, 那么系统 (1.1) 在初始能量 $E(0) = e$ 条件下的任意解都属于 W_δ, 其中 $\delta_1 < \delta < \delta_2$.

证明:　设 $(u(t), v(t))$ 为初始能量 $E(0) = e$ 条件下系统 (1.1) 的任意一解, 且 $I(u_0, v_0) > 0$ 或 $\|\nabla u_0\| = 0, \|\nabla v_0\| = 0$, T 为解 $(u(t), v(t))$ 的最大存在时间. 若 $\|\nabla u_0\| = 0, \|\nabla v_0\| = 0$, 则当 $0 < \delta < K$ 时, $(u_0, v_0) \in W_\delta$. 若 $I(u_0, v_0) > 0$, 则由 $d(\delta)$ 的定义引理 2.7 以及

$$\frac{1}{2}(\|u_1\|^2 + \|v_1\|^2) + J(u_0, v_0) = E(u_0, v_0)$$

$$= d(\delta_1) = d(\delta_2) < d(\delta), \delta_1 < \delta < \delta_2, \tag{2.39}$$

可得 $I_\delta(u_0, v_0) > 0$ 且 $J(u_0, v_0) < d(\delta)$, 即当 $\delta_1 < \delta < \delta_2$ 时, $(u_0, v_0) \in W_\delta$. 下面证明, 当 $\delta_1 < \delta < \delta_2$ 且 $0 < t < T$ 时, $(u(t), v(t)) \in W_\delta$. 若结论不成立, 则必存在第一个时刻 $t_0 \in (0, T)$, 使得 $(u(t_0), v(t_0))$ 对于 $\delta \in (\delta_1, \delta_2)$ 成立, 即 $I_\delta(u(t_0), v(t_0)) = 0$, $\|\nabla u(t_0)\| \neq 0, \|\nabla v(t_0)\| \neq 0$ 或 $J(u(t_0), v(t_0)) = d(\delta)$. 由能量不等式

$$\frac{1}{2}(\|u_t\|^2 + \|v_t\|^2) + J(u, v) + \int_0^t \int_\Omega (g(u_t)u_t + g(v_t)v_t)\, \mathrm{d}x$$

$$= E(u_0, v_0) < d(\delta), \delta_1 < \delta < \delta_2, 0 < t < T, \tag{2.40}$$

知 $J(u(t_0), v(t_0)) = d(\delta)$ 是不可能的. 另一方面, 若 $I_\delta(u(t_0), v(t_0)) = 0$ 且 $\|\nabla u(t_0)\| \neq 0, \|\nabla v(t_0)\| \neq 0$, 则由 $d(\delta)$ 的定义, 可以推出 $J(u(t_0), v(t_0)) \geqslant d(\delta)$, 这与式 (2.40) 相矛盾.　　　　　　　　□

推论 2.1　设 $f(u), h(v)$ 与 $g(s)$ 满足条件 1.1~条件 1.4, $(u_0, v_0) \in H_0^1(\Omega) \times H_0^1(\Omega)$ 且 $(u_1, v_1) \in L^2(\Omega) \times L^2(\Omega)$. 如果 $0 < E(0) < d, I_{\delta_2}(u_0, v_0) > 0$ 或 $\|u_0\| = 0, \|v_0\| = 0$, 式中, $\delta_1 < \delta_2$ 为方程 $d(\delta) = E(0)$ 的两个根, 那么系统 (1.1) 存在唯一一个弱解 $(u, v) \in L^\infty(0, \infty; H_0^1(\Omega) \times H_0^1(\Omega))$, 且若 $\delta_1 < \delta < \delta_2$, 则对于任意

$0 \leqslant t < \infty$, 恒有 $(u, v) \in W_\delta$.

证明: 由定理 2.1 及引理 2.9, 若要证明推论 2.1, 只需证明由 $I_{\delta_2}(u_0, v_0) > 0$, 可以推出 $I(u_0, v_0) > 0$. 事实上, 若结论不成立, 则必存在一个 $\overline{\delta} \in [1, \delta_2)$, 使得 $I_{\overline{\delta}}(u_0, v_0) = 0$. 由 $I_{\delta_2}(u_0, v_0) > 0$, 可得 $\|u_0\| \neq 0, \|v_0\| \neq 0$, 于是得出 $J(u_0, v_0) \geqslant d(\overline{\delta})$, 而这与当 $\delta_1 < \delta < \delta_2$ 时, $\frac{1}{2}(\|u_1\|^2 + \|v_1\|^2) + J(u_0, v_0) = E(0) < d(\delta)$ 相矛盾. □

下面将研究在 $0 < E(0) < d$ 条件下系统 (1.1) 的解的长时间行为, 不失一般性, 仅考虑 $g(s) = s$ 的情形.

引理 2.10 设 (u, v) 为系统 (1.1) 的由推论 2.1 得出的解, 那么

（Ⅰ）$I(u, v) = \|u_t\|^2 + \|v_t\|^2 - \dfrac{\mathrm{d}}{\mathrm{d}t}((u_t, u) + (v_t, v)) - \dfrac{1}{2}\dfrac{\mathrm{d}}{\mathrm{d}t}(\|u\|^2 + \|v\|^2)$;

（Ⅱ）$I(u, v) \geqslant (1 - \delta_1)\left(a(\|\nabla u\|^2 + \|\nabla v\|^2) + b(\|\nabla u\|^2 + \|\nabla v\|^2)^2\right)$, 式中, δ_1 为方程 $d(\delta) = E(0)$ 的最小根.

证明: （Ⅰ）分别用 u, v 与系统 (1.1) 的前两个式子两边相乘, 将两式相加并在 $\mathbb{R}^n$ 上积分, 即可得出结论. □

（Ⅱ）由推论 2.1, 得当 $\delta_1 < \delta < 1$ 时, 对于任意的 $0 \leqslant t < \infty$, 有 $(u(t), v(t)) \in W_\delta$. 因此, 对于任意 $0 \leqslant t < \infty$, 若 $\delta_1 < \delta < 1$, 则 $I_\delta(u, v) \geqslant 0$, 且当 $0 \leqslant t < \infty$, 有 $I_{\delta_1}(u, v) \geqslant 0$. 故可得

$$
\begin{aligned}
I(u, v) =& a(\|\nabla u\|^2 + \|\nabla v\|^2) + b(\|\nabla u\|^2 + \|\nabla v\|^2)^2 - \int_\Omega (uf(u) + vh(v))\mathrm{d}x \\
=& (1 - \delta_1)\left(a(\|\nabla u\|^2 + \|\nabla v\|^2) + b(\|\nabla u\|^2 + \|\nabla v\|^2)^2\right) + I_{\delta_1}(u, v) \\
\geqslant& (1 - \delta_1)\left(a(\|\nabla u\|^2 + \|\nabla v\|^2) + b(\|\nabla u\|^2 + \|\nabla v\|^2)^2\right) \\
\geqslant& (1 - \delta_1)\left(a(\|\nabla u\|^2 + \|\nabla v\|^2) + \frac{b}{2}(\|\nabla u\|^2 + \|\nabla v\|^2)^2\right). \quad\square
\end{aligned}
$$

定理 2.2（$E(0) < d$ 情形下解的长时间行为） 设 $f(u)$ 与 $h(v)$ 满足条件 1.1～条件 1.3, 初值 $(u_0, v_0) \in H_0^1(\Omega) \times H_0^1(\Omega)$ 且 $(u_1, v_1) \in L^2(\Omega) \times L^2(\Omega)$. 如果 $0 < E(0) < d$, $I(u_0, v_0) > 0$ 或 $\|u_0\| = 0, \|v_0\| = 0$, 且 $g(u_t) = u_t, g(v_t) = v_t$, 那么由定理 2.1 给出的系统 (1.1) 的解有如下性质:

$$
E(t) \leqslant C\mathrm{e}^{-\lambda t}, 0 \leqslant t < \infty, \tag{2.41}
$$

$$\|u_t\|^2 + \|v_t\|^2 + (\|\nabla u\|^2 + \|\nabla v\|^2) \leqslant C_1 \mathrm{e}^{-\lambda t}, 0 \leqslant t < \infty, \tag{2.42}$$

对于某些常数 C, C_1 及 λ 成立.

证明: 设 $(u(t), v(t))$ 为 $E(0) < d$ 条件下系统 (1.1) 的解, 其中初值满足 $I(u_0, v_0) > 0$ 或 $\|\nabla u_0\| = 0, \|\nabla v_0\| = 0$. 由推论 2.1, 得 $(u(t), v(t)) \in L^\infty(0, \infty; H_0^1(\Omega) \times H_0^1(\Omega))$, 且当 $\delta_1 < \delta < \delta_2, 0 \leqslant t < \infty$ 时, 有 $(u(t), v(t)) \in W_\delta$, 其中 $\delta_1 < \delta_2$ 为方程 $d(\delta) = E(0)$ 的两个根. 结合系统的能量函数, 以及系统 (1.1) 的前两式, 可得

$$E(t) + \int_0^t (\|u_\tau\|^2 + \|v_\tau\|^2) \mathrm{d}\tau = E(0), t \geqslant 0. \tag{2.43}$$

将上式对 t 求偏导数, 并与 $\mathrm{e}^{\alpha t}\ (\alpha > 0)$ 相乘, 可以算出

$$\frac{\mathrm{d}}{\mathrm{d}t}\left(\mathrm{e}^{\alpha t} E(t)\right) + \mathrm{e}^{\alpha t}(\|u_t\|^2 + \|v_t\|^2) = \alpha \mathrm{e}^{\alpha t} E(t), 0 \leqslant t < \infty. \tag{2.44}$$

将式 (2.44) 对 τ 积分得

$$\mathrm{e}^{\alpha t} E(t) + \int_0^t \mathrm{e}^{\alpha \tau} \left(\|u_\tau\|^2 + \|v_\tau\|^2\right) \mathrm{d}\tau = E(0) + \alpha \int_0^t \mathrm{e}^{\alpha \tau} E(\tau) \mathrm{d}\tau. \tag{2.45}$$

现在估计式 (2.45) 的最后一项. 由 $(u(t), v(t)) \in W_\delta$ 与

$$
\begin{aligned}
E(t) :=& \frac{1}{2}\left(\|u_t\|^2 + \|v_t\|^2\right) + \frac{a}{2}\left(\|\nabla u\|^2 + \|\nabla v\|^2\right) \\
& + \frac{b}{4}\left(\|\nabla u\|^2 + \|\nabla v\|^2\right)^2 - \int_\Omega (F(u) + H(v))\mathrm{d}x \\
\geqslant& \frac{1}{2}(\|u_t\|^2 + \|v_t\|^2) + \frac{a}{2}(\|\nabla u\|^2 + \|\nabla v\|^2) + \frac{b}{4}(\|\nabla u\|^2 + \|\nabla v\|^2)^2 \\
& - \frac{1}{p+1}\int_\Omega uf(u)\mathrm{d}x - \frac{1}{q+1}\int_\Omega vh(v)\mathrm{d}x \\
\geqslant& \frac{1}{2}(\|u_t\|^2 + \|v_t\|^2) + \frac{a}{2}(\|\nabla u\|^2 + \|\nabla v\|^2) \\
& + \frac{b}{4}(\|\nabla u\|^2 + \|\nabla v\|^2)^2 - \frac{1}{\vartheta+1}\int_\Omega (uf(u) + vh(v))\mathrm{d}x \\
\geqslant& \frac{1}{2}(\|u_t\|^2 + \|v_t\|^2) + \frac{a(\vartheta-1)}{2(\vartheta+1)}(\|\nabla u\|^2 + \|\nabla v\|^2) \\
& + \frac{b(\vartheta-3)}{4(\vartheta+1)}(\|\nabla u\|^2 + \|\nabla v\|^2)^2 + \frac{1}{\vartheta+1}I(u, v),
\end{aligned}
\tag{2.46}
$$

式中, $\vartheta = \min\{p, q\}$, 结合式 (2.46), 可得到

$$E(t) \geqslant \frac{1}{2}(\|u_t\|^2 + \|v_t\|^2) + \frac{a(\vartheta - 1)}{2(\vartheta + 1)}(\|\nabla u\|^2 + \|\nabla v\|^2), 0 \leqslant t < \infty. \qquad (2.47)$$

由式 (2.3) 与条件 1.3 给出

$$\int_0^t \mathrm{e}^{\alpha \tau} E(\tau) \mathrm{d}\tau \leqslant \frac{1}{2} \int_0^t \mathrm{e}^{\alpha \tau}(\|u_\tau\|^2 + \|v_\tau\|^2)\mathrm{d}\tau + \frac{1}{2} \int_0^t \mathrm{e}^{\alpha \tau}\Big(a(\|\nabla u\|^2 + \|\nabla v\|^2)$$

$$+ \frac{b}{2}(\|\nabla u\|^2 + \|\nabla v\|^2)^2\Big)\mathrm{d}\tau, \qquad (2.48)$$

由引理 2.10 及式 (2.48), 可得

$$\int_0^t \mathrm{e}^{\alpha \tau} E(\tau)\mathrm{d}\tau \leqslant \frac{1}{2} \int_0^t \mathrm{e}^{\alpha \tau}\left(\|u_\tau\|^2 + \|v_\tau\|^2\right)\mathrm{d}\tau + \frac{1}{2(1 - \delta_1)} \int_0^t \mathrm{e}^{\alpha \tau} I(u, v)\mathrm{d}\tau$$

$$= \frac{1}{2}\left(1 + \frac{1}{1 - \delta_1}\right) \int_0^t \mathrm{e}^{\alpha \tau}\left(\|u_\tau\|^2 + \|v_\tau\|^2\right)\mathrm{d}\tau - \frac{1}{2(1 - \delta_1)}$$

$$\times \int_0^t \mathrm{e}^{\alpha \tau} \frac{\mathrm{d}}{\mathrm{d}\tau}\left((u_t, u) + (v_t, v) + \frac{1}{2}(\|u\|^2 + \|v\|^2)\right)\mathrm{d}\tau. \qquad (2.49)$$

下面估计式 (2.49) 右端的最后一项, 由分部积分, 并用 Hölder 不等式、柯西不等式、Poincaré 不等式与式 (2.47), 得到

$$-\int_0^t \mathrm{e}^{\alpha \tau} \frac{\mathrm{d}}{\mathrm{d}\tau}\left((u_t, u) + (v_t, v) + \frac{1}{2}(\|u\|^2 + \|v\|^2)\right)\mathrm{d}\tau$$

$$= (u_1, u_0) + (v_1, v_0) + \frac{1}{2}(\|u_0\|^2 + \|v_0\|^2)$$

$$- \mathrm{e}^{\alpha t}\left((u_t, u) + (v_t, v) + \frac{1}{2}(\|u\|^2 + \|v\|^2)\right)$$

$$+ \alpha \int_0^t \mathrm{e}^{\alpha \tau}\left((u_\tau, u) + (v_\tau, v) + \frac{1}{2}(\|u\|^2 + \|v\|^2)\right)\mathrm{d}\tau$$

$$\leqslant \frac{1}{2}(\|u_1\|^2 + \|v_1\|^2 + 2\|u_0\|^2 + 2\|v_0\|^2)$$

$$+ \frac{1}{2}\mathrm{e}^{\alpha t}\left(\|u_t\|^2 + \|v_t\|^2 + 2\|u\|^2 + 2\|v\|^2\right)$$

$$+ \frac{\alpha}{2} \int_0^t \mathrm{e}^{\alpha\tau} \left(\|u_\tau\|^2 + \|v_\tau\|^2 + 2\|u\|^2 + 2\|v\|^2 \right) \mathrm{d}\tau$$

$$\leqslant \frac{1}{2} \left(\|u_1\|^2 + \|v_1\|^2 + 2C_0^1\|\nabla u_0\|^2 + 2C_0^2\|\nabla v_0\|^2 \right)$$

$$+ \frac{1}{2} \mathrm{e}^{\alpha t} \left(\|u_t\|^2 + \|v_t\|^2 + 2C_0^1\|\nabla u\|^2 + 2C_0^2\|\nabla v\|^2 \right)$$

$$+ \frac{\alpha}{2} \int_0^t \mathrm{e}^{\alpha\tau} \left(\|u_\tau\|^2 + \|v_\tau\|^2 + 2C_0^1\|\nabla u\|^2 + 2C_0^2\|\nabla v\|^2 \right) \mathrm{d}\tau$$

$$\leqslant C_0^3 E(0) + C_0^4 \mathrm{e}^{\alpha t} E(t) + \alpha C_0^4 \int_0^t \mathrm{e}^{\alpha\tau} E(\tau)\mathrm{d}\tau, \tag{2.50}$$

式中, C_0^1 为使 Poincaré 不等式 $\|u\|^2 \leqslant C_0^1\|\nabla u\|^2$ 成立的系数; C_0^2 为使 Poincaré 不等式 $\|v\|^2 \leqslant C_0^2\|\nabla v\|^2$ 成立的系数; C_0^3 与 C_0^4 为正的常数. 将式 (2.50) 代入式 (2.49) 可得

$$\int_0^t \mathrm{e}^{\alpha\tau} E(\tau)\mathrm{d}\tau \leqslant \frac{1}{2} \left(1 + \frac{1}{1-\delta_1} \right) \int_0^t \mathrm{e}^{\alpha\tau} \left(\|u_\tau\|^2 + \|v_\tau\|^2 \right)\mathrm{d}\tau$$

$$+ \frac{C_0^3}{2(1-\delta_1)} E(0) + \frac{C_0^4}{2(1-\delta_1)} \mathrm{e}^{\alpha t} E(t)$$

$$+ \frac{\alpha C_0^4}{2(1-\delta_1)} \int_0^t \mathrm{e}^{\alpha\tau} E(\tau)\mathrm{d}\tau. \tag{2.51}$$

将式 (2.51) 代入式 (2.45) 得

$$\mathrm{e}^{\alpha t} E(t) + \int_0^t \mathrm{e}^{\alpha\tau} (\|u_\tau\|^2 + \|v_\tau\|^2)\mathrm{d}\tau$$

$$\leqslant E(0) + \frac{\alpha}{2} \left(1 + \frac{1}{1-\delta_1} \right) \int_0^t \mathrm{e}^{\alpha\tau} \left(\|u_\tau\|^2 + \|v_\tau\|^2 \right)\mathrm{d}\tau$$

$$+ \frac{\alpha C_0^3}{2(1-\delta_1)} E(0) + \frac{\alpha C_0^4}{2(1-\delta_1)} \mathrm{e}^{\alpha t} E(t) + \frac{\alpha^2 C_0^4}{2(1-\delta_1)} \int_0^t \mathrm{e}^{\alpha\tau} E(\tau)\mathrm{d}\tau$$

$$= C_0 E(0) + \frac{\alpha}{2} \left(1 + \frac{1}{1-\delta_1} \right) \int_0^t \mathrm{e}^{\alpha\tau} (\|u_\tau\|^2 + \|v_\tau\|^2)\mathrm{d}\tau$$

$$+ \alpha C_1 \mathrm{e}^{\alpha t} E(t) + \alpha^2 C_1 \int_0^t \mathrm{e}^{\alpha\tau} E(\tau)\mathrm{d}\tau, \tag{2.52}$$

式中, C_0, C_1 为正常数且满足 $C_0 = 1 + \dfrac{\alpha C_0^3}{2(1-\delta_1)}$, $C_1 = \dfrac{C_0^4}{2(1-\delta_1)}$. 取 α 使得

$$0 < \alpha < \min\left\{\frac{1}{2C_1}, \frac{2}{1 + \dfrac{1}{1-\delta_1}}\right\},$$

由式 (2.52) 可得

$$e^{\alpha t}E(t) + \int_0^t e^{\alpha\tau}(\|u_\tau\|^2 + \|v_\tau\|^2)d\tau$$

$$\leqslant C_0 E(0) + \int_0^t e^{\alpha\tau}(\|u_\tau\|^2 + \|v_\tau\|^2)d\tau$$

$$+ \frac{1}{2}e^{\alpha t}E(t) + \alpha^2 C_1 \int_0^t e^{\alpha\tau}E(\tau)d\tau. \tag{2.53}$$

式 (2.53) 变为

$$e^{\alpha t}E(t) \leqslant 2C_0 E(0) + 2\alpha^2 C_1 \int_0^t e^{\alpha\tau}E(\tau)d\tau, 0 \leqslant t < \infty.$$

结合 Gronwall 不等式, 得

$$e^{\alpha t}E(t) \leqslant 2C_0 E(0)e^{2\alpha^2 C_1 t}.$$

且式 (2.41) 成立, 式中, $C = 2C_0 E(0) > 0$; $\lambda = \alpha(1 - 2C_1\alpha) > 0$. 所以, 由 (2.41) 与 (2.47), 可导出式 (2.42) 成立. □

接下来讨论初始能量 $E(0) < d$ 且 $g(u_t) = u_t, g(v_t) = v_t$ 情况下, 基尔霍夫系统 (1.1) 的解的有限时间爆破性质. 下面给出系统 (1.1) 的解在有限时间内爆破的概念.

定义 2.2（有限时间爆破）　称系统 (1.1) 的解 (u, v) 会发生有限时间爆破, 若存在一个有限的时间 T, 使得

$$\lim_{t \to T^-} \sup \int_\Omega (u^2 + v^2)dx = \infty.$$

引理 2.8 说明整体解存在需要稳定集合的不变性做保障, 与引理 2.8 相似, 解的非整体存在性需要另一个集合的不变性来保证. 如下引理指出了这一集合（又称不稳定集合）的不变性条件, 其证明过程可以参照引理 2.8 的证明思路.

引理 2.11（不变集合 V'）　设 $g(s), f(s)$ 与 $h(s)$ 满足条件 1.1～条件 1.4，$(u_0, v_0) \in H_0^1(\Omega) \times H_0^1(\Omega)$ 且 $(u_1, v_1) \in L^2(\Omega) \times L^2(\Omega)$. 当系统初始能量 $E(0) < d$ 时，只要初值满足 $(u_0, v_0) \in V'$，那么系统 (1.1) 的所有解恒属于集合 V'.

为了证明系统 (1.1) 的解的有限时间爆破行为，定义一个辅助函数 $K(t)$ 为

$$K(t) = \|u\|^2 + \|v\|^2 + (T - t)(\|u_0\|^2 + \|v_0\|^2)$$

$$+ \int_0^t \left(\|u\|^2 + \|v\|^2\right) \mathrm{d}\tau + m(t + t_1)^2, \tag{2.54}$$

式中，$t \in [0, T]$，$T > 0$；$m \geqslant 0$ 且 $t_1 > 0$ 为确定常数. 设 $(u(t), v(t)) \in L^\infty\left(0, \infty; H_0^1(\Omega) \times H_0^1(\Omega)\right)$ 且 $(u_t, v_t) \in L^\infty\left(0, \infty; L^2(\Omega) \times L^2(\Omega)\right)$ 为系统 (1.1) 的任意弱解，$T_{\max}$ 为解 (u, v) 的最大存在时间. 接着需要证明 $T_{\max} < \infty$. 应用凸函数方法（见文献 [148]）结合位势井理论，将证明系统 (1.1) 的解的有限时间爆破现象. 下面的引理将指出辅助函数 $K(t)$ 满足的一个重要不等式，此不等式对于解的有限时间爆破的证明有着十分重要的意义. 关于这一点在后面的证明中会看到.

引理 2.12　设 $f(u) = |u|^{p-1}u$，$h(v) = |v|^{p-1}v$ 且 $g(u_t) = u_t$，$g(v_t) = v_t$，那么函数 $K(t)$ 满足

$$K(t)K''(t) - \frac{p+4}{4}(K'(t))^2 \geqslant K(t)L(t), \tag{2.55}$$

式中，$L(t)$ 的定义为

$$L(t) := a(p-1)\left(\|\nabla u\|^2 + \|\nabla v\|^2\right) + \frac{b(p-3)}{2}\left(\|\nabla u\|^2 + \|\nabla v\|^2\right)^2$$

$$- 2(p+1)E(0) + (p-1)\int_0^t \left(\|u_\tau\|^2 + \|v_\tau\|^2\right)\mathrm{d}\tau - m(p+1). \tag{2.56}$$

证明：将式 (2.54) 对时间 t 求导数，通过简单的变形后得

$$K'(t) = 2(u, u_t) + 2(v, v_t) - (\|u_0\|^2 + \|v_0\|^2)$$

$$+ (\|u\|^2 + \|v\|^2) + 2m(t + t_1), \tag{2.57}$$

以及

$$K''(t) = 2(\|u_t\|^2 + \|v_t\|^2) + 2\left(u, (u_{tt} + u_t)\right)$$

$$+ 2\left(v, (v_{tt} + v_t)\right) + 2m$$

$$= 2\left(\|u_t\|^2 + \|v_t\|^2\right) - 2I(u,v) + 2m. \tag{2.58}$$

由式 (2.46) 解出 $I(u,v)$ 得

$$-2I(u,v) \geqslant (p+1)(\|u_t\|^2 + \|v_t\|^2) + a(p-1)\left(\|\nabla u\|^2 + \|\nabla v\|^2\right)$$

$$+ \frac{b(p-3)}{2}\left(\|\nabla u\|^2 + \|\nabla v\|^2\right)^2 - 2(p+1)E(t). \tag{2.59}$$

将式 (2.59) 代入式 (2.58), 那么式 (2.58) 变形为

$$K''(t) \geqslant (p+3)(\|u_t\|^2 + \|v_t\|^2) + a(p-1)(\|\nabla u\|^2 + \|\nabla v\|^2)$$

$$+ \frac{b(p-3)}{2}\left(\|\nabla u\|^2 + \|\nabla v\|^2\right)^2 - 2(p+1)E(t) + 2m. \tag{2.60}$$

将式 (2.60) 与式 (2.43) 联立, 推出

$$K''(t) \geqslant (p+3)(\|u_t\|^2 + \|v_t\|^2) + a(p-1)(\|\nabla u\|^2 + \|\nabla v\|^2)$$

$$+ \frac{b(p-3)}{2}(\|\nabla u\|^2 + \|\nabla v\|^2)^2 - 2(p+1)E(0)$$

$$+ 2(p+1)\int_0^t (\|u_\tau\|^2 + \|v_\tau\|^2)\mathrm{d}\tau + 2m. \tag{2.61}$$

结合式 (2.54)、式 (2.57) 与式 (2.61) 得

$$K(t)K''(t) - \frac{p+3}{4}(K'(t))^2$$

$$\geqslant K(t)K''(t) + (p+3)\left(\eta(t) - \left(K(t) - (T-t)(\|u_0\|^2 + \|v_0\|^2)\right)\right.$$

$$\left. \times \left(\|u_t\|^2 + \|v_t\|^2 + \int_0^t (\|u_\tau\|^2 + \|v_\tau\|^2)\mathrm{d}\tau + m\right)\right), \tag{2.62}$$

式中, 函数 $\eta(t)$ 的定义为

$$\eta(t) := A(t)B(t) - C(t),$$

$$A(t) := \left(\|u\|^2 + \|v\|^2 + \int_0^t (\|u\|^2 + \|v\|^2)\mathrm{d}\tau + m(t+t_1)^2\right),$$

$$B(t) := \left(\|u_t\|^2 + \|v_t\|^2 + \int_0^t (\|u_\tau\|^2 + \|v_\tau\|^2)\mathrm{d}\tau + m \right),$$

$$C(t) := \left((u, u_t) + (v, v_t) + \int_0^t ((u, u_\tau) + (v, v_\tau))\,\mathrm{d}\tau + m(t + t_1) \right)^2$$

$$= \underbrace{((u, u_t) + (v, v_t))^2}_{I_1} + \underbrace{\left(\int_0^t ((u, u_\tau) + (v, v_\tau))\,\mathrm{d}\tau \right)^2}_{I_2}$$

$$+ m^2(t + t_1)^2 + \underbrace{2\,((u, u_t) + (v, v_t)) \int_0^t ((u, u_\tau) + (v, v_\tau))\,\mathrm{d}\tau}_{I_3}$$

$$+ \underbrace{2m(t + t_1)\,((u, u_t) + (v, v_t))}_{I_4}$$

$$+ \underbrace{2m(t + t_1) \int_0^t ((u, u_\tau) + (v, v_\tau))\,\mathrm{d}\tau}_{I_5}.$$

接下来对 $\eta(t)$ 进行放缩. 考虑 $A(t)B(t)$ 与 $C(t)$. 首先估计 I_1. 基于 Hölder 不等式、Young's 不等式及均值不等式, 可知

$$I_1 := ((u, u_t) + (v, v_t))^2$$

$$= (u, u_t)^2 + (v, v_t)^2 + 2(u, u_t)(v, v_t)$$

$$= \|u\|^2(\|u_t\|^2 + \|v_t\|^2) + \|v\|^2(\|u_t\|^2 + \|v_t\|^2)$$

$$= (\|u\|^2 + \|v\|^2)(\|u_t\|^2 + \|v_t\|^2). \tag{2.63}$$

然后估计 I_2, 应用柯西–施瓦茨不等式有

$$I_2 := \left(\int_0^t (u, u_\tau) + (v, v_\tau)\mathrm{d}\tau \right)^2$$

$$\leqslant \left(\int_0^t (\|u\|\|u_\tau\|\mathrm{d}\tau + \|v\|\|v_\tau\|)\mathrm{d}\tau \right)^2$$

$$\leqslant \left(\int_0^t (\|u\|^2 + \|v\|^2)\frac{1}{2}(\|u_\tau\|^2 + \|v_\tau\|^2)\frac{1}{2}\mathrm{d}\tau \right)^2$$

$$\leqslant \int_0^t (\|u\|^2 + \|v\|^2)\,\mathrm{d}\tau \int_0^t (\|u_\tau\|^2 + \|v_\tau\|^2)\,\mathrm{d}\tau \tag{2.64}$$

同时, 应用柯西–施瓦茨不等式与 Young's 不等式, 推出

$$\begin{aligned}
I_3 :=& 2m(t+t_1)\left((u,u_t)+(v,v_t)\right)\\
\leqslant& 2m(t+t_1)(\|u\|\|u_t\|+\|v\|\|v_t\|)\\
=& 2m(t+t_1)\left((\|u\|\|u_t\|+\|v\|\|v_t\|)^2\right)^{\frac{1}{2}}\\
\leqslant& m(\|u\|^2+\|v\|^2)+m(t+t_1)^2(\|u_t\|^2+\|v_t\|^2).
\end{aligned} \tag{2.65}$$

类似于式 (2.64) 与式 (2.65) 中的论证过程, 同理可得到

$$\begin{aligned}
I_4 :=& 2\left((u,u_t)+(v,v_t)\right)\int_0^t \left((u,u_\tau)+(v,v_\tau)\right)\mathrm{d}\tau\\
\leqslant& 2(\|u\|\|u_t\|+\|v\|\|v_t\|)\int_0^t (\|u\|\|u_\tau\|+\|v\|\|v_\tau\|)\mathrm{d}\tau\\
=& \left(\|u\|^2+\|v\|^2\right)\int_0^t \left(\|u_\tau\|^2+\|v_\tau\|^2\right)\mathrm{d}\tau\\
& +\left(\|u_t\|^2+\|v_t\|^2\right)\int_0^t \left(\|u\|^2+\|v\|^2\right)\mathrm{d}\tau,\\
I_5 :=& 2m(t+t_1)\int_0^t \left((u,u_\tau)+(v,v_\tau)\right)\mathrm{d}\tau\\
\leqslant& 2m(t+t_1)\int_0^t (\|u\|\|u_\tau\|+\|v\|\|v_\tau\|)\mathrm{d}\tau\\
\leqslant& m\int_0^t (\|u\|^2+\|v\|^2)\mathrm{d}\tau+m(t+t_1)^2\int_0^t (\|u_\tau\|^2+\|v_\tau\|^2)\mathrm{d}\tau.
\end{aligned} \tag{2.66}$$

考虑到 $A(t)B(t)$ 与 $C(t)$, 容易看出式 (2.62) 中 $\eta(t)>0$. 注意到 $(T-t)(\|u_0\|^2+\|v_0\|^2)>0$, 可以去掉式 (2.62) 中的两个正项, 且由式 (2.61), 分析出式 (2.62) 变为如下形式:

$$\begin{aligned}
& K(t)K''(t)-\frac{p+3}{4}(K'(t))^2\\
\geqslant& K(t)K''(t)-(p+3)K(t)\left(\|u_t\|^2+\|v_t\|^2+\int_0^t (\|u_\tau\|^2+\|v_\tau\|^2)\mathrm{d}\tau+m\right)\\
=& K(t)\left(K''(t)-(p+3)\left(\|u_t\|^2+\|v_t\|^2+\int_0^t (\|u_\tau\|^2+\|v_\tau\|^2)\mathrm{d}\tau+m\right)\right)
\end{aligned}$$

$$\geqslant K(t)\Big(a(p-1)(\|\nabla u\|^2+\|\nabla v\|^2)+\frac{b(p-3)}{2}(\|\nabla u\|^2+\|\nabla v\|^2)^2$$

$$-2(p+1)E(0)+(p-1)\int_0^t(\|u_\tau\|^2+\|v_\tau\|^2)\mathrm{d}\tau-m(p+1)\Big)$$

$$=K(t)L(t),\tag{2.67}$$

式中, $L(t)$ 的定义如式 (2.56). 故基于上述讨论, 推论被证明.　　　　□

定理 2.3（$E(0)<d$ 情形下解的有限时间爆破）　设 $f(u)=|u|^{p-1}u$ 且 $h(v)=|v|^{p-1}v$, $(u_0,v_0)\in H_0^1(\Omega)\times H_0^1(\Omega)$, $(u_1,v_1)\in L^2(\Omega)\times L^2(\Omega)$ 且 $g(u_t)=u_t, g(v_t)=v_t$. 如果 $I(u_0,v_0)<0$ 且 $E(0)<d$, 那么系统 (1.1) 的解 (u,v) 将在有限时间爆破, 即解 (u,v) 的存在时间是有限的, 并存在一个有限时间 T^*, 使得

$$\lim_{t\to T^{*-}}(\|u\|^2+\|v\|^2)=+\infty.$$

证明: 结合 $f(u)$ 与 $h(v)$ 的假设条件, 由式 (2.1) 可得

$$\begin{aligned}J(u,v)=&\frac{a}{2}\left(\|\nabla u\|^2+\|\nabla v\|^2\right)+\frac{b}{4}\left(\|\nabla u\|^2+\|\nabla v\|^2\right)^2\\&-\frac{1}{p+1}\|u\|_{p+1}^{p+1}-\frac{1}{p+1}\|v\|_{p+1}^{p+1}\\=&\left(\frac{a}{2}-\frac{a}{p+1}\right)\left(\|\nabla u\|^2+\|\nabla v\|^2\right)\\&+\left(\frac{b}{4}-\frac{b}{p+1}\right)\left(\|\nabla u\|^2+\|\nabla v\|^2\right)^2+\frac{1}{p+1}I(u,v)\\=&\frac{a(p-1)}{2(p+1)}\left(\|\nabla u\|^2+\|\nabla v\|^2\right)+\frac{b(p-3)}{4(p+1)}\left(\|\nabla u\|^2+\|\nabla v\|^2\right)^2\\&+\frac{1}{p+1}I(u,v).\end{aligned}\tag{2.68}$$

利用引理 2.11 与 $I(u_0,v_0)<0$, 有 $I(u,v)<0$. 所以, 式 (2.68) 变形为

$$2(p+1)J(u,v)<a(p-1)(\|\nabla u\|^2+\|\nabla v\|^2)+\frac{b(p-3)}{2}(\|\nabla u\|^2+\|\nabla v\|^2)^2.$$

结合位势井深 d 的定义, 可以推出

$$2(p+1)d<a(p-1)(\|\nabla u\|^2+\|\nabla v\|^2)+\frac{b(p-3)}{2}(\|\nabla u\|^2+\|\nabla v\|^2)^2.\tag{2.69}$$

因此, 式 (2.56) 有如下形式:

$$L(t) > 2(p+1)(d - E(0)) + (p-1)\int_0^t (\|u_\tau\|^2 + \|v_\tau\|^2)\mathrm{d}\tau - m(p+1). \tag{2.70}$$

由此可以选择 m, 使得 $L(t) > 0$ 与 $K(t)K''(t) - \dfrac{p+3}{4}(K'(t))^2 > 0$ 同时成立. 对于任意的 $t \in [0,T)$, 由 $I(u,v) < 0$ 与式 (2.58) 可得, 对任意的 $t \in [0, T_{\max})$, 有 $K''(t) > 2m > 0$, 取足够大的 t_1 使得

$$K'(0) = 2\int_\Omega (u_0 u_1 + v_0 v_1)\mathrm{d}x + 2m t_1 > 0. \tag{2.71}$$

令 $y(t) = K(t)^{\frac{p}{4}}$, 那么不等式 (2.67) 变形为

$$y''(t) \leqslant -\frac{p}{4}(y(t))^{\frac{p+6}{p}} K(t)L(t), t \in [0,T).$$

当 $\theta = \dfrac{p}{4}$ 时, 取 $T \geqslant \dfrac{-K^{-\theta}(0)}{(K^{-\theta})'(0)}$, 通过凸函数引理（见文献 [148]）, 知存在一个 T^* 满足 $0 < T^* < \dfrac{-K^{-\theta}(0)}{(K^{-\theta})'(0)}$, $K^{-\theta}(T^*) = 0$ 并且 T^* 的选取与 T 的初始时刻无关. 这就证明了 $y(t)$ 在有限时间内趋近于 0, 即当 $t \to T^*$ 有

$$\lim_{t \to T^{*-}} K(t) = \infty.$$

结合辅助泛函 $K(t)$ 的定义有

$$\lim_{t \to T^{*-}} \sup \left(\|u\|^2 + \|v\|^2 + \int_0^t \left(\|u\|^2 + \|v\|^2 \right)\mathrm{d}\tau \right) = \infty.$$

这就与 $T_{\max} = \infty$ 相矛盾. 于是得出 $T_{\max} < \infty$ 且 $\lim_{t \to T^{*-}} \sup \left(\|u\|^2 + \|v\|^2 \right) = \infty.$ □

2.3　临界初始能量时耗散基尔霍夫系统的适定性

本节将证明基尔霍夫系统 (1.1) 在临界初始能量 $E(0) = d$ 下解的整体存在、解的长时间行为与解的有限时间爆破等定性性质.

注解 2.1　如前面的分析, 证明系统 (1.1) 在低能 $E(0) < d$ 条件下整体弱解存在的模型是容易建立的, 所以问题是低能条件下的模型对于在临界初始能量

$E(0) = d$ 条件下的系统 (1.1) 是否依然成立? 事实上, 这是不成立的. 接下来将解释模型不再成立的详细原因. 为了证明系统 (1.1) 在临界能量 $E(0) = d$、初始值 $I(u_0, v_0) > 0$ 条件下整体弱解的存在性, 需要证明集合 $W' = \{(u, v) \in H_0^1(\Omega) \times H_0^1(\Omega) \mid I(u, v) > 0\}$ 在具有临界能量 $E(0) = d$ 的系统 (1.1) 的流之下的不变性. 在研究低初始能量条件 $E(0) < d$ 的情况下, 由反证法, 假设集合 W' 不存在不变性, 那么必存在时刻 $t_0 \in (0, T)$, 使得 $I(u(t_0), v(t_0)) = 0$ 且当 $0 < t < t_0$ 时有 $I(u, v) > 0$, 式中, T 为解 (u, v) 的最大存在时间. 由引理 2.5 的(III), 可以得到 $\|\nabla u(t_0)\| + \|\nabla v(t_0)\| \geqslant r(1)$ 且 $J(u(t_0), v(t_0)) \geqslant d$, 这与初始能量条件 $E(0) < d$ 相矛盾. 遗憾的是, 在临界能量 $E(0) = d$ 下, 此矛盾 (即 $J(u(t_0), v(t_0)) \geqslant d$) 不存在, 这由下式可以说明

$$\frac{1}{2}(\|u_t\|^2 + \|v_t\|^2) + J(u, v) = E(t) \leqslant E(0) = d, 0 \leqslant t < T.$$

因此, 需要寻找新的思路来解决这个问题. 这同时也是解决临界情形下整体适定性的一个关键和难点. 通过使用缩放法, 构造近似解 (u_{0m}, v_{0m}) 并使得近似解逼近集合 $E(0) \leqslant d$ 的边界, 即 $E(0) = d$ (见图 2.1).

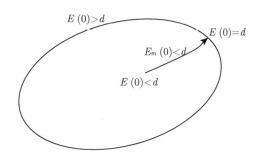

图 2.1　如何构造近似解 (u_{0m}, v_{0m})

　　基于以上分析, 知道可以通过尺度放缩将临界情况转化为低能情况来处理. 本着这种思想方法, 来论证下面的临界整体存在定理.

　　定理 2.4（初始能量 $E(0) = d$ 条件下解的整体存在性）　设 $f(u)$, $h(v)$ 与 $g(s)$ 满足条件 1.1~条件 1.4, $(u_0, v_0) \in H_0^1(\Omega) \times H_0^1(\Omega)$ 且 $(u_1, v_1) \in L^2(\Omega) \times L^2(\Omega)$. 如果 $I(u_0, v_0) \geqslant 0$ 且 $E(0) = d$, 那么系统 (1.1) 存在整体解满足 $(u, v) \in L^\infty(0, \infty; H_0^1(\Omega) \times H_0^1(\Omega))$, $(u_t, v_t) \in L^\infty(0, \infty; L^2(\Omega) \times L^2(\Omega))$, 并且对于 $t \in [0, \infty)$,

必有 $(u, v) \in \overline{W'}$, 其中 $\overline{W'} = W' \cap \partial W'$.

证明： 通过考虑下面两种情形来证明定理.

情形 I : $\|\nabla u_0\| \neq 0$ 且 $\|\nabla v_0\| \neq 0$.

令 $\lambda_m = 1 - \dfrac{1}{m}$ 且 $u_{0m} = \lambda_m u_0$, $v_{0m} = \lambda_m v_0$, $m = 2, 3, \cdots$. 考虑初值满足

$$
\begin{cases}
u(x, 0) = u_{0m}(x), u_t(x, 0) = u_1(x), \\
v(x, 0) = v_{0m}(x), v_t(x, 0) = v_1(x),
\end{cases}
\tag{2.72}
$$

以及相应的系统 (1.1) 的第一、第二个方程及其边界条件. 由引理 2.3 中的 (III), 可知当 $0 < \lambda < \lambda^*$ 时, $I(\lambda u, \lambda v) > 0$; 当 $\lambda^* < \lambda < \infty$ 时, $I(\lambda u, \lambda v) < 0$ 且 $I(\lambda^* u, \lambda^* v) = 0$. 同时, 假设 $I(u_0, v_0) \geqslant 0$, 可以推出 $\lambda^* = \lambda^*(u_0, v_0) \geqslant 1$, 如图 2.2 所示. 由 $\lambda_m = 1 - \dfrac{1}{m} < 1 \leqslant \lambda^*$, 得 $I(u_{0m}, v_{0m}) > 0$.

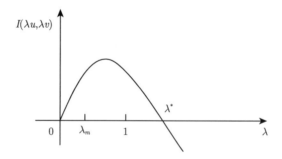

图 2.2 泛函 $I(\lambda u, \lambda v)$ 随着变量 λ 的变化曲线

令 $\vartheta = \min\{p, q\}$, 由条件 1.3 且通过直接计算式 (2.25), 得

$$
\begin{aligned}
J(u_{0m}, v_{0m}) \geqslant {} & \frac{a}{2}(\|\nabla u_{0m}\|^2 + \|\nabla v_{0m}\|^2) + \frac{b}{4}(\|\nabla u_{0m}\|^2 + \|\nabla v_{0m}\|^2)^2 \\
& - \frac{1}{p+1} \int_\Omega u_{0m} f(u_{0m}) \mathrm{d}x - \frac{1}{q+1} \int_\Omega v_{0m} h(v_{0m}) \mathrm{d}x \\
\geqslant {} & \frac{1}{\vartheta + 1} I(u_{0m}, v_{0m}) + \frac{a(\vartheta - 1)}{2(\vartheta + 1)}(\|\nabla u_{0m}\|^2 + \|\nabla v_{0m}\|^2) \\
& + \frac{b(\vartheta - 3)}{4(\vartheta + 1)}(\|\nabla u_{0m}\|^2 + \|\nabla v_{0m}\|^2)^2 > 0,
\end{aligned}
$$

有 $J(u_{0m}, v_{0m}) = J(\lambda_m u_0, \lambda_m v_0) < J(u_0, v_0)$. 另外

$$0 < E_m(0) = \frac{1}{2}(\|u_1\|^2 + \|v_1\|^2) + J(u_{0m}, v_{0m})$$

$$< \frac{1}{2}(\|u_1\|^2 + \|v_1\|^2) + J(u_0, v_0) = E(0) = d.$$

由定理 2.1, 对于任意 m, 系统 (1.1) 的第一个、第二个方程及其边界条件, 初值条件式 (2.72) 组成的新系统, 必存在一个整体弱解 $(u_m(t), v_m(t)) \in L^\infty(0, \infty; H_0^1(\Omega) \times H_0^1(\Omega))$, $(u_{mt}(t), v_{mt}(t)) \in L^\infty(0, \infty; L^2(\Omega) \times L^2(\Omega))$, 且对于 $0 \leqslant t < \infty$, 一定有 $(u_m(t), v_m(t)) \in W'$, 还满足式 (2.14)、式 (2.15) 与

$$\frac{a}{2}(\|\nabla u_{mt}\|^2 + \|\nabla v_{mt}\|^2) + J(u_m, v_m) = E_m(0) < d. \tag{2.73}$$

由式 (2.25) 知

$$J(u_m, v_m) \geqslant \frac{1}{\vartheta + 1} I(u_m, v_m) + \frac{a(\vartheta - 1)}{2(\vartheta + 1)}(\|\nabla u_m\|^2 + \|\nabla v_m\|^2)$$

$$+ \frac{b(\vartheta - 3)}{4(\vartheta + 1)}(\|\nabla u_m\|^2 + \|\nabla v_m\|^2)^2. \tag{2.74}$$

并且式 (2.73) 与式 (2.74) 说明

$$\|\nabla u_m\|^2 \leqslant \frac{2(\vartheta + 1)}{a(\vartheta - 1)}d, 0 \leqslant t < \infty,$$

$$\|\nabla v_m\|^2 \leqslant \frac{2(\vartheta + 1)}{a(\vartheta - 1)}d, 0 \leqslant t < \infty,$$

$$\|u_m\|_{\gamma_1} \leqslant C_{**}\|\nabla u_m\| \leqslant C_{**}\left(\frac{2(\vartheta + 1)}{a(\vartheta - 1)}d\right)^{\frac{1}{2}}, 0 \leqslant t < \infty,$$

$$\|v_m\|_{\gamma_2} \leqslant C_{***}\|\nabla v_m\| \leqslant C_{***}\left(\frac{2(\vartheta + 1)}{a(\vartheta - 1)}d\right)^{\frac{1}{2}}, 0 \leqslant t < \infty,$$

$$\|f(u_m)\|_z^z \leqslant \int_\Omega (\gamma_1 A)^z \|u_m\|_z^z \mathrm{d}x \leqslant (\gamma_1 A)^z C_{1*}\left(\frac{2(\vartheta + 1)}{a(\vartheta - 1)}d\right)^{\frac{\gamma_1}{2}},$$

$$z = \frac{\gamma_1}{\gamma_1 - 1}, 0 \leqslant t < \infty,$$

$$\|h(v_m)\|_y^y \leqslant \int_\Omega (\gamma_2 B)^y \|v_m\|_y^y \mathrm{d}x \leqslant (\gamma_2 B)^y C_{2*}\left(\frac{2(\vartheta + 1)}{a(\vartheta - 1)}d\right)^{\frac{\gamma_2}{2}},$$

$$y = \frac{\gamma_2}{\gamma_2 - 1}, 0 \leqslant t < \infty,$$

$$\|u_{mt}\|^2 < 2d, 0 \leqslant t < \infty,$$

$$\|v_{mt}\|^2 < 2d, 0 \leqslant t < \infty,$$

式中, γ_1, γ_2, A, B 在条件 1.3 与引理 2.1 中的 (II) 已经被定义过.

因此, 存在一个 $(u(x,t), v(x,t)) \in \overline{W'}$ 及 $\{u_m\}, \{v_m\}$ 的子列 $\{u_\nu\}, \{v_\nu\}$, 使得当 $\nu \to \infty$ 时存在如下收敛结论:

$u_\nu \to u$ 与 $v_\nu \to v$ 在 $L^\infty(0, \infty; H_0^1(\Omega))$ 中弱收敛;

$u_{\nu t} \to u_t$ 与 $v_{\nu t} \to v_t$ 在 $L^\infty(0, \infty; L^2(\Omega))$ 中弱收敛;

$f(u_\nu) \to \chi$ 在 $L^\infty(0, \infty; L^z(\Omega))$ 中弱收敛, $z = \frac{\gamma_1}{\gamma_1 - 1}$;

$h(v_\nu) \to \chi'$ 在 $L^\infty(0, \infty; L^y(\Omega))$ 中弱收敛, $y = \frac{\gamma_2}{\gamma_2 - 1}$.

令式 (2.14) 与式 (2.15) 中的 $m = \nu \to \infty$, 得

$$(u_t, \omega_1) - \int_0^t ((a + b\|\nabla u\|^2 + b\|\nabla v\|^2)\Delta u, \omega_1)d\tau + \int_0^t (g(u_t), \omega_1)d\tau$$

$$= \int_0^t (f(u), \omega_1)d\tau + (u_1, \omega_1), \omega_1 \in H_0^1(\Omega), 0 \leqslant t < \infty, \tag{2.75}$$

$$(v_t, \omega_2) - \int_0^t ((a + b\|\nabla u\|^2 + b\|\nabla v\|^2)\Delta v, \omega_2)d\tau + \int_0^t (g(v_t), \omega_2)d\tau$$

$$= \int_0^t (h(v), \omega_2)d\tau + (v_1, \omega_2), \omega_2 \in H_0^1(\Omega), 0 \leqslant t < \infty. \tag{2.76}$$

以上分析看出式 (2.75) 与式 (2.76) 蕴含着 $(u(x,t), v(x,t))$ 为系统 (1.1) 的第一个、第二个方程 (见定义 2.1) 在初值 $u_t(x, 0) = u_1(x)$, $v_t(x, 0) = v_1(x)$ 下的整体弱解. 另外, 显然有 $u(x, 0) = u_0(x)$, $v(x, 0) = v_0(x)$. 所以 $(u(x,t), v(x,t))$ 为系统 (1.1) 在 $E(0) = d$ 时的整体弱解.

情形 II: $\|\nabla u_0\| = 0$ 与 $\|\nabla v_0\| = 0$.

值得注意的是 $\|\nabla u_0\| = 0$ 与 $\|\nabla v_0\| = 0$ 暗含着 $J(u_0, v_0) = 0$, 且 $\frac{1}{2}(\|u_1\|^2 + \|v_1\|^2) = E(0) = d$. 令 $\lambda_m = 1 - \frac{1}{m}$, $u_{1m} = \lambda_m u_1(x)$, $v_{1m} = \lambda_m v_1(x)$, $m = 2, 3, \cdots$,

同时考虑初值条件

$$\begin{cases} u(x,0) = u_0(x), u_t(x,0) = u_{1m}(x), \\ v(x,0) = v_0(x), v_t(x,0) = v_{1m}(x) \end{cases} \tag{2.77}$$

与相应的系统 (1.1) 的第一、第二、第五个方程及式 (2.77), 结合 $\|\nabla u_0\| = 0$ 和 $\|\nabla v_0\| = 0$, 得出

$$0 < E_m(0) = \frac{1}{2}(\|u_{1m}\|^2 + \|v_{1m}\|^2) + J(u_0, v_0)$$

$$= \frac{1}{2}(\|\lambda_m u_1\|^2 + \|\lambda_m v_1\|^2) < E(0) = d.$$

由定理 2.1 的结论, 可知对于任意的 m, 系统 (1.1) 的第一、第二、第五个方程及式 (2.77) 构成的新系统必存在一个整体弱解为 $(u_m(t), v_m(t)) \in L^\infty(0, \infty; H_0^1(\Omega) \times H_0^1(\Omega))$, $(u_{mt}(t), v_{mt}(t)) \in L^\infty(0, \infty; L^2(\Omega) \times L^2(\Omega))$, 同时对于 $0 \leqslant t < \infty$, 恒有 $(u_m(t), v_m(t)) \in W'$, 且满足式 (2.14)、式 (2.15) 与式 (2.73). 剩余部分的证明与本定理中的情形 I 类似, 可同理进行证明. 综合上述两种情况的证明过程可知定理得证.   □

接下来要说明的是基尔霍夫系统 (1.1) 在 $E(0) = d$ 与 $g(s) = s$ 时所具有的指数型衰减行为. 下面给出一个重要的引理, 它描述了 $\int_0^{t_0} (\|u_t\|^2 + \|v_t\|^2)\, \mathrm{d}t$ 是完全正定的, 这一性质可以找到一些与 $E(0) < d$ 时平行的渐近结论.

引理 2.13   设 p 满足条件 1.3, $(u_0, v_0) \in H_0^1(\Omega) \times H_0^1(\Omega)$ 且 $(u_1, v_1) \in L^2(\Omega) \times L^2(\Omega)$. 如果 $E(0) = d$, $(u(t), v(t)) \in L^\infty(0, \infty; H_0^1(\Omega) \times H_0^1(\Omega))$ 是系统 (1.1) 的一个弱解 (非稳态解), 且 T 是弱解 $(u(t), v(t))$ 的最大存在时间, 那么必存在一个 $t_0 \in (0, T]$, 使

$$\int_0^{t_0} (\|u_t\|^2 + \|v_t\|^2)\, \mathrm{d}t > 0. \tag{2.78}$$

证明: 设 $(u(t), v(t))$ 是系统 (1.1) 在 $E(0) = d$ 时的任意一个弱解 (非稳态解), 且 T 为弱解 $(u(t), v(t))$ 的最大存在时间. 下面证明必存在一个 $t_0 \in (0, T)$, 使得式 (2.78) 成立. 利用反证法, 假设对于任意 $0 \leqslant t < T$, 有 $\int_0^{t_0} (\|u_\tau\|^2 + \|v_\tau\|^2)\mathrm{d}t = 0$,

这意味着对于任意 $0 \leqslant t < T$, 有 $\|u_t\| = 0$, $\|v_t\| = 0$ 及当 $t \in [0, T)$, $x \in \mathbb{R}^n$ 时, 有 $\dfrac{\mathrm{d}u}{\mathrm{d}t} = 0$, $\dfrac{\mathrm{d}v}{\mathrm{d}t} = 0$, 也就是 $u_t \equiv u_0$, $v_t \equiv v_0$, 即 $(u(t), v(t))$ 是系统 (1.1) 的一个稳态解, 与已知矛盾. $\qquad\square$

有以上引理做铺垫, 下面给出临界情形下的系统 (1.1) 的渐近性质, 并利用定理 2.2、定理 2.4 及引理 2.13 中的结论和方法进行证明.

定理 2.5（$E(0) = d$ 情形的长时间行为）　设 p 满足条件 1.3, $(u_0, v_0) \in H_0^1(\Omega) \times H_0^1(\Omega)$ 与 $(u_1, v_1) \in L^2(\Omega) \times L^2(\Omega)$. 如果 $E(0) = d$, $I(u_0, v_0) > 0$ 或 $\|u_0\| = 0$, $\|v_0\| = 0$, 同时满足 $h(v) = |v|^{p-1}v$ 及 $g(u_t) = u_t, g(v_t) = v_t$, 那么对于由定理 2.4 给出的整体弱解但非稳态解 $(u(t), v(t))$, 必有以下两个衰减式:

$$E(t) \leqslant C_2 \mathrm{e}^{-\lambda t}, t_0 \leqslant t < \infty \tag{2.79}$$

及

$$\|u_t\|^2 + \|v_t\|^2 + (\|\nabla u\|^2 + \|\nabla v\|^2) \leqslant C_3 \mathrm{e}^{-\lambda t}, t_0 \leqslant t < \infty, \tag{2.80}$$

对于某 $t_0 > 0$, $C_i(i = 2, 3) > 0$ 与 $\lambda > 0$ 成立.

证明: 首先, 定理 2.4 已经确定了弱解 $(u(t), v(t)) \in L^\infty(0, \infty; H_0^1(\Omega) \times H_0^1(\Omega))$ 的存在唯一性. 进一步, 若 $(u(t), v(t))$ 不是系统 (1.1) 的稳态解, 则由引理 2.13 可知必然存在一个 $t_0 \in (0, T)$ 使得

$$\int_0^{t_0} \left(\|u_t\|^2 + \|v_t\|^2 \right) \mathrm{d}t > 0.$$

由

$$E(t) + \int_0^t \left(\|u_\tau\|^2 + \|v_\tau\|^2 \right) \mathrm{d}\tau = E(0) = d,$$

得

$$E(t_0) = d - \int_0^{t_0} \left(\|u_t\|^2 + \|v_t\|^2 \right) \mathrm{d}t < d,$$
$$I(u(t_0), v(t_0)) > 0$$

或者

$$\|u(t_0)\| = 0, \|v(t_0)\| = 0.$$

因此, 利用定理 2.2 的结论, 推出

$$E(t) \leqslant C\mathrm{e}^{\lambda}(t - t_0), t_0 \leqslant t < \infty$$

及式 (2.79) 成立, 这里将 $Ce^{\lambda t_0}$ 作为一个新的常数. 进而, 利用与定理 2.2 相似的讨论方法, 就可以得到式 (2.80). □

下面将证明系统 (1.1) 在临界初始能量 $E(0) = d$ 状态下的一个有限时间爆破性质. 需要强调的是这里证明爆破的方法受之前 Xu 在文献 [149] 中的工作的启发, 文中研究了单个无阻尼的波动方程的临界整体可解性, 本书借鉴了其中的思路, 并在处理复杂项时进行了很大改进, 突破了难点.

在这里依然需要不稳定集合的不变性作为爆破的保障. 下面将给出使不变集合 V' 具有不变性的条件.

引理 2.14（$E(0) = d$ 时的不变集合 V'）　设 $f(u)$ 与 $h(v)$ 满足条件 1.1~条件 1.3, $(u_0, v_0) \in H_0^1(\Omega) \times H_0^1(\Omega)$, $(u_1, v_1) \in L^2(\Omega) \times L^2(\Omega)$ 与 $g(u_t) = u_t, g(v_t) = v_t$. 如果 $E(0) = d$ 与 $(u_0, u_1) + (v_0, v_1) \geqslant 0$, $(u_0, v_0) \in V'$, 那么基尔霍夫系统 (1.1) 的任意弱解都属于 V'. 特别地, 还有

$$F(t) > 0, \ 0 < t < T, \tag{2.81}$$

式中, 辅助泛函 $F(t)$ 由式 (2.82) 定义.

证明：分两步来证明引理. 步骤 I 处理不变集合 V', 步骤 II 判断 $F(t)$ 的正定性.

步骤 I：集合 V' 的不变性.

设 $(u(t), v(t))$ 是系统 (1.1) 在 $E(0) = d, (u_0, v_0) \in V'$ 及 $(u_0, u_1) + (v_0, v_1) \geqslant 0$ 条件下的任意解, T 为解 $(u(t), v(t))$ 的最大存在时间. 下面来证明对于任意 $0 < t < T$, 恒有 $(u, v) \in V'$ 成立. 利用原命题与逆否命题的关系, 设 $t_0 \in (0, T)$ 是使得 $I(u(t_0), v(t_0)) = 0$ 与 $0 \leqslant t < t_0$ 时, $I(u(t), v(t)) < 0$ 成立的第一个时刻. 由位势井深度 d 的定义, 不难得到 $J(u(t_0), v(t_0)) \geqslant d$. 而由

$$E'(t) = -(g(u_t), u_t) - (g(v_t), v_t) \leqslant 0$$

及

$$\frac{1}{2}(\|u_t(t_0)\|^2 + \|v_t(t_0)\|^2) + J(u(t_0), v(t_0)) \leqslant E(0) = d,$$

得 $J(u(t_0), v(t_0)) = d$ 与 $(\|u_t(t_0)\|^2 + \|v_t(t_0)\|^2) = 0$ 成立. 标记

$$F(t) = \|u\|^2 + \|v\|^2 + (T - t)\left(\|u_0\|^2 + \|v_0\|^2\right) + \int_0^t \left(\|u\|^2 + \|v\|^2\right) \mathrm{d}\tau, \tag{2.82}$$

得

$$F'(t) = 2(u, u_t) + (v, v_t) + (\|u\|^2 + \|v\|^2) - (\|u_0\|^2 + \|v_0\|^2)$$

$$= 2(u, u_t) + 2(v, v_t) + 2\int_0^t ((u, u_\tau) + (v, v_\tau)) \, \mathrm{d}\tau. \tag{2.83}$$

由 $F'(0) = (u_0, u_1) + (v_0, v_1) \geqslant 0$ 与

$$F''(t) = 2\|u_t\|^2 + 2\|v_t\|^2 + 2(u, u_{tt}) + 2(v, v_{tt}) + 2(u, u_t) + 2(v, v_t)$$

$$= 2\|u_t\|^2 + 2\|v_t\|^2 - 2I(u, v) > 0, 0 \leqslant t < t_0. \tag{2.84}$$

知 $F'(t)$ 在区间 $t \in [0, t_0]$ 上严格单调递增. 结合 $F'(0) = (u_0, u_1) + (v_0, v_1) \geqslant 0$ 给出

$$F'(t_0) = 2(u(t_0), u_t(t_0)) + 2(v(t_0), v_t(t_0)) + 2\int_0^{t_0} ((u, u_\tau) + (v, v_\tau)) \, \mathrm{d}\tau > 0.$$

这个结果与 $\|u_t(t_0)\|^2 = \|v_t(t_0)\|^2 = 0$ 矛盾.

步骤 II: $F(t) > 0$.

由本引理 (I) 的证明, 得到对任意 $0 \leqslant t \leqslant t_0$, $F'(t) \geqslant 0$ 是成立的. 所以, 对于 $0 \leqslant t \leqslant t_0$, $F(t)$ 是严格单调递增的. 考虑 $F(t)$ 的定义, 可知 $F(0) \geqslant 0$, 进而式 (2.81) 成立. □

定理 2.6 ($E(0) = d$ 情形的有限时间爆破) 设 $f(u) = |u|^{p-1}u$ 与 $h(v) = |v|^{p-1}v$, 且引理 2.13 的所有假设条件都成立, 那么系统 (1.1) 的弱解存在时间必是有限的.

证明: 设 $(u(t), v(t))$ 是系统 (1.1) 在 $E(0) = d$, $I(u_0, v_0) < 0$ 与 $(u_0, u_1) + (v_0, v_1) \geqslant 0$ 时的任意一个弱解, T 为弱解 $(u(t), v(t))$ 的最大存在时间. 下面来证明系统 (1.1) 的弱解在有限时间爆破. 利用反证法, 假设 $(u(t), v(t))$ 是一个整体解, 即 $T = +\infty$. 那么对于任意 $T > 0$, 由式 (2.82) 定义的辅助泛函 $F(t)$, 同时结合式 (2.81) 得出对于任意 $t \in (0, T)$, 有 $F(t) > 0$. 注意到函数 $F(t)$ 对于 t 具有连续性, 很容易看出存在一个 $\rho > 0$ (与 T 的选取无关) 使得

$$F(t) \geqslant \rho, 0 < t < T. \tag{2.85}$$

由式 (2.83), 有

$$(F'(t))^2 = 4\underbrace{((u, u_t) + (v, v_t))^2}_{I_1} + 4\underbrace{\left(\int_0^t ((u, u_\tau) + (v, v_\tau))\,\mathrm{d}\tau\right)^2}_{I_2}$$

$$+ 4 \cdot 2 \underbrace{((u, u_t) + (v, v_t))\int_0^t ((u, u_\tau) + (v, v_\tau))\,\mathrm{d}\tau}_{I_4}$$

$$= 4I_1 + 4I_2 + 4I_4, \tag{2.86}$$

式中, I_1, I_2 与 I_4 分别由式 (2.63)、式 (2.64) 与式 (2.66) 所定义.

下面将式 (2.63)、式 (2.64) 与式 (2.66) 代入式 (2.86) 可得

$$(F'(t))^2 \leqslant 4\left(\|u\|^2 + \|v\|^2 + \int_0^t (\|u\|^2 + \|v\|^2)\,\mathrm{d}\tau\right)$$

$$\times \left(\|u_t\|^2 + \|v_t\|^2 + \int_0^t (\|u_\tau\|^2 + \|v_\tau\|^2)\,\mathrm{d}\tau\right)$$

$$\leqslant 4F(t)\left(\|u_t\|^2 + \|v_t\|^2 + \int_0^t (\|u_\tau\|^2 + \|v_\tau\|^2)\,\mathrm{d}\tau\right), \tag{2.87}$$

通过式 (2.87), 估计 $F''(t)F(t) - \dfrac{p+3}{4}(F'(t))^2$ 如下:

$$F''(t)F(t) - \frac{p+3}{4}(F'(t))^2$$

$$\geqslant F(t)\left(F''(t) - (p+3)\left(\|u_t\|^2 + \|v_t\|^2 + \int_0^t (\|u_\tau\|^2 + \|v_\tau\|^2)\,\mathrm{d}\tau\right)\right)$$

$$:= F(t)\xi(t), \tag{2.88}$$

式中, 标记 $\xi(t)$ 的定义为

$$\xi(t) := F''(t) - (p+3)\left(\|u_t\|^2 + \|v_t\|^2 + \int_0^t (\|u_\tau\|^2 + \|v_\tau\|^2)\,\mathrm{d}\tau\right). \tag{2.89}$$

为了估计不等式 (2.88), 先给出 $\xi(t)$ 的放缩过程如下. 由式 (2.84) 可知

$$\xi(t) = 2\|u_t\|^2 + 2\|v_t\|^2 - 2I(u, v)$$

$$- (p+3)\left(\|u_t\|^2 + \|v_t\|^2 + \int_0^t (\|u_\tau\|^2 + \|v_\tau\|^2)\,\mathrm{d}\tau\right). \tag{2.90}$$

由式 (2.46) 给出

$$-I(u,v) \geqslant (p+1)(\|u_t\|^2 + \|v_t\|^2) + a(p-1)\left(\|\nabla u\|^2 + \|\nabla v\|^2\right)$$
$$+ \frac{b(p-3)}{2}\left(\|\nabla u\|^2 + \|\nabla v\|^2\right)^2 - 2(p+1)E(t), \tag{2.91}$$

式中, $\vartheta = \min\{p,p\} = p$, 由式 (2.16) 说明

$$E(t) \leqslant E(0), t \in (0,T), \tag{2.92}$$

此结果与式 (2.91) 联立, 推出

$$-I(u,v) \geqslant (p+1)(\|u_t\|^2 + \|v_t\|^2) + a(p-1)\left(\|\nabla u\|^2 + \|\nabla v\|^2\right)$$
$$+ \frac{b(p-3)}{2}\left(\|\nabla u\|^2 + \|\nabla v\|^2\right)^2 - 2(p+1)E(0). \tag{2.93}$$

将式 (2.93) 代入式 (2.90), 得到

$$\xi(t) \geqslant a(p-1)\left(\|\nabla u\|^2 + \|\nabla v\|^2\right) + \frac{b(p-3)}{2}\left(\|\nabla u\|^2 + \|\nabla v\|^2\right)^2$$
$$- 2(p+1)E(0) + (p-1)\int_0^t \left(\|u_\tau\|^2 + \|v_\tau\|^2\right)\mathrm{d}\tau$$
$$:= L(t) + m(p+1), \tag{2.94}$$

式中, $L(t)$ 的定义如式 (2.56), 而 m 可以在式 (2.56) 中找到. 应用式 (2.69) 并注意到 $E(0) = d$ 的事实, 式 (2.94) 变形为

$$\xi(t) > 2(p+1)(d - E(0)) + (p-1)\int_0^t \left(\|u_\tau\|^2 + \|v_\tau\|^2\right)\mathrm{d}\tau > 0,$$

上述结果意味着存在一个 $\sigma_1 > 0$, 使得 $\xi(t) > \sigma_1$ 成立. 于是, 再结合式 (2.85) 与式 (2.88) 可转化为

$$F''(t)F(t) - \frac{p+3}{4}F'(t)^2 \geqslant \rho\sigma_1 > 0, t \in (0,T).$$

设 $y(t) = F(t)^{\frac{p-1}{4}}$, 得到

$$y''(t) \leqslant -\frac{\sigma_1(p-1)}{4\rho}y(t), t \in (0,T).$$

由此证明了在有限时间 T_* 内 $y(t)$ 趋近于 0. 由于 T_* 与 T 的初始选择无关, 不妨设 $T_* < T$, 得到

$$\lim_{t \to T_*} F(t) = +\infty.$$

定理 2.6 得证. □

2.4　任意高初始能量时耗散基尔霍夫系统的爆破

本节将给出在任意高初始能量 $E(0) > 0$ 情形下, 系统 (1.1) 解的非整体存在性. 在反耗散技术支撑下, 通过解的正则性等式结合初值与能量的微分不等式分析解的有限时间爆破, 给出导致解爆破的四个充分条件.

下面叙述一个引理, 此引理说明一个利普希茨函数若满足其本身与其导数的和为正, 则此函数一定恒正. 它为后面判断辅助泛函的单调性提供了依据.

引理 2.15（文献 [123] 中引理 8.1）　设 $\gamma \geqslant 0, T > 0, h(t)$ 是一个 $[0,T)$ 上的利普希茨函数. 如果对于 $t \in (0,T)$, 有 $h(0) \geqslant 0$ 与 $h'(t) + \gamma h(t) > 0$, 那么对于 $t \in (0,T)$, 必有 $h(t) > 0$.

利用与引理 2.12 相似的讨论方法, 可以得到如下结论.

引理 2.16　设 $f(u)$ 与 $h(v)$ 满足条件 1.1～条件 1.3, 且 $g(u_t) = u_t, g(v_t) = v_t$. 如果 $\vartheta = \min\{p,q\}$, 那么泛函 $K(t)$ 必满足

$$K(t)K''(t) - \frac{\vartheta + 3}{4}(K'(t))^2 \geqslant K(t)M(t), \tag{2.95}$$

式中, $M(t)$ 标记为

$$M(t) = -2(\vartheta + 1)E(0) + a(\vartheta - 1)(\|\nabla u\|^2 + \|\nabla v\|^2) + \frac{b(\vartheta - 3)}{2}(\|\nabla u\|^2$$
$$+ \|\nabla v\|^2)^2 + (\vartheta - 1)\int_0^t (\|u_\tau\|^2 + \|v_\tau\|^2)\mathrm{d}\tau - m(\vartheta + 1). \tag{2.96}$$

定理 2.7（$E(0) > 0$ 情形下的有限时间爆破）　设 $f(u)$ 与 $h(v)$ 满足条件 1.1～条件 1.3, $(u_0, v_0) \in H_0^1(\Omega) \times H_0^1(\Omega), (u_1, v_1) \in L^2(\Omega) \times L^2(\Omega)$ 且 $g(u_t) = u_t, g(v_t) = v_t$. 设初值满足以下条件:

$$E(0) > 0, \tag{2.97}$$

$$I(u_0, v_0) < 0, \tag{2.98}$$

$$(u_0, u_1) + (v_0, v_1) \geqslant 0, \tag{2.99}$$

$$\|u_0\|^2 + \|v_0\|^2 > \frac{1}{C_5} \frac{2(\vartheta+1)}{a(\vartheta-1)} E(0), \tag{2.100}$$

式中, $C_5 = \min\{C_3, C_4\}$, C_3 为使 Poincaré 不等式 $\|\nabla u\|^2 \geqslant C_3 \|u\|^2$ 成立的系数, C_4 为使 Poincaré 不等式 $\|\nabla v\|^2 \geqslant C_4 \|v\|^2$ 成立的系数, 且 $\vartheta = \min\{p, q\}$. 那么系统 (1.1) 的解在有限时间爆破.

证明: 分两步来证明定理.

步骤 I: 不变集合与递增映射.

首先证明不稳定集合 V' 在系统 (1.1) 的流之下具有不变性, 之后讨论初值满足式 (2.100) 的映射

$$\left\{ t \mapsto \|u(t)\|^2 + \|v(t)\|^2 \right\},$$

只要有 $(u, v) \in V'$, 便是单调递增的映射. 即

$$I(u(t), v(t)) < 0 \text{且} \|u\|^2 + \|v\|^2 > \frac{1}{C_5} \frac{2(\vartheta+1)}{a(\vartheta-1)} E(0), t \in (0, T).$$

先来证 $I(u(t), v(t)) < 0$. 利用反证法, 如若不然, 则必存在第一个时刻 $t_0 \in (0, T)$, 使得 $I(u(t_0), v(t_0)) = 0$. 由定义的泛函 $\theta(t)$:

$$\theta(t) = \|u\|^2 + \|v\|^2,$$

不难得到

$$\theta'(t) = 2 \int_\Omega (u u_t + v v_t) \mathrm{d}x.$$

将系统 (1.1) 的第一个方程和第二个方程分别与 u, v 做内积, 将两式相加, 同时结合 $I(u, v)$ 的定义, 可得

$$\theta''(t) = 2(\|u_t\|^2 + \|v_t\|^2) - 2I(u, v) - 2\int_\Omega (u u_t + v v_t) \mathrm{d}x.$$

上面两个导数式求和, 易知

$$\theta''(t) + \theta'(t) = 2\big(\|u_t\|^2 + \|v_t\|^2 - I(u, v)\big).$$

注意到下面的事实成立:

$$I(u,v) < 0, t \in [0, t_0),$$

利用引理 2.15 与 $\theta'(0) = 2\left((u_0, u_1) + (v_0, v_1)\right) \geqslant 0$, 对于任意的 $t \in (0, t_0)$, 可推出 $\theta'(t) > 0$ 成立, 这表明 $\theta(t)$ 在 $(0, t_0)$ 上严格单调递增. 由此, 运用式 (2.100) 可知

$$\theta(t) > \|u_0\|^2 + \|v_0\|^2 > \frac{1}{C_5} \frac{2(\vartheta+1)}{a(\vartheta-1)} E(0), t \in (0, t_0).$$

由于 $u(t)$ 与 $v(t)$ 是关于 t 的连续序列, 有

$$\theta(t_0) > \frac{1}{C_5} \frac{2(\vartheta+1)}{a(\vartheta-1)} E(0), \tag{2.101}$$

另一方面, 由 ϑ 的定义, $\vartheta = \min\{p, q\}$, 由式 (2.3) 与式 (2.46), 得到

$$\frac{a}{2}(\|\nabla u(t_0)\|^2 + \|\nabla v(t_0)\|^2) + \frac{b}{4}(\|\nabla u(t_0)\|^2 + \|\nabla v(t_0)\|^2)^2$$

$$- \frac{1}{\vartheta+1} \int_\Omega \left(u(t_0)f(u(t_0)) + v(t_0)h(v(t_0))\right) \mathrm{d}x \leqslant E(t_0) \leqslant E(0). \tag{2.102}$$

又因为 $I(u(t_0)v(t_0)) = 0$, 得出

$$a(\|\nabla u(t_0)\|^2 + \|\nabla v(t_0)\|^2) + b(\|\nabla u(t_0)\|^2 + \|\nabla v(t_0)\|^2)^2$$

$$= \int_\Omega \left(u(t_0)f(u(t_0)) + v(t_0)h(v(t_0))\right) \mathrm{d}x, \tag{2.103}$$

再与式 (2.102) 和式 (2.103) 联立, 推出

$$\frac{a(\vartheta-1)}{2(\vartheta+1)}(\|\nabla u(t_0)\|^2 + \|\nabla v(t_0)\|^2)$$

$$+ \frac{b(\vartheta-3)}{4(\vartheta+1)}(\|\nabla u(t_0)\|^2 + \|\nabla v(t_0)\|^2)^2 \leqslant E(0).$$

于是有

$$\|\nabla u(t_0)\|^2 + \|\nabla v(t_0)\|^2 \leqslant \frac{2(\vartheta+1)}{a(\vartheta-1)} E(0).$$

使用 Poincaré 不等式, 得到两个不等式

$$\begin{cases} \|\nabla u\|^2 \geqslant C_3 \|u\|^2, \\ \|\nabla v\|^2 \geqslant C_4 \|v\|^2. \end{cases} \tag{2.104}$$

由 $C_5 = \min\{C_3, C_4\}$, 有

$$\|u(t_0)\|^2 + \|v(t_0)\|^2 \leqslant \frac{1}{C_5} \frac{2(\vartheta + 1)}{a(\vartheta - 1)} E(0). \tag{2.105}$$

很显然, 式 (2.101) 与式 (2.105) 的结果相互矛盾. 这样便证出如下结论成立:

$$I(u, v) < 0, t \in (0, T). \tag{2.106}$$

综合以上论述, 得到在 $[0, T)$ 上若满足 $I(u(t), v(t)) < 0$, 则必有 $\theta(t)$ 为严格单调增函数, 且此时式 (2.99) 必成立. 即式 (2.106) 意味着下式成立:

$$\theta(t) > \frac{1}{C_5} \frac{2(\vartheta + 1)}{a(\vartheta - 1)} E(0), t \in [0, T), \tag{2.107}$$

式中, $\vartheta = \min\{p, q\}$.

步骤 II: 任意高初始能量 $E(0) > 0$ 情形下解的有限时间爆破.

下面来证明高能爆破结果. 仍然采用式 (2.54) 来标记 $K(t)$ 的表达式. 将式 (2.58) 与式 (2.106) 联立, 可推出对任意 $t \in [0, T)$, $K''(t) = 2(\|u_t\|^2 + \|v_t\|^2) - 2I(u, v) + 2m > 0$ 成立. 进而, 结合式 (2.70) 和式 (2.99), 可推断对任意 $t \in [0, T)$, 恒有 $K'(t) > 0$. 由此得出 $\theta(t)$ 与 $\theta'(t)$ 都是 $[0, T)$ 上的严格单增函数. 又因为式 (2.107) 成立, 故可选取充分小的 m 使得 $M(t) \geqslant 0$ 在 $t \in [0, T)$ 上成立. 定理 2.7 余下部分的证明过程可以借鉴定理 2.3 的证明方法进行. 利用改进的凸函数法与引理 2.16 的结论, 可推出定理 2.7 是成立的. □

2.5 本 章 小 结

(1) 本章针对一类描述弹性弦非线性振动的基尔霍夫系统, 刻画了解的各种性态. 基于变分与凸函数法找到了不同能量级别下系统相应的可解性条件, 提出了可解性判定理论.

(2) 本章基于变分理论和极值原理, 提出了一种有井深的位势井方法与改进的凸函数法相结合的整体可解性判断方法. 此方法的原理是利用势能变化估计出井深值, 从而将初值划分为三个层次; 用能量中的某些部分控制外力项的负作用, 同时兼顾多个结构项的影响. 本章研究的基尔霍夫系统存在多个复杂结构项, 尤其是

推广的源项. 已有的可解性判断方法大都是基于较小初值和特定源项进行的, 而基于较大初值和更广源项的处理方法目前还未见结果. 因此, 本章提出了针对结构复杂的基尔霍夫系统的可解性判断方法, 并利用基于位势理论和分析手段相结合的方法对系统的整体存在、非整体存在及衰减行为进行了不同能量级别的分析, 为研究结构更复杂的波动系统的可解性和数值求解提供了可行方案.

第 3 章　时滞基尔霍夫系统的定性分析

本章将对如下具有非线性阻尼、非线性源及黏弹性项的耦合基尔霍夫系统在全能级空间 (由位势井深度划分的三种初始能量水平) 的整体适定性进行分析:

$$
\begin{cases}
u_{tt} - M(t)\Delta u + \displaystyle\int_0^t g_1(t-s)\Delta u ds + |u_t|^{p-1} u_t = f_1(u,v), & (x,t) \in \Omega \times (0,+\infty), \\[2mm]
v_{tt} - M(t)\Delta v + \displaystyle\int_0^t g_2(t-s)\Delta u ds + |v_t|^{q-1} v_t = f_2(u,v), & (x,t) \in \Omega \times (0,+\infty), \\[2mm]
u(x,0) = u_0(x),\ u_t(x,0) = u_1(x),\ x \in \Omega, \\[1mm]
v(x,0) = v_0(x),\ v_t(x,0) = v_1(x),\ x \in \Omega, \\[1mm]
u(x,t) = v(x,t) = 0,\ (x,t) \in \partial\Omega \times [0,+\infty),
\end{cases}
$$

式中, Ω 为 $\mathbb{R}^n$ 内有光滑边界 $\partial\Omega$ 的有界域; $M(t) = m_0 + \alpha(\|\nabla u\|^2 + \|\nabla v\|^2)^\gamma$, 是一个非负函数, 其中, $\alpha \geqslant 0, m_0 + \alpha > 0, \gamma > 0$. 对于 $\Delta u, \Delta v$ 的耦合系数 $M(s)$, 对 $s \geqslant 0$ 松弛函数 g_1 和 g_2, 非线性指标 m, p, q 及非线性源项 $f_1(u,v),\ f_2(u,v)$ 分别满足条件 1.5~条件 1.8.

注解 3.1　第 2 章的研究结果表明, 非线性源项对于具有耦合形式的基尔霍夫系统的整体解存在性的影响, 揭示了非线性源项对于具有非线性耗散的波动系统在不同能量状态下整体解的适定性的影响. 如果系统的结构更复杂且具有黏弹性项, 那么非线性波动系统的定解问题在不同初始能量状态下解的整体存在性条件是什么? 特别是对于具有非线性耗散、黏弹性项的耦合非线性基尔霍夫系统的定解问题在高初始能量状态下, 整体解是否会存在及整体解爆破的条件是什么? 到目前为止, 关于具有黏弹性项的非线性基尔霍夫系统的高能情况、解的整体非存在性没有任何结果. 带着这样的疑问, 本章研究了具有非线性阻尼和记忆项的基尔霍夫系统 (1.2) 在条件 1.5~条件 1.8 下的初边值问题.

3.1 预备知识与符号标记

本节将给出一些基本的符号标记与引理, 以便于在后面的证明中使用. 定义标准的勒贝格空间 $L^p(\Omega)$ 与索伯列夫空间 $H_0^1(\Omega)$ 中的常用范数和内积如下:

$$\|u\|_{L^p(\Omega)} = \|u\|_p, \ \|u\|_{L^2(\Omega)} = \|u\|, \ (u,v) = \int_\Omega uv\mathrm{d}x, \ m_1 = \max\{l_1, k_1\},$$

同时标记如下各量:

$$l_1 = \int_0^t g_1(s)\mathrm{d}s, \quad k_1 = \int_0^t g_2(s)\mathrm{d}s, \quad \beta = (\|\nabla u\|^2 + \|\nabla v\|^2)^{\gamma+1},$$

$$(g \circ \phi)(t) = \int_0^t g(t-s)\int_\Omega |\phi(s) - \phi(t)|^2\mathrm{d}x\mathrm{d}s, \ m_2 = \min\{l_1, k_1\}.$$

下面将使用 $H_0^1(\Omega) \hookrightarrow L^r(\Omega)$ 的空间嵌入, 其中维数与指标的关系: 若 $n \geqslant 3$, 则 $2 \leqslant r \leqslant \dfrac{2n}{n-2}$; 若 $n = 1, 2$, 则 $2 \leqslant r$. 此时, 嵌入常数用 c_* 表示, 即

$$\|u\|_r \leqslant c_*\|\nabla u\|.$$

由条件 1.5, 很容易推出

$$uf_1(u,v) + vf_2(u,v) = (m+1)F(u,v).$$

此外, 还能够得出以下结果, 即引理 3.1, 它更进一步揭示出变量 u, v 的耦合及非线性指标与非线性源 $F(u,v)$ 的本质关系, 而这种明确的关系是后面推导整体适定性时对源项进行各种形式变化的基础. 需要强调的是, 引理 3.1 的结论已被多篇文献使用 (见文献 [81]~文献 [85] 的引用), 但是由于这一结论是源于条件 1.5 得到的, 所以有必要在此处说明它的由来. 下面就来叙述这一结论, 并且采用与文献 [82] 类似的方法对其进行证明.

引理 3.1 在条件 1.5 下, 一定存在两个正常数 c_0 与 c_1, 使得

$$c_0\left(|u|^{m+1} + |v|^{m+1}\right) \leqslant F(u,v) \leqslant c_1\left(|u|^{m+1} + |v|^{m+1}\right), \ (u,v) \in \mathbb{R}^2. \tag{3.1}$$

证明： 若取 $c_1 = 2^m a + b$, 不等式 (3.1) 的右端是平凡的. 而对于左端不等式, 当 $u = v = 0$ 时也是平凡的. 不失一般性, 设 $v \neq 0$, 则有 $|u| \leqslant |v|$ 或 $|u| > |v|$.

在 $|u| \leqslant |v|$ 的情形下, 有

$$F(u, v) = |v|^{m+1} \left(a \left| 1 + \frac{u}{v} \right|^{m+1} + 2b \left| \frac{u}{v} \right|^{\frac{m+1}{2}} \right).$$

考虑连续函数

$$j(s) = a|1 + s|^{m+1} + 2b|s|^{\frac{m+1}{2}}, \ s \in [-1, 1].$$

可知 $\min j(s) \geqslant 0$. 若 $\min j(s) \geqslant 0$, 则对于某些 $s_0 \in [-1, 1]$, 必有

$$j(s_0) = a|1 + s_0|^{m+1} + 2b|s_0|^{\frac{m+1}{2}} = 0.$$

由此意味着 $|1 + s_0| = |s_0| = 0$, 而这是不可能的. 于是 $\min j(s) > 0$. 所以

$$F(u, v) \geqslant 2c_0|v|^{m+1} \geqslant 2c_0|u|^{m+1}.$$

基于上述, 有

$$2F(u, v) \geqslant 2c_0 \left(|v|^{m+1} + |u|^{m+1} \right),$$

上式等价于

$$F(u, v) \geqslant c_0 \left(|v|^{m+1} + |u|^{m+1} \right).$$

而对于 $|u| \geqslant |v|$ 的情形, 可以类似地得到

$$F(u, v) \geqslant c_0 \left(|u|^{m+1} + |v|^{m+1} \right).$$

因此推得要证明的结论是成立的, 引理 3.1 得证. □

正如文献 [82] 所叙述的那样, 还能够得到如下结论. 它在解的整体存在性中起到了对耦合性恰当转化的作用.

引理 3.2 设条件 1.5 成立, 则必存在一个正常数 $\eta > 0$, 使得对于任意 $(u, v) \in H_0^1(\Omega) \times H_0^1(\Omega)$, 恒有

$$|u + v|^{m+1} + 2\|uv\|_{\frac{m+1}{2}}^{\frac{m+1}{2}} \leqslant \eta \left(l\|\nabla u\|^2 + k\|\nabla v\|^2 \right)^{\frac{m+1}{2}}. \tag{3.2}$$

在后面的证明中要不断地对黏弹性项进行变形. 因此, 需要如下引理处理黏弹性项的技术手段来支撑, 下面给出这一引理.

引理 3.3（文献 [82]）　对于任意的 $g \in C^1$ 与 $\phi \in H^1(0, T)$, 有

$$-2 \int_0^t \int_\Omega g(t-s)\phi\phi_t \mathrm{d}x\mathrm{d}s = \frac{\mathrm{d}}{\mathrm{d}t}\left((g \circ \phi)(t) - \int_0^t g(s)\mathrm{d}s\|\phi\|^2\right)$$
$$+ g(t)\|\phi\|^2 - (g' \circ \phi)(t), \tag{3.3}$$

式中, $(g \circ \phi)(t) = \int_0^t g(t-s)\int_\Omega |\phi(s) - \phi(t)|^2 \mathrm{d}x\mathrm{d}s.$

借鉴文献 [76]、文献 [77] 及文献 [81] 中的思维方法, 可以建立系统 (1.2) 的局部解存在定理.

定理 3.1（局部解定理）　设 $(u_0, v_0) \in H_0^1(\Omega) \times H^2(\Omega)$ 与 $(u_1, v_1) \in L^2(\Omega) \times L^2(\Omega)$ 已给定. 如果条件 1.5~条件 1.8 成立, 那么系统 (1.2) 必存在一个双解 (u, v), 使得当 $T > 0$ 时,

$$u, v \in C\left([0, T], H^2(\Omega) \times H_0^1(\Omega)\right),$$

$$u_t \in C\left([0, T], H_0^1(\Omega)\right) \cap L^{p+1}(\Omega), \ v_t \in C\left([0, T], H_0^1(\Omega)\right) \cap L^{q+1}(\Omega).$$

注解 3.2（文献 [150], 注释 1.1）　条件 1.5 是保证系统 (1.2) 具有双曲性所必需的, 而条件 1.8 保证了解的局部存在性, 是给出局部解的必要条件.

以下将从位势井理论出发, 建立一些与系统 (1.2) 有关的变分结构并给出其定义. 位势能量泛函（这里 $F(u, v)$ 如条件 1.5 中所定义的形式）

$$\begin{aligned}
E(t) &\equiv E(u, v) \\
&= \frac{1}{2}\|u_t\|^2 + \frac{1}{2}\|v_t\|^2 + \frac{1}{2}(m_0 - l_1)\|\nabla u\|^2 + \frac{1}{2}(m_0 - k_1)\|\nabla v\|^2 \\
&\quad + \frac{\alpha\beta}{2(\gamma+1)} + \frac{1}{2}(g_1 \circ \nabla u)(t) + \frac{1}{2}(g_2 \circ \nabla v)(t) - \int_\Omega F(u, v)\mathrm{d}x.
\end{aligned} \tag{3.4}$$

位势势能泛函（这里 $F(u, v)$ 如条件 1.5 中所定义的形式）

$$\begin{aligned}
J(t) &\equiv J(u, v) \\
&= \frac{1}{2}(m_0 - l_1)\|\nabla u\|^2 + \frac{1}{2}(m_0 - k_1)\|\nabla v\|^2 + \frac{\alpha\beta}{2(\gamma+1)}
\end{aligned}$$

$$+ \frac{1}{2}(g_1 \circ \nabla u)(t) + \frac{1}{2}(g_2 \circ \nabla v)(t) - \int_{\Omega} F(u,v)\mathrm{d}x. \tag{3.5}$$

Nehari 泛函（这里 $F(u,v)$ 如条件 1.5 中所定义的形式）

$$I(t) \equiv I(u,v)$$

$$= (m_0 - l_1)\|\nabla u\|^2 + (m_0 - k_1)\|\nabla v\|^2 + \alpha\beta + (g_1 \circ \nabla u)(t)$$

$$+ (g_2 \circ \nabla v)(t) - (m+1)\int_{\Omega} F(u,v)\mathrm{d}x. \tag{3.6}$$

位势井内集合（亦称稳定集合）

$$W = \{(u,v) \in H_0^1(\Omega) \times H_0^1(\Omega) \mid I(u,v) > 0\} \cup \{(0,0)\}. \tag{3.7}$$

位势井外集合（亦称不稳定集合）

$$V = \{(u,v) \in H_0^1(\Omega) \times H_0^1(\Omega) \mid I(u,v) < 0\}. \tag{3.8}$$

位势井深度

$$d = \inf_{(u,v) \in H_0^1(\Omega) \times H_0^1(\Omega) \backslash \{(0,0)\}} \left(\sup_{\lambda \geqslant 0} J(\lambda u, \lambda v) \right)$$

或者还可以写成 d 的等价定义形式

$$d = \inf_{(u,v) \in \mathcal{N}} J(u,v),$$

式中, $\mathcal{N} = \{(u,v) \in H_0^1(\Omega) \times H_0^1(\Omega) \backslash \{(0,0)\} \mid I(u,v) = 0\}$.

引理 3.4（位势井深度 d 值）　系统 (1.2) 对应的位势井深度 d 值可以表示为

$d = \dfrac{(m-1)(m_0 - m_1)}{2(m+1)} \left(\dfrac{m_0 - m_1}{c_1(m+1)C_*^{m+1}} \right)^{\frac{2}{m-1}}$, 式中, c_1 如式 (3.1) 中定义; C_* 为

从 $H_0^1(\Omega)$ 到 $L^{m+1}(\Omega)$ 的最佳嵌入常数.

证明：由 d 的定义, 有 $(u,v) \in \mathcal{N}$, 即 $I(u,v) = 0$. 另一方面, 由引理 3.1 可知下面的估计过程是成立的:

$$(m_0 - l_1)\|\nabla u\|^2 + (m_0 - k_1)\|\nabla v\|^2 + \alpha\beta + (g_1 \circ \nabla u)(t) + (g_2 \circ \nabla v)(t)$$

$$= (m+1)\int_{\Omega} F(u,v)\mathrm{d}x$$

$$\leqslant c_1(m+1)\left(\|u\|_{m+1}^{m+1}+\|v\|_{m+1}^{m+1}\right)$$

$$\leqslant c_1(m+1)C_*^{m+1}\left(\|\nabla u\|^2+\|\nabla v\|^2\right)^{\frac{m+1}{2}}.$$

由条件 1.8 与 β 和 m_1 的定义, 不难推出

$$(m_0-m_1)(\|\nabla u\|^2+\|\nabla v\|^2)\leqslant c_1(m+1)C_*^{m+1}(\|\nabla u\|^2+\|\nabla v\|^2)^{\frac{m+1}{2}},$$

整理得

$$\|\nabla u\|^2+\|\nabla v\|^2\geqslant\left(\frac{m_0-m_1}{c_1(m+1)C_*^{m+1}}\right)^{\frac{2}{m-1}}. \tag{3.9}$$

结合 $I(u,v)=0$ 并与式 (3.5)、式 (3.6)、式 (3.9) 联立, 得到

$$\begin{aligned}
J(u,v)&=\left(\frac{1}{2}-\frac{1}{m+1}\right)\left((m_0-l_1)\|\nabla u\|^2+(m_0-k_1)\|\nabla v\|^2\right)\\
&\quad+\left(\frac{\alpha}{2(\gamma+1)}-\frac{\alpha}{m+1}\right)\beta+\left(\frac{1}{2}-\frac{1}{m+1}\right)(g_1\circ\nabla u)(t)\\
&\quad+\left(\frac{1}{2}-\frac{1}{m+1}\right)(g_2\circ\nabla v)(t)+\frac{1}{m+1}I(u,v)\\
&\geqslant\left(\frac{1}{2}-\frac{1}{m+1}\right)\left((m_0-l_1)\|\nabla u\|^2+(m_0-k_1)\|\nabla v\|^2\right)\\
&\geqslant\left(\frac{1}{2}-\frac{1}{m+1}\right)(m_0-m_1)(\|\nabla u\|^2+\|\nabla v\|^2)\\
&\geqslant\left(\frac{1}{2}-\frac{1}{m+1}\right)(m_0-m_1)\left(\frac{m_0-m_1}{c_1(m+1)C_*^{m+1}}\right)^{\frac{2}{m-1}}.
\end{aligned}$$

因此, 必有位势井深度 $d=\left(\frac{1}{2}-\frac{1}{m+1}\right)(m_0-m_1)\left(\frac{m_0-m_1}{c_1(m+1)C_*^{m+1}}\right)^{\frac{2}{m-1}}$ 成立. □

引理 3.5（能量的非单调递增性）　设 (u,v) 为系统 (1.2) 的一个解, 那么对于 $t\geqslant 0$, 系统的总能量 $E(t)$ 是非单调递增的, 即

$$\begin{aligned}
E'(t)=&-\|u_t\|_{p+1}^{p+1}-\|v_t\|_{q+1}^{q+1}+\frac{1}{2}(g_1'\circ\nabla u)(t)+\frac{1}{2}(g_2'\circ\nabla v)(t)\\
&-\frac{1}{2}g_1(t)\|\nabla u\|^2-\frac{1}{2}g_2(t)\|\nabla v\|^2\leqslant 0,\quad t\geqslant 0. \tag{3.10}
\end{aligned}$$

证明：将 u_t 和 v_t 分别与系统 (1.2) 的第一个和第二个方程相乘, 将得到的两个式子在 Ω 上积分, 然后相加, 再运用分部积分公式, 即可推出式 (3.10) 成立. □

3.2　低初始能量时时滞基尔霍夫系统的整体可解性

本节将研究满足条件 1.5~条件 1.8 的系统 (1.2) 的初边值问题. 给出在初始能量 $E(0) < d$ 情况下, 系统对应的解的整体适定性.

下面描述的是与整体解存在相关的稳定集合 W, 指出它具备哪些条件具有不变性.

引理 3.6（不变集合 W）　设 $(u_0, v_0) \in H_0^1(\Omega) \times H_0^1(\Omega)$, $(u_1, v_1) \in L^2(\Omega) \times L^2(\Omega)$ 及条件 1.5~条件 1.8 均成立. 如果初值 $(u_0, v_0) \in W$, $E(0) < d$, 那么系统 (1.2) 的所有解都属于集合 W.

证明：令 $(u(t), v(t))$ 是系统 (1.2) 满足初值条件 $E(0) < d$ 和 $(u_0, v_0) \in W$ 的任意的局部弱解, T 为解 $(u(t), v(t))$ 的存在时间. 由引理 3.5, 可得 $E(u(t), v(t)) \leqslant E(0) < d$ 成立. 此结论充分说明对于 $0 < t < T$, 必有 $I(u(t), v(t)) > 0$. 如若不然, 一定会存在一个时刻 $t_1 \in (0, T)$ 使得 $I(u(t_1), v(t_1)) \leqslant 0$. 由解对于时间的连续性原理, 必存在一个时刻 $t_* \in (0, T)$ 使 $I(u(t_*), v(t_*)) = 0$ 成立. 由位势井深度 d 的定义知

$$d \leqslant J(u(t_*), v(t_*)) \leqslant E(u(t_*), v(t_*)) \leqslant E(0) < d,$$

这意味着产生了矛盾. 因此, 不存在任何时间点使得 $I(u(t_1), v(t_1)) \leqslant 0$, 即对于 $0 < t < T$, 必有 $I(u(t), v(t)) > 0$, 集合 W 的不变性得到证明.　　　□

因为系统 (1.2) 的整体可解性都是针对弱解而言的, 所以下面要对系统 (1.2) 的弱解进行准确的定义.

定义 3.1（弱解的概念）　一个函数对 (u, v) 被称为系统 (1.2) 在 $\Omega \times [0, T]$ 上的一个弱解的条件是, 若它满足 $(u, v) \in L^\infty([0, T], H_0^1(\Omega) \times H_0^1(\Omega))$, $(u_t, v_t) \in L^\infty([0, T], L^2(\Omega) \times L^2(\Omega)) \cap L^\infty([0, T], L^p(\Omega) \times L^q(\Omega))$, 以及

$$(u_t, \Omega_1) - \int_0^t \left(\left(m_0 + \alpha(\|\nabla u\|^2 + \|\nabla v\|^2)^\gamma \right) \Delta u, \Omega_1 \right) \mathrm{d}\tau$$

$$- \int_0^t \int_0^\sigma g_1(\sigma - \tau)(\nabla u(\tau), \nabla w_1) \mathrm{d}\tau \mathrm{d}\sigma + \int_0^t (|u_t|^{p-1} u_t, \Omega_1) \mathrm{d}\tau$$

$$= \int_0^t (f_1(u, v), \Omega_1) \mathrm{d}\tau + (u_1, \Omega_1), \quad \Omega_1 \in H_0^1(\Omega), \tag{3.11}$$

$$(v_t, \Omega_2) - \int_0^t \left(\left(m_0 + \alpha(\|\nabla u\|^2 + \|\nabla v\|^2)^\gamma \right) \Delta v, \Omega_2 \right) \mathrm{d}\tau$$

$$- \int_0^t \int_0^\sigma g_2(\sigma - \tau)(\nabla u(\tau), \nabla w_2) \mathrm{d}\tau \mathrm{d}\sigma + \int_0^t (|v_t|^{q-1} v_t, \Omega_2) \mathrm{d}\tau$$

$$= \int_0^t (f_2(u, v), \Omega_2) \mathrm{d}\tau + (v_1, \Omega_2), \quad \Omega_2 \in H_0^1(\Omega), \tag{3.12}$$

且

$$\begin{cases} u(0, x) = u_0(x), \ u_t(0, x) = u_1(x), \\ v(0, x) = v_0(x), \ v_t(0, x) = v_1(x). \end{cases}$$

下面将给出系统 (1.2) 在低初始能量水平 $E(0) < d$ 时解的整体存在定理.

定理 3.2（$E(0) < d$ 情形的整体存在性）　设 $(u_0, v_0) \in H_0^1(\Omega) \times H_0^1(\Omega)$, $(u_1, v_1) \in L^2(\Omega) \times L^2(\Omega)$ 及条件 1.5~条件 1.8 均成立. 如果初值满足 $E(0) < d$ 与 $(u_0, v_0) \in W$, 那么系统 (1.2) 一定存在一个整体弱解 $u(t), v(t) \in L^\infty(0, T; H_0^1(\Omega))$, $u_t(t), v_t(t) \in L^\infty(0, T; L^2(\Omega))$, 并且对任意 $0 \leqslant t \leqslant \infty$, 恒有 $(u, v) \in W$.

证明: 设 $\{\Omega_j\}$ 是空间 $H_0^1(\Omega)$ 中的一个基础函数系, 它由相应的特征函数算子 $-\Delta$ 确定, 并且由其构成了一个正交完备系, 同时又使得对任意 j 有 $\|\Omega_j\| = 1$, 则 $\{\Omega_j\}$ 在 $L^2(\Omega)$ 与 $H_0^1(\Omega)$ 中是正交且完备的. 定义 V_m 为由 $\{\Omega_1, \Omega_2, \cdots, \Omega_m\}$, $m \in \mathbb{N}$ 生成的空间. 构造系统 (1.2) 的近似解 $(u_m(x, t), v_m(x, t))$ 如下:

$$\begin{cases} u_m(x, t) = \sum_{j=1}^m g_{jm}(t) w_j(x), \quad m = 1, 2, \cdots, \\ v_m(x, t) = \sum_{j=1}^m h_{jm}(t) w_j(x), \quad m = 1, 2, \cdots, \end{cases}$$

使得近似解满足微分系统

$$(u_{mtt}(t), \Omega) + \left(\left(m_0 + \alpha(\|\nabla u_m\|^2 + \|\nabla v_m\|^2)^\gamma \right), \nabla \Omega \right)$$

$$- \int_0^t g_1(t - \tau)(\nabla u_m(\tau), \nabla \Omega) \mathrm{d}\tau + (|u_{mt}|^{p-1} u_{mt}, \Omega)$$

$$= (f_1(u_{mt}, v_{mt}), \Omega), \quad \Omega \in V_m, \tag{3.13}$$

$$
(v_{mtt}(t), \Omega) + \left(\left(m_0 + \alpha(\|\nabla u_m\|^2 + \|\nabla v_m\|^2)^\gamma \right), \nabla \Omega \right)
$$

$$
- \int_0^t g_2(t-\tau)(\nabla v_m(\tau), \nabla \Omega)\mathrm{d}\tau + \left(|v_{mt}|^{q-1} v_{mt}, \Omega \right)
$$

$$
= (f_2(u_{mt}, v_{mt}), \Omega), \quad \Omega \in V_m, \tag{3.14}
$$

同时适合初边值条件

$$
\text{在空间 } H_0^1(\Omega) \text{ 中,} \begin{cases} u_m(0) = u_{0m} = \sum_{j=1}^m (u_0, \Omega_j)\Omega_j \to u_0, \\ v_m(0) = v_{0m} = \sum_{j=1}^m (v_0, \Omega_j)\Omega_j \to v_0; \end{cases} \tag{3.15}
$$

$$
\text{在空间 } L^2(\Omega) \text{ 中,} \begin{cases} u_{mt}(0) = u_{1m} = \sum_{j=1}^m (u_1, \Omega_j)\Omega_j \to u_1, \\ v_{mt}(0) = v_{1m} = \sum_{j=1}^m (v_1, \Omega_j)\Omega_j \to v_1. \end{cases} \tag{3.16}
$$

将式 (3.13) 与式 (3.14) 的两端分别与 $g'_{sm}(t)$, $h'_{sm}(t)$ 做乘积, 关于 s 求和, 并将所得的两个方程相加, 得

$$
\frac{\mathrm{d}}{\mathrm{d}t}\left(E(u_m(t), v_m(t)) \right) = \frac{1}{2}(g'_1 \circ \nabla u_m)(t) - \|u_{mt}\|_{p+1}^{p+1} - \frac{1}{2}g_1(t)\|\nabla u_m\|^2
$$

$$
+ \frac{1}{2}(g'_2 \circ \nabla v_m)(t) - \frac{1}{2}g_2(t)\|\nabla v_m\|^2 - \|v_{mt}\|_{q+1}^{q+1}.
$$

对于上述等式两端对 τ 积分, 有

$$
E_m(t) + \int_0^t \left(\|u_{m\tau}\|_{p+1}^{p+1} + \frac{1}{2}g_1(\tau)\|\nabla u_m\|^2 - \frac{1}{2}(g'_1 \circ \nabla u_m)(\tau) \right)\mathrm{d}\tau
$$

$$
+ \int_0^t \left(\|v_{m\tau}\|_{q+1}^{q+1} + \frac{1}{2}g_2(\tau)\|\nabla v_m\|^2 - \frac{1}{2}(g'_2 \circ \nabla v_m)(\tau) \right)\mathrm{d}\tau
$$

$$
= E_m(0), \tag{3.17}
$$

式中, $E_m(t)$ 为系统在任意时刻 t 时的总能量, 其表达式为

$$
E_m(t) := \frac{1}{2}\|u_{mt}\|^2 + \frac{1}{2}\|v_{mt}\|^2 + \frac{1}{2}(m_0 - l_1)\|\nabla u_m\|^2 + \frac{1}{2}(m_0 - k_1)\|\nabla v_m\|^2
$$

$$
+ \frac{\alpha\beta}{2(\gamma+1)} + \frac{1}{2}(g_1 \circ \nabla u_m)(t) + \frac{1}{2}(g_2 \circ \nabla v_m)(t) - \int_\Omega F(u,v)\mathrm{d}x
$$

$$
= \frac{1}{2}(\|u_{mt}\|^2 + \|v_{mt}\|^2) + J(u_m, v_m). \tag{3.18}
$$

由 $(u_0, v_0) \in H_0^1(\Omega) \times H_0^1(\Omega)$, 将式 (3.15) 与式 (3.16) 相结合, 可得当 $m \to \infty$ 时

$$
\begin{cases}
\|u_{mt}(0)\| \to \|u_1\|, \\
\|v_{mt}(0)\| \to \|v_1\|, \\
\|\nabla u_m(0)\| \to \|\nabla u_0\|, \\
\|\nabla v_t(0)\| \to \|\nabla v_0\|.
\end{cases}
\tag{3.19}
$$

由此可知当 $m \to 0$ 时, 有 $E_m(0) \to E(0)$. 所以对于充分大的 m, 可得出

$$
\frac{1}{2} \left(\|u_{mt}\|^2 + \|v_{mt}\|^2 \right) + J(u_m, v_m)
$$
$$
+ \int_0^t \left(\|u_{m\tau}\|_{p+1}^{p+1} + \frac{1}{2} g_1(\tau) \|\nabla u_m\|^2 - \frac{1}{2} (g_1' \circ \nabla u_m)(\tau) \right) \mathrm{d}\tau
$$
$$
+ \int_0^t \left(\|v_{m\tau}\|_{q+1}^{q+1} + \frac{1}{2} g_2(\tau) \|\nabla v_m\|^2 - \frac{1}{2} (g_2' \circ \nabla v_m)(\tau) \right) \mathrm{d}\tau < d.
\tag{3.20}
$$

注意到势能泛函与 Nehari 泛函之间的关系

$$
J(u, v) = \left(\frac{1}{2} - \frac{1}{m+1} \right) \left((m_0 - l_1) \|\nabla u\|^2 + (m_0 - k_1) \|\nabla v\|^2 \right)
$$
$$
+ \left(\frac{\alpha}{2(\gamma+1)} - \frac{\alpha}{m+1} \right) \beta + \left(\frac{1}{2} - \frac{1}{m+1} \right) (g_1 \circ \nabla u)(t)
$$
$$
+ \left(\frac{1}{2} - \frac{1}{m+1} \right) (g_2 \circ \nabla v)(t) + \frac{1}{m+1} I(u, v).
\tag{3.21}
$$

结合式 (3.20) 与式 (3.21), 有

$$
\frac{1}{2} \left(\|u_{mt}\|^2 + \|v_{mt}\|^2 \right) + \left(\frac{\alpha}{2(\gamma+1)} - \frac{\alpha}{m+1} \right) \beta + \frac{1}{m+1} I(u_m, v_m)
$$
$$
+ \left(\frac{1}{2} - \frac{1}{m+1} \right) \left((m_0 - l_1) \|\nabla u_m\|^2 + (m_0 - k_1) \|\nabla v_m\|^2 \right)
$$
$$
+ \left(\frac{1}{2} - \frac{1}{m+1} \right) (g_1 \circ \nabla u_m)(t) + \left(\frac{1}{2} - \frac{1}{m+1} \right) (g_2 \circ \nabla v_m)(t) < d.
\tag{3.22}
$$

由初值 $(u_0, v_0) \in W$ 及初始能量关系

$$
\frac{1}{2} \left(\|u_{mt}(0)\|^2 + \|v_{mt}(0)\|^2 \right) + J(u_m(0), v_m(0)) = E(0),
\tag{3.23}
$$

再考虑式 (3.15) 与式 (3.16), 可以得到对于充分大的 m, 必有 $(u_m(0), v_m(0)) \in W$. 由式 (3.20) 并采用与引理 3.6 类似的证明方法, 可以证明当 $0 \leqslant t < \infty$ 时, 对于充

分大的 m, 恒有 $(u_m(t), v_m(t)) \in W$ 成立. 由式 (3.22) 得出

$$\frac{1}{2}\left(\|u_{mt}\|^2 + \|v_{mt}\|^2\right) + \left(\frac{\alpha}{2(\gamma+1)} - \frac{\alpha}{m+1}\right)\beta$$

$$+ \left(\frac{1}{2} - \frac{1}{m+1}\right)\left((m_0 - l_1)\|\nabla u_m\|^2 + (m_0 - k_1)\|\nabla v_m\|^2\right)$$

$$+ \left(\frac{1}{2} - \frac{1}{m+1}\right)(g_1 \circ \nabla u_m)(t) + \left(\frac{1}{2} - \frac{1}{m+1}\right)(g_2 \circ \nabla v_m)(t) < d. \quad (3.24)$$

故对于充分大的 m 与 $t \in [0,\infty)$ 及不等式 (3.24) 可推出的相应结论为

$$u_m \text{ 与 } v_m \text{ 都在 } L^\infty\left(0,\infty; H_0^1(\Omega)\right) \text{ 上有界}; \quad (3.25)$$

$$u_{mt} \text{ 与 } v_{mt} \text{ 都在 } L^\infty\left(0,\infty; L^2(\Omega)\right) \text{ 上有界}; \quad (3.26)$$

$$|u_{mt}|^{p-1}u_{mt} \text{ 在 } L^\infty\left(0,\infty; L^r(\Omega)\right) \text{ 上有界, 式中, } r = \frac{p+1}{p}; \quad (3.27)$$

$$|v_{mt}|^{q-1}v_{mt} \text{ 在 } L^\infty\left(0,\infty; L^r(\Omega)\right) \text{ 上有界, 式中, } r = \frac{q+1}{q}; \quad (3.28)$$

$$|u_m|^{m-1}u_m \text{ 与 } |v_m|^{m-1}v_m \text{ 都在 } L^\infty\left(0,\infty; L^r(\Omega)\right) \text{ 上有界, 式中, } r = \frac{m+1}{m}. \quad (3.29)$$

因此, 对式 (3.13) 与式 (3.14) 关于 τ 积分, 对任意 $s \in H_0^1(\Omega)$ 及 $0 \leqslant t < \infty$, $w_s \in V_m$, 可知

$$(u_{mt}, w_s) - \int_0^t \left((m_0 + \alpha(\|\nabla u_m\|^2 + \|\nabla v_m\|^2)^\gamma)\Delta u_m, w_s\right)\mathrm{d}\tau$$

$$- \int_0^t \int_0^\sigma g_1(\sigma - \tau)(\nabla u_m(\tau), \nabla w_s)\mathrm{d}\tau\mathrm{d}\sigma + \int_0^t (|u_{mt}|^{p-1}u_{mt}, w_s)\mathrm{d}\tau$$

$$= \int_0^t (f_1(u_m, v_m), w_s)\mathrm{d}\tau + (u_1, w_s), \quad (3.30)$$

同时有

$$(v_{mt}, w_s) - \int_0^t \left((m_0 + \alpha(\|\nabla u_m\|^2 + \|\nabla v_m\|^2)^\gamma)\Delta v_m, w_s\right)\mathrm{d}\tau$$

$$- \int_0^t \int_0^\sigma g_2(\sigma - \tau)(\nabla u_m(\tau), \nabla w_s)\mathrm{d}\tau\mathrm{d}\sigma + \int_0^t (|v_{mt}|^{q-1}v_{mt}, w_s)\mathrm{d}\tau$$

$$= \int_0^t (f_2(u_m, v_m), w_s)\mathrm{d}\tau + (v_1, w_s). \quad (3.31)$$

利用序列的基本思想, 通过式 (3.25)∼ 式 (3.29) 建立相应的序列, 并对式 (3.30) 和式 (3.31) 取极限得到系统 (1.2) 的一个弱解 (u, v). 又由式 (3.15) 与式 (3.16), 得 $(u(x, 0), v(x, 0)) = (u_0(x), v_0(x))$ 在 $H_0^1(\Omega) \times H_0^1(\Omega)$ 成立, 且 $(u_t(x, 0), v_t(x, 0)) = (u_1(x), v_1(x))$ 在 $L^2(\Omega) \times L^2(\Omega)$ 成立. □

下面来描述系统 (1.2) 的弱解的爆破性质, 此时的限制条件是 $E(0) < d, g(u_t) = u_t, g(v_t) = v_t$. 在这里先给出系统 (1.2) 的弱解在有限时间内爆破的概念.

定义 3.2（有限时间爆破） 系统 (1.2) 的一个解 (u, v) 称为爆破解, 若存在一个有限时间 T 使得

$$\lim_{t \to T^-} \sup \int_\Omega (u^2 + v^2) \mathrm{d}x = \infty.$$

通过与引理 3.6 相似的讨论方法, 可以得出不稳定集合 V 的不变性.

引理 3.7（不变集合 V） 设 $(u_0, v_0) \in H_0^1(\Omega) \times H_0^1(\Omega)$, $(u_1, v_1) \in L^2(\Omega) \times L^2(\Omega)$ 及条件 1.5∼条件 1.8 均成立, 那么系统 (1.2) 满足条件 $E(0) < d$ 与 $(u_0, v_0) \in V$ 的所有解都在集合 V 中.

为了证明爆破定理 3.3, 需要找出位势井深度 d, 范数 $\|\nabla u\|^2 + \|\nabla v\|^2$ 及源项 $F(u, v)$ 的联系, 以如下引理形式对它们的关系进行阐述和证明.

引理 3.8 在引理 3.7 的所有假设条件下, 有

$$d < \frac{(m-1)(m_0 - m_1)}{2(m+1)} \left(\|\nabla u\|^2 + \|\nabla v\|^2 \right). \tag{3.32}$$

证明: 由引理 3.4 知位势井深度 d 的表达式为

$$d = \frac{(m-1)(m_0 - m_1)}{2(m+1)} \left(\frac{m_0 - m_1}{c_1(m+1)C_*^{m+1}} \right)^{\frac{2}{m-1}},$$

式中, c_1 如式 (3.1) 中的定义; C_* 为 $H_0^1(\Omega)$ 空间嵌入到 $L^{m+1}(\Omega)$ 空间的嵌入系数. 由引理 3.7, 可以得到 $(u, v) \in V$, 即 $I(u, v) < 0$. 由引理 3.1 和索伯列夫嵌入不等式, 知 $I(u, v) < 0$ 暗含着

$$(m_0 - l_1) \|\nabla u\|^2 + (m_0 - k_1) \|\nabla v\|^2 + \alpha\beta + (g_1 \circ \nabla u)(t) + (g_2 \circ \nabla v)(t)$$

$$< (m+1) \int_\Omega F(u, v) \mathrm{d}x$$

$$\leqslant c_1(m+1) \left(\|u\|_{m+1}^{m+1} + \|v\|_{m+1}^{m+1} \right)$$

$$\leqslant c_1(m+1)C_*^{m+1}\left(\|\nabla u\|^2 + \|\nabla v\|^2\right)^{\frac{m+1}{2}},$$

结合条件 1.8 与 β 及 m_1 的定义, 得出

$$(m_0 - m_1)(\|\nabla u\|^2 + \|\nabla v\|^2) < c_1(m+1)C_*^{m+1}(\|\nabla u\|^2 + \|\nabla v\|^2)^{\frac{m+1}{2}},$$

经过整理上式等价于

$$\|\nabla u\|^2 + \|\nabla v\|^2 \geqslant \left(\frac{m_0 - m_1}{c_1(m+1)C_*^{m+1}}\right)^{\frac{2}{m-1}},$$

于是, 得 d 与 $\|\nabla u\|^2 + \|\nabla v\|^2$ 的关系为

$$d \leqslant \frac{(m-1)(m_0 - m_1)}{2(m+1)}\left(\|\nabla u\|^2 + \|\nabla v\|^2\right). \qquad \square$$

在此引理的基础上, 给出一个重要的非整体存在性的结果, 它揭示出导致系统 (1.2) 在低初始能量时发生有限时间爆破的初值条件都是什么. 具体的有限时间爆破内容如下.

定理 3.3（$E(0) < d$ 情形的有限时间爆破） 设初值满足 $(u_0, v_0) \in H_0^1(\Omega) \times H_0^1(\Omega)$, $(u_1, v_1) \in L^2(\Omega) \times L^2(\Omega)$, 条件 1.5~条件 1.8 与 $1 < p < m$, $1 < q < m$ 成立. 如果 $E(0) < \zeta d$ $(\zeta < 1)$, $(u_0, v_0) \in V$, 且

$$m_1 \leqslant \frac{(m-1)(1-\zeta)m_0}{(m-1)(1-\zeta) + \dfrac{1}{m+1}}, \tag{3.33}$$

那么系统 (1.2) 的弱解存在时间是有限的.

证明: 设 (u, v) 是系统 (1.2) 在 $E(0) < d$ 与 $(u_0, v_0) \in V$ 条件下的任一弱解. 接下证明系统 (1.2) 的弱解在有限时间内爆破. 利用反证法, 假设解 $(u(t), v(t))$ 的存在时间不是有限的, 即解整体存在. 对任意 $T_0 > 0$, 引入辅助泛函 $F(t)$ 为

$$F(t) = \|u\|^2 + \|v\|^2 + \int_0^t \left(\|u\|^2 + \|v\|^2\right)\mathrm{d}\tau$$
$$+ (T_0 - t)\left(\|u_0\|^2 + \|v_0\|^2\right), \tag{3.34}$$

显然, 当 $t \in [0, T_0]$ 时, 必有 $F(t) > 0$. 由泛函 $F(t)$ 关于时间 t 的连续性, 得出必存在一个 $\rho > 0$ (与 T_0 的选取无关), 使得 $F(t)$ 具有正定性:

$$F(t) \geqslant \rho, \quad t \in [0, T_0]. \tag{3.35}$$

而由式 (3.34), 对任意 $t \in [0, T_0]$, 易得 $F'(t)$ 与 $F''(t)$ 为

$$F'(t) = 2(u, u_t) + 2(v, v_t) - (\|u_0\|^2 + \|v_0\|^2) + (\|u\|^2 + \|v\|^2)$$

$$= 2(u, u_t) + 2(v, v_t) + 2 \int_0^t ((u(\tau), u_\tau(\tau)) + (v(\tau), v_\tau(\tau))) \, d\tau, \quad (3.36)$$

$$F''(t) = 2(\|u_t\|^2 + \|v_t\|^2) + 2(u, u_{tt}) + 2(v, v_{tt}) + 2(u, u_t) + 2(v, v_t)$$

$$= 2\left(\|u_t\|^2 + \|v_t\|^2\right) - \left(m_0 + \alpha(\|\nabla u\|^2 + \|\nabla v\|^2)^\gamma\right)\|\nabla u\|^2$$

$$+ 2 \int_0^t g_1(t - \tau) \int_\Omega \nabla u(t) \nabla u(\tau) dx d\tau + 2(f_1(u, v), u)$$

$$- \left(m_0 + \alpha(\|\nabla u\|^2 + \|\nabla v\|^2)^\gamma\right)\|\nabla v\|^2$$

$$+ 2 \int_0^t g_2(t - \tau) \int_\Omega \nabla u(t) \nabla u(\tau) dx d\tau + 2(f_2(u, v), v). \quad (3.37)$$

运用 Young's 不等式来估计式 (3.37) 式右端第三项, 其处理过程如下:

$$2 \int_0^t g_1(t - \tau) \int_\Omega \nabla u(t) \nabla u(\tau) dx d\tau$$

$$\geqslant 2 \int_0^t g_1(t - \tau) \|\nabla u(t)\|^2 d\tau - 2\eta_1(g_1 \circ \nabla u)(t) - \frac{l_1}{2\eta_1}\|\nabla u\|^2,$$

对于任意 $\eta_1 > 0$ 成立.

$$2 \int_0^t g_2(t - \tau) \int_\Omega \nabla v(t) \nabla v(\tau) dx d\tau$$

$$\geqslant 2 \int_0^t g_2(t - \tau) \|\nabla v(t)\|^2 d\tau - 2\eta_2(g_2 \circ \nabla v)(t) - \frac{k_1}{2\eta_2}\|\nabla v\|^2,$$

对于任意 $\eta_2 > 0$ 成立. 由此, 式 (3.37) 可变形为

$$F''(t) \geqslant 2\left(\|u_t\|^2 + \|v_t\|^2\right) - 2\left(m_0 + \alpha(\|\nabla u\|^2 + \|\nabla v\|^2)^\gamma\right)\|\nabla u\|^2$$

$$+ 2 \int_0^t g_1(t - \tau)\|\nabla u(t)\|^2 d\tau - 2\eta_1(g_1 \circ \nabla u)(t) - \frac{l_1}{2\eta_1}\|\nabla u\|^2$$

$$- 2\left(m_0 + \alpha(\|\nabla u\|^2 + \|\nabla v\|^2)^\gamma\right)\|\nabla v\|^2$$

$$+ 2 \int_0^t g_2(t - \tau)\|\nabla v(t)\|^2 d\tau - 2\eta_2(g_2 \circ \nabla v)(t) - \frac{k_1}{2\eta_2}\|\nabla v\|^2$$

$$+ 2(f_1(u, v), u) + 2(f_2(u, v), v)$$

$$=2\left(\|u_t\|^2+\|v_t\|^2\right)-2\left(m_0+\alpha(\|\nabla u\|^2+\|\nabla v\|^2)^\gamma-l_1\right)\|\nabla u\|^2$$

$$-2\eta_1(g_1\circ\nabla u)(t)-\frac{l_1}{2\eta_1}\|\nabla u\|^2$$

$$-2\left(m_0+\alpha(\|\nabla u\|^2+\|\nabla v\|^2)^\gamma-k_1\right)\|\nabla v\|^2$$

$$-2\eta_2(g_2\circ\nabla v)(t)-\frac{k_1}{2\eta_2}\|\nabla v\|^2$$

$$+2(f_1(u,v),u)+2(f_2(u,v),v). \tag{3.38}$$

另一方面, 考虑式 (3.36), 有

$$(F'(t))^2=4\left((u,u_t)+(v,v_t)\right)^2+4\left(\int_0^t\left((u(\tau),u_\tau(\tau))+(v(\tau),v_\tau(\tau))\right)\mathrm{d}\tau\right)^2$$

$$+8\left((u,u_t)+(v,v_t)\right)\int_0^t\left((u(\tau),u_\tau(\tau))+(v(\tau),v_\tau(\tau))\right)\mathrm{d}\tau. \tag{3.39}$$

利用施瓦茨不等式, 式 (3.39) 变形为

$$\left((u,u_t)+(v,v_t)\right)^2\leqslant\left(\|u\|^2+\|v\|^2\right)\left(\|u_t\|^2+\|v_t\|^2\right),$$

$$\left(\int_0^t(u(\tau),u_\tau(\tau))\mathrm{d}\tau+\int_0^t(v(\tau),v_\tau(\tau))\mathrm{d}\tau\right)^2$$

$$\leqslant\int_0^t\left(\|u\|^2+\|v\|^2\right)\mathrm{d}\tau\int_0^t\left(\|u_\tau\|^2+\|v_\tau\|^2\right)\mathrm{d}\tau,$$

同时, 也能估计出

$$2\left((u,u_t)+(v,v_t)\right)\int_0^t\left((u(\tau),u_\tau(\tau))+(v(\tau),v_\tau(\tau))\right)\mathrm{d}\tau$$

$$\leqslant\left(\|u_\tau\|^2+\|v_\tau\|^2\right)\int_0^t\left(\|u\|^2+\|v\|^2\right)\mathrm{d}\tau$$

$$+\left(\|u\|^2+\|v\|^2\right)\int_0^t\left(\|u_\tau\|^2+\|v_\tau\|^2\right)\mathrm{d}\tau,$$

因此, 式 (3.39) 有放缩式

$$(F'(t))^2\leqslant4\left(\|u\|^2+\|v\|^2+\int_0^t\left(\|u\|^2+\|v\|^2\right)\mathrm{d}\tau\right)\cdot$$

$$\left(\|u_t\|^2 + \|v_t\|^2 + \int_0^t \left(\|u_\tau\|^2 + \|v_\tau\|^2 \right) \mathrm{d}\tau \right)$$

$$\leqslant 4F(t) \left(\|u_t\|^2 + \|v_t\|^2 + \int_0^t \left(\|u_\tau\|^2 + \|v_\tau\|^2 \right) \mathrm{d}\tau \right). \tag{3.40}$$

综合式 (3.34)、式 (3.38) 与式 (3.40), 可知

$$F''(t)F(t) - \frac{p+3}{4} \left(F'(t) \right)^2$$

$$\geqslant F(t) \left(F''(t) - (p+3) \left(\|u_t\|^2 + \|v_t\|^2 + \int_0^t \left(\|u_\tau\|^2 + \|v_\tau\|^2 \right) \mathrm{d}\tau \right) \right)$$

$$\geqslant F(t) \left(2 \left(\|u_t\|^2 + \|v_t\|^2 \right) - 2 \left(m_0 - l_1 \right) \|\nabla u\|^2 - 2 \left(m_0 - k_1 \right) \|\nabla v\|^2 \right)$$

$$- F(t) \left(2\eta_1(g_1 \circ \nabla u)(t) + \frac{l_1}{2\eta_1} \|\nabla u\|^2 + 2\alpha\beta \right)$$

$$- F(t) \left(2\eta_2(g_2 \circ \nabla v)(t) + \frac{k_1}{2\eta_2} \|\nabla v\|^2 - 2(m+1) \int_\Omega F(u,v) \mathrm{d}x \right)$$

$$- F(t)(m+3) \left(\|u_t\|^2 + \|v_t\|^2 + \int_0^t \left(\|u_\tau\|^2 + \|v_\tau\|^2 \right) \mathrm{d}\tau \right).$$

下面标记泛函 $\xi(t)$, 定义为

$$\xi(t) := 2 \left(\|u_t\|^2 + \|v_t\|^2 \right) - 2 \left(m_0 - l_1 \right) \|\nabla u\|^2 - 2 \left(m_0 - k_1 \right) \|\nabla v\|^2$$

$$- 2\eta_1(g_1 \circ \nabla u)(t) - \frac{l_1}{2\eta_1} \|\nabla u\|^2 - 2\alpha\beta$$

$$- 2\eta_2(g_2 \circ \nabla v)(t) - \frac{k_1}{2\eta_2} \|\nabla v\|^2 + 2(m+1) \int_\Omega F(u,v) \mathrm{d}x$$

$$- (m+3) \left(\|u_t\|^2 + \|v_t\|^2 + \int_0^t \left(\|u_\tau\|^2 + \|v_\tau\|^2 \right) \mathrm{d}\tau \right). \tag{3.41}$$

由 $E(t)$ 的定义, 式 (3.41) 可变形为

$$\xi(t) := (m-1) \left(m_0 - l_1 \right) \|\nabla u\|^2 + (m-1) \left(m_0 - k_1 \right) \|\nabla v\|^2$$

$$+ (m+1-2\eta_1)(g_1 \circ \nabla u)(t) + (m+1-2\eta_2)(g_2 \circ \nabla v)(t)$$

$$- \frac{k_1}{2\eta_2} \|\nabla v\|^2 - \frac{l_1}{2\eta_1} \|\nabla u\|^2 + \left(\frac{m+1}{r+1} - 2 \right) \alpha\beta$$

$$- (m+3) \int_0^t \left(\|u_\tau\|^2 + \|v_\tau\|^2 \right) \mathrm{d}\tau - 2(m+1)E(t). \tag{3.42}$$

利用引理 3.2 中 $p = q = 1$ 时的结果, 式 (3.42) 可变形为

$$
\begin{aligned}
\xi(t) :=& (m-1)(m_0 - l_1)\|\nabla u\|^2 + (m-1)(m_0 - k_1)\|\nabla v\|^2 \\
& + (m+1-2\eta_1)(g_1 \circ \nabla u)(t) - \frac{l_1}{2\eta_1}\|\nabla u\|^2 + \left(\frac{m+1}{r+1} - 2\right)\alpha\beta \\
& + (m+1-2\eta_2)(g_2 \circ \nabla v)(t) - \frac{k_1}{2\eta_2}\|\nabla v\|^2 - 2(m+1)E(0) \\
& + (m+1)\int_0^t \left(g_1(s)\|\nabla u(s)\|^2 + g_2(s)\|\nabla v(s)\|^2\right) \mathrm{d}s \\
& - (m+1)\int_0^t \left((g_1' \circ \nabla u)(s) + (g_2' \circ \nabla v)(s)\right) \mathrm{d}s.
\end{aligned} \tag{3.43}
$$

由条件 1.8 中关于核函数 g_1 与 g_2 的说明, 可以得到

$$
\begin{aligned}
\xi(t) \geqslant & (m-1)(m_0 - l_1)\|\nabla u\|^2 + (m-1)(m_0 - k_1)\|\nabla v\|^2 \\
& + (m+1-2\eta_1)(g_1 \circ \nabla u)(t) - \frac{l_1}{2\eta_1}\|\nabla u\|^2 + \left(\frac{m+1}{r+1} - 2\right)\alpha\beta \\
& + (m+1-2\eta_2)(g_2 \circ \nabla v)(t) - \frac{k_1}{2\eta_2}\|\nabla v\|^2 - 2(m+1)E(0) \\
= & \left((m-1)m_0 - \left((m-1) + \frac{1}{2\eta_1}\right)l_1\right)\|\nabla u\|^2 \\
& + \left((m-1)m_0 - \left((m-1) + \frac{1}{2\eta_2}\right)k_1\right)\|\nabla v\|^2 \\
& + (m+1-2\eta_1)(g_1 \circ \nabla u)(t) + (m+1-2\eta_2)(g_2 \circ \nabla v)(t) \\
& + \left(\frac{m+1}{r+1} - 2\right)\alpha\beta - 2(m+1)E(0) \\
= & \left((m-1)m_0 - \left((m-1) + \frac{1}{2\eta_1}\right)l_1\right)\|\nabla u\|^2 \\
& + \left((m-1)m_0 - \left((m-1) + \frac{1}{2\eta_2}\right)k_1\right)\|\nabla v\|^2 \\
& + (m+1-2\eta_1)(g_1 \circ \nabla u)(t) + (m+1-2\eta_2)(g_2 \circ \nabla v)(t) \\
& - \zeta(m-1)(m_0 - m_1)\left(\|\nabla u\|^2 + \|\nabla v\|^2\right)
\end{aligned}
$$

$$+ \zeta(m-1)(m_0 - m_1)\left(\|\nabla u\|^2 + \|\nabla v\|^2\right) - 2(m+1)\zeta d$$

$$+ \left(\frac{m+1}{r+1} - 2\right)\alpha\beta + 2(m+1)\zeta d - 2(m+1)E(0)$$

$$= \xi_1 + \xi_2 + \xi_3, \tag{3.44}$$

式中，

$$\xi_1 = \left((m-1)m_0 - \left((m-1) + \frac{1}{2\eta_1}\right)l_1\right)\|\nabla u\|^2$$

$$+ \left((m-1)m_0 - \left((m-1) + \frac{1}{2\eta_2}\right)k_1\right)\|\nabla v\|^2$$

$$+ (m+1-2\eta_1)(g_1 \circ \nabla u)(t) + (m+1-2\eta_2)(g_2 \circ \nabla v)(t)$$

$$- \zeta(m-1)(m_0 - m_1)\left(\|\nabla u\|^2 + \|\nabla v\|^2\right),$$

$$\xi_2 = \zeta(m-1)(m_0 - m_1)\left(\|\nabla u\|^2 + \|\nabla v\|^2\right) - 2(m+1)\zeta d$$

及

$$\xi_3 = \left(\frac{m+1}{r+1} - 2\right)\alpha\beta + 2(m+1)\zeta d - 2(m+1)E(0).$$

下面来逐一估计 ξ_1, ξ_2 与 ξ_3. 对于 ξ_1, 由

$$m_1 = \max\{l_1, k_1\},$$

可知

$$\xi_1 = \left((m-1)m_0 - \left((m-1) + \frac{1}{2\eta_1}\right)l_1\right)\|\nabla u\|^2$$

$$+ \left((m-1)m_0 - \left((m-1) + \frac{1}{2\eta_2}\right)k_1\right)\|\nabla v\|^2$$

$$+ (m+1-2\eta_1)(g_1 \circ \nabla u)(t) + (m+1-2\eta_2)(g_2 \circ \nabla v)(t)$$

$$- \zeta(m-1)(m_0 - m_1)\left(\|\nabla u\|^2 + \|\nabla v\|^2\right)$$

$$\geqslant \left((m-1)m_0 - \left((m-1)+\frac{1}{2\eta_1}\right)m_1\right)\|\nabla u\|^2$$

$$+ \left((m-1)m_0 - \left((m-1)+\frac{1}{2\eta_2}\right)m_1\right)\|\nabla v\|^2$$

$$+ (m+1-2\eta_1)(g_1\circ\nabla u)(t) + (m+1-2\eta_2)(g_2\circ\nabla v)(t)$$

$$- \zeta(m-1)(m_0-m_1)\left(\|\nabla u\|^2+\|\nabla v\|^2\right)$$

$$= \left((m-1)(1-\zeta)m_0 - \left((m-1)(1-\zeta)+\frac{1}{2\eta_1}\right)m_1\right)\|\nabla u\|^2$$

$$+ \left((m-1)(1-\zeta)m_0 - \left((m-1)(1-\zeta)+\frac{1}{2\eta_2}\right)m_1\right)\|\nabla v\|^2$$

$$+ (m+1-2\eta_1)(g_1\circ\nabla u)(t) + (m+1-2\eta_2)(g_2\circ\nabla v)(t). \tag{3.45}$$

式中, 取 $2\eta_1 = m+1$ 和 $2\eta_1 = m+1$. 与式 (3.46) 联立有

$$\xi_1 > 0.$$

由引理 3.8, 可以得出

$$\xi_2 > 0.$$

结合 $E(0) < \zeta d$ 的事实, 可以推出

$$\xi_3 > 0.$$

于是, 由式 (3.44), 必有 $\xi(t) > \sigma_1 > 0$ 成立. 进而, 可以得出

$$F''(t)F(t) - \frac{p+3}{4}F'(t)^2 \geqslant \rho\sigma_1 > 0, \ t \in [0, T_0].$$

设 $y(t) = F(t)^{-\frac{p-1}{4}}$, 有不等式

$$y''(t) \leqslant -\frac{p-1}{4}\sigma_1\rho y(t)^{\frac{p+7}{p-1}}, \ t \in [0, T_0].$$

这便证明了在有限时间里 $y(t)$ 趋近于 0, 当 $t \to T_*$ 时. 因为 T_* 与 T_0 的初始选取无关, 不妨假设 $T_* < T_0$. 这样就意味着

$$\lim_{t \to T_*} F(t) = +\infty,$$

产生了矛盾. 定理得证. $\qquad\qquad\qquad\qquad\qquad\qquad\qquad\qquad\qquad\qquad\square$

3.3 临界初始能量时时滞基尔霍夫系统的整体可解性

本节将给出基尔霍夫系统 (1.2) 在临界初始能量 $E(0) = d$ 下的整体可解性, 主要叙述两个定理: 一是解的整体存在定理, 另一个是解的有限时间爆破定理. 参考 2.3 节的分析, 可知整体存在性证明可以通过尺度放缩将临界情况转化为次临界情况来处理. 所以, 完全可以使用与系统 (1.1) 在临界初始能量 $E(0) = d$ 下解的整体存在相同的方法对其证明, 只是二者在结构上有所区别, 在这个过程中各项的处理方法也会有所区别, 具体区别可以比较次临界情况的证明. 而对于临界情形下的爆破结论, 仍可以仿照基尔霍夫系统 (1.1) 在临界初始能量 $E(0) = d$ 下解的有限时间爆破的步骤去进行, 先建立一个不变集合, 再对凸函数法进行改进, 设出辅助函数, 结合索伯列夫空间中的不等式进行恰当的估计与放缩, 同时仿照本章低能爆破证明过程中对于各项的处理技巧, 可以得出临界情形的爆破定理. 由于系统 (1.1) 与系统 (1.2) 同为基尔霍夫系统, 所以二者在临界初始能量 $E(0) = d$ 时解的定性性质是类似的, 得出方法也是类似的, 只是本章中的系统结构更复杂, 但是在次临界时已经详细处理过这些复杂项, 在本节只需参考使用即可. 故本节只是对两个定理进行叙述和说明, 而不再进行详细的证明.

下面将描述系统 (1.2) 在临界始能量水平 $E(0) = d$ 时解的整体存在与爆破定理.

定理 3.4 （$E(0) = d$ 情形的整体存在性） 设 $(u_0, v_0) \in H_0^1(\Omega) \times H_0^1(\Omega)$, $(u_1, v_1) \in L^2(\Omega) \times L^2(\Omega)$ 及条件 1.5~条件 1.8 均成立. 如果初值满足 $E(0) = d$ 与 $(u_0, v_0) \in W$, 那么系统 (1.2) 一定存在一个整体弱解 $u(t), v(t) \in L^\infty(0, T; H_0^1(\Omega))$, $u_t(t), v_t(t) \in L^\infty(0, T; L^2(\Omega))$, 并且对任意 $0 \leqslant t \leqslant \infty$, 恒有 $(u, v) \in \overline{W}$, $\overline{W} = W \cap \partial W$.

定理 3.5 （$E(0) = d$ 情形的有限时间爆破） 设初值满足 $(u_0, v_0) \in H_0^1(\Omega) \times H_0^1(\Omega)$, $(u_1, v_1) \in L^2(\Omega) \times L^2(\Omega)$, 条件 1.5~条件 1.8 与 $1 < p < m$, $1 < q < m$ 成立. 如果 $E(0) = \zeta d$ $(\zeta < 1)$ 与 $(u_0, u_1) + (v_0, v_1) \geqslant 0$, $(u_0, v_0) \in V$, 且 m 满足

$$m_1 \leqslant \frac{(m-1)(1-\zeta)m_0}{(m-1)(1-\zeta) + \dfrac{1}{m+1}}, \tag{3.46}$$

那么系统 (1.2) 的弱解存在时间必是有限的.

3.4　任意高初始能量时时滞基尔霍夫系统的爆破

本节将利用反耗散手段和控制技巧, 分析系统的解在超临界状态下的适定性; 试图在超临界能量情形下, 得到导致解有限时间爆破的所有条件, 并分析影响这些条件的因素. 下面叙述三个引理, 前两个引理目的在于证明函数 $h(t)$ 和泛函映射 $\{t \mapsto \|u(t)\|^2 + \|v(t)\|^2\}$ 的严格单调增性, 第三个引理分析不变集合的不变性所要满足的条件.

引理 3.9　设条件 1.8 成立, 同时非线性黏弹性项 g_1 与 g_2 满足

$$\int_0^t w(s) \int_0^s \mathrm{e}^{\frac{s-\tau}{2}} g_1(s-\tau)w(\tau)\mathrm{d}\tau\mathrm{d}s \geqslant 0, \ w \in C^1\left([0,\infty)\right), \ t > 0; \tag{3.47}$$

$$\int_0^t w(s) \int_0^s \mathrm{e}^{\frac{s-\tau}{2}} g_2(s-\tau)w(\tau)\mathrm{d}\tau\mathrm{d}s \geqslant 0, \ w \in C^1\left([0,\infty)\right), \ t > 0. \tag{3.48}$$

如果 $H(t)$ 为二次连续可导函数且满足不等式

$$H''(t) + H'(t) > \int_0^t g_1(t-\tau) \int_\Omega \nabla u(x,\tau)\nabla u(x,t)\mathrm{d}x\mathrm{d}\tau$$
$$+ \int_0^t g_2(t-\tau) \int_\Omega \nabla v(x,\tau)\nabla v(x,t)\mathrm{d}x\mathrm{d}\tau \tag{3.49}$$

及符合初始条件

$$H(0) > 0, \ H'(0) > 0, \tag{3.50}$$

式中, 时间 $t \in [0, T_0)$, $(u(t), v(t))$ 为系统 (1.2) 的具有初值 (u_0, v_0) 与 (u_1, v_1) 的弱解, 那么函数 $H(t)$ 在 $[0, T_0)$ 上是严格单调递增的.

证明: 对任意 $t \in [0, T_0)$, 考虑辅助常微分方程

$$h''(t) + h'(t) = \int_0^t g_1(t-\tau) \int_\Omega \nabla u(x,\tau)\nabla u(x,t)\mathrm{d}x\mathrm{d}\tau$$
$$+ \int_0^t g_2(t-\tau) \int_\Omega \nabla v(x,\tau)\nabla v(x,t)\mathrm{d}x\mathrm{d}\tau, \tag{3.51}$$

其具有初值条件

$$h(0) = H(0), \ h'(0) = 0. \tag{3.52}$$

显然可以找到一个如下形式的函数, 对任意 $t \in [0, T_0)$ 有

$$h(t) = h(0) + \int_0^t \frac{e^{-\xi} - e^{-t}}{e^{-\xi}} \int_0^\xi g_1(\xi - \tau) \int_\Omega \nabla u(x, \tau) \nabla u(x, \xi) dx d\tau d\xi$$

$$+ \int_0^t \frac{e^{-\xi} - e^{-t}}{e^{-\xi}} \int_0^\xi g_2(\xi - \tau) \int_\Omega \nabla v(x, \tau) \nabla v(x, \xi) dx d\tau d\xi, \tag{3.53}$$

使其成为常微分方程 (3.51) 和方程 (3.52) 的解. 为了证明

$$H'(t) > 0, \ t \geqslant 0,$$

需要证得

$$H'(t) > h'(t) \geqslant 0, \ t \geqslant 0. \tag{3.54}$$

由式 (3.47) 出发, 对于式 (3.53) 进行直接计算得出

$$h'(t) = \int_0^t e^{\xi - t} \int_0^\xi g_1(\xi - \tau) \int_\Omega \nabla u(x, \tau) \nabla u(x, \xi) dx d\tau d\xi$$

$$+ \int_0^t e^{\xi - t} \int_0^\xi g_2(\xi - \tau) \int_\Omega \nabla v(x, \tau) \nabla v(x, \xi) dx d\tau d\xi$$

$$= e^{-t} \int_\Omega e^\xi \int_0^t \int_0^\xi g_1(\xi - \tau) \nabla u(x, \tau) \nabla u(x, \xi) d\tau d\xi dx$$

$$+ e^{-t} \int_\Omega e^\xi \int_0^t \int_0^\xi g_2(\xi - \tau) \nabla v(x, \tau) \nabla v(x, \xi) d\tau d\xi dx$$

$$= e^{-t} \int_\Omega \int_0^t \int_0^\xi e^{\frac{\xi - \tau}{2}} g_1(\xi - \tau) e^{\frac{\tau}{2}} \nabla u(x, \tau) e^{\frac{\xi}{2}} \nabla u(x, \xi) d\tau d\xi dx$$

$$+ e^{-t} \int_\Omega \int_0^t \int_0^\xi e^{\frac{\xi - \tau}{2}} g_2(\xi - \tau) e^{\frac{\tau}{2}} \nabla v(x, \tau) e^{\frac{\xi}{2}} \nabla v(x, \xi) d\tau d\xi dx$$

$$= e^{-t} \int_\Omega \int_0^t \left(e^{\frac{\xi}{2}} \nabla u(x, \xi) \right) \int_0^\xi \left(e^{\frac{\xi - \tau}{2}} g_1(\xi - \tau) \right) \left(e^{\frac{\tau}{2}} \nabla u(x, \tau) \right) d\tau d\xi dx$$

$$+ e^{-t} \int_\Omega \int_0^t \left(e^{\frac{\xi}{2}} \nabla v(x, \xi) \right) \int_0^\xi \left(e^{\frac{\xi - \tau}{2}} g_2(\xi - \tau) \right) \left(e^{\frac{\tau}{2}} \nabla v(x, \tau) \right) d\tau d\xi dx$$

$$\geqslant 0, \tag{3.55}$$

对于任意 $t \in [0, T_0)$, 式 (3.55) 意味着

$$h(t) \geqslant h(0) = H(0).$$

由式 (3.50) 与式 (3.55) 得到

$$H'(0) > 0 = h'(0).$$

利用反证法, 若式 (3.54) 的第一个不等式不成立, 则必存在一个时刻 $t_1 \in [0, T_0)$ 使得

$$H'(t_1) \leqslant h'(t_1).$$

由解对于时间的连续性原理, 存在一个 $t_0 \in [0, T_0)$ 使得

$$H'(t_0) = h'(t_0). \tag{3.56}$$

另一方面, 对任意 $t \in [0, T_0)$, 有常微分不等式

$$\begin{cases} (H''(t) - h''(t)) + (H'(t) - h'(t)) > 0, \\ H(0) - h(0) = 0, \ H'(0) - h'(0) > 0. \end{cases}$$

上述常微分不等式可解, 得到

$$H'(t_0) - h'(t_0) > \mathrm{e}^{-t_0} \left(H'(0) - h'(0) \right) > 0,$$

这个结果与式 (3.56) 产生了矛盾. 由此, 即证得式 (3.54) 的第一个不等式成立, 再结合式 (3.55), 说明式 (3.54) 整个论断是正确的. 因此, 引理得证.　　　　□

引理 3.10　设 $(u_0, v_0) \in H_0^1(\Omega) \times H_0^1(\Omega)$, $(u_1, v_1) \in L^2(\Omega) \times L^2(\Omega)$, $p = q = 1$, 且 (u, v) 是系统 (1.2) 具有初值 (u_0, v_0) 与 (u_1, v_1) 的弱解. 如果初值满足

$$(u_0, u_1) + (v_0, v_1) \geqslant 0, \tag{3.57}$$

那么映射

$$\{ t \mapsto \|u(t)\|^2 + \|v(t)\|^2 \}$$

只要 $(u, v) \in V$ 必是严格单调递增的.

证明: 定义

$$H(t) = \|u\|^2 + \|v\|^2, \tag{3.58}$$

那么有

$$H'(t) = 2(u, u_t) + 2(v, v_t), \tag{3.59}$$

还有

$$
\begin{aligned}
H''(t) =& 2(\|u_t\|^2 + \|v_t\|^2) + 2\,(u, u_{tt}) + 2\,(v, v_{tt}) \\
=& 2\left(\|u_t\|^2 + \|v_t\|^2\right) - 2(u, u_t) - 2(v, v_t) \\
& + 2\int_0^t g_1(t-\tau) \int_\Omega \nabla u(t) \nabla u(\tau) \mathrm{d}x \mathrm{d}\tau \\
& + 2\int_0^t g_2(t-\tau) \int_\Omega \nabla v(t) \nabla v(\tau) \mathrm{d}x \mathrm{d}\tau \\
& - 2\left(m_0 + \alpha(\|\nabla u\|^2 + \|\nabla v\|^2)^\gamma\right) \|\nabla u\|^2 \\
& - 2\left(m_0 + \alpha(\|\nabla u\|^2 + \|\nabla v\|^2)^\gamma\right) \|\nabla v\|^2 \\
& + 2(f_1(u,v), u) + 2(f_2(u,v), v) \\
=& 2\left(\|u_t\|^2 + \|v_t\|^2\right) - 2(u, u_t) - 2(v, v_t) - 2I(u,v) \\
& + 2\int_0^t g_1(t-\tau) \int_\Omega \nabla u(t) \nabla u(\tau) \mathrm{d}x \mathrm{d}\tau \\
& + 2\int_0^t g_2(t-\tau) \int_\Omega \nabla v(t) \nabla v(\tau) \mathrm{d}x \mathrm{d}\tau.
\end{aligned} \tag{3.60}
$$

将式 (3.59) 与式 (3.60) 相加, 得

$$
\begin{aligned}
H''(t) + H'(t) =& 2\left(\|u_t\|^2 + \|v_t\|^2\right) - 2I(u,v) \\
& + 2\int_0^t g_1(t-\tau) \int_\Omega \nabla u(t) \nabla u(\tau) \mathrm{d}x \mathrm{d}\tau \\
& + 2\int_0^t g_2(t-\tau) \int_\Omega \nabla v(t) \nabla v(\tau) \mathrm{d}x \mathrm{d}\tau.
\end{aligned} \tag{3.61}
$$

由于 $(u, v) \in V$ 的事实暗含着

$$
\begin{aligned}
H''(t) + H'(t) \geqslant & 2\int_0^t g_1(t-\tau) \int_\Omega \nabla u(t) \nabla u(\tau) \mathrm{d}x \mathrm{d}\tau \\
& + 2\int_0^t g_2(t-\tau) \int_\Omega \nabla v(t) \nabla v(\tau) \mathrm{d}x \mathrm{d}\tau,
\end{aligned} \tag{3.62}
$$

应用引理 3.9 的结论可得

$$H'(0) = 2 \int_{\Omega} u_0 u_1 \mathrm{d}x + 2 \int_{\Omega} v_0 v_1 \mathrm{d}x \geqslant 0,$$

所以断定映射

$$\{t \mapsto \|u(t)\|^2 + \|v(t)\|^2\}$$

必是严格单调递增的. □

接下来, 将证明在系统 (1.2) 的流之下, 不稳定集合 V 的不变性.

引理 3.11 设 $(u_0, v_0) \in H_0^1(\Omega) \times H_0^1(\Omega)$, $(u_1, v_1) \in L^2(\Omega) \times L^2(\Omega)$, $p = q = 1$, (u, v) 是系统 (1.2) 具有初值 (u_0, v_0) 与 (u_1, v_1) 的弱解. 如果非线性黏弹性项 g_1 与 g_2 满足

$$m_1 < \frac{(m-1)m_0}{(m-1) + \dfrac{1}{m+1}}, \tag{3.63}$$

初值符合式 (3.57) 及

$$\|u_0\|^2 + \|v_0\|^2 > \frac{2(m+1)}{AC} E(0), \tag{3.64}$$

式中,

$$C = \min\{C_1, C_2\}, \ A = (m-1)m_0 - \left((m-1) + \frac{1}{m+1}\right) m_1,$$

C_1 为使 Poincaré 不等式 $\|\nabla u\|^2 \geqslant C_1 \|u\|^2$ 成立的系数; C_2 为使 Poincaré 不等式 $\|\nabla v\|^2 \geqslant C_2 \|v\|^2$ 成立的系数, 那么在 $I(u_0, v_0) < 0$ 与 $E(0) > 0$ 时, 系统 (1.2) 的任意解都属于 V.

证明: 下面来证明 $(u(t), v(t)) \in V$. 如若不然, 设 $t_0 \in (0, T)$ 是使 $I(u(t), v(t)) = 0$ 的第一个时刻, 即对于 $t \in [0, t_0)$, 有 $I(u(t), v(t)) < 0$ 与 $I(u(t_0), v(t_0)) = 0$. 令 $H(t)$ 如式 (3.58) 中的定义. 由此, 结合引理 3.10 中的结论, 可以判断出 $H(t)$ 与 $H'(t)$ 都在区间 $(0, t_0)$ 上严格单调递增. 由式 (3.64), 易知

$$H(t) > \|v_0\|^2 + \|u_0\|^2 > \frac{2(m+1)}{AC} E(0), \ t \in [0, t_0).$$

由 $u(t)$ 对于时间 t 的连续性知

$$H(t_0) > \frac{2(m+1)}{AC} E(0). \tag{3.65}$$

另一方面, 将式 (3.4) 与式 (3.6) 综合考察得到

$$E(0) \geqslant E(t_0)$$

$$= \frac{1}{2}\|u_t(t_0)\|^2 + \frac{1}{2}\|v_t(t_0)\|^2 + \frac{\alpha\beta(t_0)}{2(\gamma+1)}$$

$$+ \frac{1}{2}(m_0 - l_1)\|\nabla u(t_0)\|^2 + \frac{1}{2}(m_0 - k_1)\|\nabla v(t_0)\|^2$$

$$+ \frac{1}{2}(g_1 \circ \nabla u)(t_0) + \frac{1}{2}(g_2 \circ \nabla v)(t_0) - \int_\Omega F(u(t_0), v(t_0))\mathrm{d}x$$

$$= \frac{1}{2}\|u_t(t_0)\|^2 + \frac{1}{2}\|v_t(t_0)\|^2 + \left(\frac{\alpha}{2(\gamma+1)} - \frac{\alpha}{m+1}\right)\beta(t_0)$$

$$+ \left(\frac{1}{2} - \frac{1}{m+1}\right)\left((m_0 - l_1)\|\nabla u(t_0)\|^2 + (m_0 - k_1)\|\nabla v(t_0)\|^2\right)$$

$$+ \left(\frac{1}{2} - \frac{1}{m+1}\right)(g_1 \circ \nabla u)((t_0)) + \left(\frac{1}{2} - \frac{1}{m+1}\right)(g_2 \circ \nabla v)((t_0))$$

$$+ \frac{1}{m+1}I(u(t_0), v(t_0)). \tag{3.66}$$

由 $I(u(t_0), v(t_0)) = 0$, 于是能够推出

$$E(0) \geqslant \frac{1}{2}\|u_t(t_0)\|^2 + \frac{1}{2}\|v_t(t_0)\|^2 + \left(\frac{\alpha}{2(\gamma+1)} - \frac{\alpha}{m+1}\right)\beta(t_0)$$

$$+ \left(\frac{1}{2} - \frac{1}{m+1}\right)\left((m_0 - l_1)\|\nabla u(t_0)\|^2 + (m_0 - k_1)\|\nabla v(t_0)\|^2\right)$$

$$+ \left(\frac{1}{2} - \frac{1}{m+1}\right)(g_1 \circ \nabla u)((t_0)) + \left(\frac{1}{2} - \frac{1}{m+1}\right)(g_2 \circ \nabla v)((t_0))$$

$$\geqslant \left(\frac{1}{2} - \frac{1}{m+1}\right)\left((m_0 - l_1)\|\nabla u(t_0)\|^2 + (m_0 - k_1)\|\nabla v(t_0)\|^2\right)$$

$$\geqslant \left(\frac{1}{2} - \frac{1}{m+1}\right)(m_0 - m_1)\left(\|\nabla u(t_0)\|^2 + \|\nabla v(t_0)\|^2\right). \tag{3.67}$$

利用 Poincaré 不等式, 立即有如下两个结论:

$$\|\nabla u\|^2 \geqslant C_1\|u\|^2,$$

$$\|\nabla v\|^2 \geqslant C_2\|v\|^2,$$

由此可以得出

$$\|\nabla u\|^2 + \|\nabla v\|^2 \geqslant C_1 \|u\|^2 + C_2 \|v\|^2 \geqslant C(\|u\|^2 + \|v\|^2). \tag{3.68}$$

利用式 (3.68)，可以将式 (3.67) 简化为

$$
\begin{aligned}
E(0) &\geqslant \left(\frac{1}{2} - \frac{1}{m+1}\right)(m_0 - m_1)\left(\|\nabla u(t_0)\|^2 + \|\nabla v(t_0)\|^2\right) \\
&\geqslant \left(\frac{1}{2} - \frac{1}{m+1}\right)(m_0 - m_1)C\left(\|u(t_0)\|^2 + \|v(t_0)\|^2\right) \\
&\geqslant \left(\frac{1}{2} - \frac{1}{m+1}\right)(m_0 - m_1)C\left(\|u(t_0)\|^2 + \|v(t_0)\|^2\right) \\
&\quad - \frac{m_1}{2(m+1)^2}C\left(\|u(t_0)\|^2 + \|v(t_0)\|^2\right) \\
&= \frac{(m-1)m_0 - (m-1)m_1 - \dfrac{m_1}{m+1}}{2(m+1)}C\left(\|u(t_0)\|^2 + \|v(t_0)\|^2\right) \\
&= \frac{AC}{2(m+1)}\left(\|u(t_0)\|^2 + \|v(t_0)\|^2\right),
\end{aligned}
\tag{3.69}
$$

说明

$$H(t_0) = \|u(t_0)\|^2 + \|v(t_0)\|^2 \leqslant \frac{2(m+1)}{AC}E(0). \tag{3.70}$$

显然, 在式 (3.70) 与式 (3.64) 之间产生了矛盾, 引理得证. □

定理 3.6（$E(0) > 0$ 与 $p = q = 1$ 情形的有限时间爆破）　设 $(u_0, v_0) \in H_0^1(\Omega) \times H_0^1(\Omega)$, $(u_1, v_1) \in L^2(\Omega) \times L^2(\Omega)$ 及条件 1.5~条件 1.8 均成立. 如果非线性黏弹性项 g_1 和 g_2 满足式 (3.47)、式 (3.48) 及式 (3.63), 且初值满足式 (3.57)、式 (3.64) 及 $(u_0, v_0) \in V$, 那么系统 (1.2) 满足 $p = q = 1$ 和 $E(0) > 0$ 的解在有限时间内爆破.

证明:　由辅助泛函 $F(t)$ 在式 (3.34) 中的定义, 结合定理 3.3 的证明过程, 可知

$$
\begin{aligned}
\xi(t) \geqslant &(m-1)(m_0 - l_1)\|\nabla u\|^2 + (m-1)(m_0 - k_1)\|\nabla v\|^2 \\
&+ (m+1-2\eta_1)(g_1 \circ \nabla u)(t) - \frac{l_1}{2\eta_1}\|\nabla u\|^2
\end{aligned}
$$

$$+ (m + 1 - 2\eta_2)(g_2 \circ \nabla v)(t) - \frac{k_1}{2\eta_2} \|\nabla v\|^2$$

$$+ \left(\frac{m+1}{r+1} - 2 \right) \alpha\beta - 2(m+1)E(0)$$

$$= \left((m-1)m_0 - \left((m-1) + \frac{1}{2\eta_1} \right) l_1 \right) \|\nabla u\|^2$$

$$+ \left((m-1)m_0 - \left((m-1) + \frac{1}{2\eta_2} \right) k_1 \right) \|\nabla v\|^2$$

$$+ (m + 1 - 2\eta_1)(g_1 \circ \nabla u)(t) + (m + 1 - 2\eta_2)(g_2 \circ \nabla v)(t)$$

$$+ \left(\frac{m+1}{r+1} - 2 \right) \alpha\beta - 2(m+1)E(0)$$

$$\geqslant \left((m-1)m_0 - \left((m-1) + \frac{1}{2\eta_1} \right) m_1 \right) \|\nabla u\|^2$$

$$+ \left((m-1)m_0 - \left((m-1) + \frac{1}{2\eta_2} \right) m_1 \right) \|\nabla v\|^2$$

$$+ (m + 1 - 2\eta_1)(g_1 \circ \nabla u)(t) + (m + 1 - 2\eta_2)(g_2 \circ \nabla v)(t)$$

$$+ \left(\frac{m+1}{r+1} - 2 \right) \alpha\beta - 2(m+1)E(0). \tag{3.71}$$

因为式 (3.71) 对于任意 $0 < \eta_1, \eta_2 \leqslant \dfrac{m+1}{2}$ 都成立, 所以可选取 $\eta_1 = \eta_2 = \dfrac{m+1}{2}$, 式 (3.71) 变形为

$$\xi(t) \geqslant \left((m-1)m_0 - \left((m-1) + \frac{1}{m+1} \right) m_1 \right) (\|\nabla u\|^2 + \|\nabla v\|^2)$$

$$+ \left(\frac{m+1}{r+1} - 2 \right) \alpha\beta - 2(m+1)E(0)$$

$$\geqslant \left((m-1)m_0 - \left((m-1) + \frac{1}{m+1} \right) m_1 \right) (\|\nabla u\|^2 + \|\nabla v\|^2)$$

$$- 2(m+1)E(0). \tag{3.72}$$

所以, 由引理 3.11 和 Poincaré 不等式, 可以推得

$$\xi(t) \geqslant \left((m-1)m_0 - \left((m-1) + \frac{1}{m+1} \right) m_1 \right) (\|\nabla u\|^2 + \|\nabla v\|^2)$$

$$+ \left(\frac{m+1}{r+1} - 2 \right) \alpha\beta - 2(m+1)E(0)$$

$$\geqslant \left((m-1)m_0 - \left((m-1) + \frac{1}{m+1} \right) m_1 \right) (\|\nabla u\|^2 + \|\nabla v\|^2)$$

$$- 2(m+1)E(0)$$

$$\geqslant \left((m-1)m_0 - \left((m-1) + \frac{1}{m+1} \right) m_1 \right) C(\|u\|^2 + \|v\|^2)$$

$$- 2(m+1)E(0), \tag{3.73}$$

这就意味着 $\xi(t) > \sigma > 0$. 利用与定理 3.3 相似的讨论方法, 结合凸函数思想, 可以得出任意高初始能量下, 弱解在有限时间内爆破. 定理得证.　　　　□

3.5　本　章　小　结

(1) 本章的研究集中于一类具有非线性源和阻尼及黏弹性项的基尔霍夫系统. 本章构建了相应的位势井结构框架, 在不同能量水平下建立了解的整体存在与非存在的判定方法.

(2) 本章利用弱反耗散流微调势能, 提出了一种基于记忆性能的基尔霍夫系统的可解判断方法. 此系统的已有可解性多是基于无记忆项展开的, 辅助泛函在设定中有明确的表达式, 而在黏弹性系统中, 记忆项具有时滞性特征, 与其他结构项没有明显关联. 为此本章设计了反耗散方法, 并对上述方法进行了理论验证, 结果表明所设计的方法能有效地找到高能爆破条件, 且记忆项在判断的正则式中起到了较好的调节作用.

第 4 章　高阶 Bq 系统的定性分析与数值计算

本章将研究如下一类高阶广义 Bq 系统的整体适定性及其数值计算:

$$
\begin{cases}
u_{tt} - u_{xx} - u_{xxtt} + u_{xxxx} + u_{xxxxtt} = f(u)_{xx}, \ x \in \mathbb{R}, \ t > 0, \\
u(x,0) = u_0(x), \ \ u_t(x,0) = u_1(x), \ x \in \mathbb{R},
\end{cases}
$$

主要针对两类非线性源 $f(u)$ 的条件 1.9、条件 1.10 进行讨论.

4.1　高阶 Bq 系统的定性分析

本节将针对高阶系统 (1.3) 的整体可解性进行分析. 首先给出一些基础假设与定义, 然后证明系统 (1.3) 在两种不同能级下解的整体存在性与非整体存在性, 并由此得出二者成立的最佳初值条件.

4.1.1　基本假设与定义

本小节分别用 L^p 和 H^s 来标记空间 $L^p(\mathbb{R}^n)$ 与 $H^s(\mathbb{R}^n)$, 定义范数 $\|\cdot\|_p = \|\cdot\|_{L^p(\mathbb{R})}$, $\|u\| = \|u\|_2$, 同时规定内积 $(u,v) = \int_{-\infty}^{+\infty} uv\mathrm{d}x$, $(u,v)_{H^1} = (u,v) + (u_x, v_x)$.

下面将给出一些预备知识, 包括基本的定义和命题, 定义如下:

$$
J(u) = \frac{1}{2}\|u\|_{H^1}^2 + \int_{-\infty}^{+\infty} F(u)\mathrm{d}x, \quad I(u) = \|u\|_{H^1}^2 + \int_{-\infty}^{+\infty} uf(u)\mathrm{d}x,
$$

$$
W = \{u \in H^1 \mid I(u) > 0, \ J(u) < d\} \cup \{0\}, \quad V = \{u \in H^1 \mid I(u) < 0, \ J(u) < d\},
$$

$$
W' = \{u \in H^1 \mid I(u) > 0\} \cup \{0\}, \quad V' = \{u \in H^1 \mid I(u) < 0\},
$$

$$
d = \inf_{u \in \mathcal{N}} J(u), \quad \mathcal{N} = \{u \in H^1 \mid I(u) = 0, \|u\|_{H^1} \neq 0\},
$$

$$
E(t) = \frac{1}{2}\|\Lambda^{-1}u_t\|^2 + \frac{1}{2}\|u_t\|^2 + \frac{1}{2}\|u_{xt}\| + \frac{1}{2}\|u\|_{H^1}^2 + \int_{-\infty}^{+\infty} F(u)\mathrm{d}x.
$$

预备定理 4.1（文献 [94]）　设 $s \geqslant 1$, $u_0 \in H^s$, $u_1 \in H^s$, $f \in C^{[s]+3}(\mathbb{R})$, 那么 Bq 系统 (1.3) 存在一个唯一的局部解 $u \in C([0, T_m); H^s) \cap C^1([0, T_m); H^s) \cap C^2([0, T_m); H^s)$, 式中, T_m 为解 u 的最大存在时间. 如果

$$\sup_{t \in [0, T_m)} (\|u(t)\|_{H^s} + \|u_t(t)\|_{H^s} + \|u_{tt}(t)\|_{H^s}) < +\infty, \tag{4.1}$$

那么必有 $T_m = +\infty$.

注意到如果 $p > 1$, 那么 $\pm|u|^p$ 与 $-|u|^{p-1}u \in C^{[p]}(\mathbb{R})$. 因此, 由预备定理 4.1, 可得到下面的推论.

推论 4.1　设 $f(u)$ 满足条件 1.9, 对 $s \geqslant 1$, $u_0 \in H^s$, $u_1 \in H^s$, 那么 Bq 系统 (1.3) 存在一个唯一的局部解 $u \in C([0, T_m); H^{s_1}) \cap C^1([0, T_m); H^{s_1}) \cap C^2([0, T_m); H^{s_1})$, 式中, $s_1 = \min\{s, p-3\}$; T_m 为解 u 的最大存在时间. 如果

$$\sup_{t \in [0, T_m)} (\|u(t)\|_{H^s} + \|u_t(t)\|_{H^s} + \|u_{tt}(t)\|_{H^s}) < +\infty,$$

那么必有 $T_m = +\infty$.

推论 4.2　设 $f(u)$ 满足条件 1.10, 对 $s \geqslant 1$, $u_0 \in H^s$, $u_1 \in H^s$, 那么 Bq 系统 (1.3) 存在一个唯一的局部解 $u \in C([0, T_m); H^s) \cap C^1([0, T_m); H^s) \cap C^2([0, T_m); H^s)$, 式中, T_m 为解 u 的最大存在时间. 如果

$$\sup_{t \in [0, T_m)} (\|u(t)\|_{H^s} + \|u_t(t)\|_{H^s} + \|u_{tt}(t)\|_{H^s}) < \infty,$$

那么必有 $T_m = +\infty$.

4.1.2　具有低初始能量的 Bq 系统的可解性

本小节将研究高阶广义 Bq 系统 (1.3) 在低初始能量, 即 $E(0) < d$ 时解的整体存在性与非整体存在性, 并给出使得二者成立的最佳初值条件.

首先给出一个定理来描述 $E(0) < d$ 时满足推论 4.1 和推论 4.2 中定义的解的整体存在性.

定理 4.1　设 $f(u)$ 满足条件 1.9, 对 $s \geqslant 1$ 与 $\Lambda^{-1}u_1 \in L^2$, 有 $u_0 \in H^s$, $u_1 \in H^s$. 如果 $E(0) < d$, $u_0 \in W'$, 那么 Bq 系统 (1.3) 存在一个唯一的整体解 $u \in C([0, \infty); H^{s_1}) \cap C^1([0, \infty); H^{s_1}) \cap C^2([0, \infty); H^{s_1})$, 且对任意 $0 \leqslant t < \infty$, 恒有 $u \in W$, 式中, $s_1 = \min\{s, p-3\}$.

证明: 由推论 4.1 的论述, 可知系统 (1.3) 存在一个唯一的局部解 $u \in C([0, T_m);$ $H^{s_1}) \cap C^1([0, T_m); H^{s_1}) \cap C^2([0, T_m); H^{s_1})$, 并且满足能量表达式

$$\frac{1}{2}\|\Lambda^{-1}u_t\|^2 + \frac{1}{2}\|u_t\|^2 + \frac{1}{2}\|u_{xt}\|^2 + J(u) \equiv E(0) < d, \ 0 \leqslant t < T_m, \qquad (4.2)$$

式中, T_m 为解 u 的最大存在时间. 将 $J(u)$ 与 $I(u)$ 的关系代入式 (4.2) 中, 整理得

$$\frac{1}{2}\|\Lambda^{-1}u_t\|^2 + \frac{1}{2}\|u_t\|^2 + \frac{1}{2}\|u_{xt}\|^2 + \frac{p-1}{2(p+1)}\|u\|_{H^1}^2 + \frac{1}{p+1}I(u) \equiv E(0) < d. \quad (4.3)$$

结合式 (4.3), 推出当 $0 \leqslant t < T_m$ 时有

$$\|\Lambda^{-1}u_t\|^2 + \|u_t\|^2 + \|u_{xt}\|^2 + \|u\|_{H^1}^2 \leqslant \frac{2(p+1)}{p-1}d,$$

以及必有 $\|u\|_\infty \leqslant C, \ 0 \leqslant t < T_m$. 由以上证明可推断 $T_m = +\infty$ 是成立的. □

接下来, 转向系统 (1.3) 在 $E(0) < d$ 情形下非整体存在性的证明. 因为本部分的证明与系统的能量等式、位势井深度及不变集合密不可分, 所以在给出非存在定理之前需要叙述四个结论: 一是关于系统的能量在整个过程中既不增加也不减少, 即任意时刻的总能量总与初始能量相等, 系统的能量有守恒律; 二是对于解所属的空间及连续性的讨论; 三是利用 $J(u)$ 估计了位势井深度 d 的表达式, 由于能量式中含有 $J(u)$, 这样将初始能量 $E(0)$ 与 d 联系在一起, 为后面证明非整体存在性进行适当放缩做了铺垫; 四是得到了稳定集合与不稳定集合的不变性, 将初值的性质传给了任意时刻的解. 具体如下述.

引理 4.1　*设 $f(u)$ 满足条件 1.9 或条件 1.10, $u_0 \in H^1$, $u_1 \in H^1$, $\Lambda^{-1}u_1 \in L^2$, $u \in C\left([0, T_m); H^1\right) \cap C^1\left([0, T_m); H^1\right) \cap C^2\left([0, T_m); H^1\right)$ 是系统 (1.3) 的弱解, 式中, T_m 为解 u 的最大存在时间, 那么对于任意的 $t \in [0, T_m)$, 都有能量守恒, 而在任意时刻系统的能量表达式 $E(t)$ 也将随之给出, 分别为*

$$E(t) \equiv E(0), \qquad (4.4)$$

$$E(t) = \frac{1}{2}\|\Lambda^{-1}u_t\|^2 + \frac{1}{2}\|u_t\|^2 + \frac{1}{2}\|u_{xt}\| + \frac{1}{2}\|u\|_{H^1}^2 + \int_{-\infty}^{+\infty} F(u)\mathrm{d}x$$

$$\equiv \frac{1}{2}\|\Lambda^{-1}u_t\|^2 + \frac{1}{2}\|u_t\|^2 + \frac{1}{2}\|u_{xt}\| + J(u),$$

$\Lambda^{-\alpha}\varphi = \mathscr{F}^{-1}[|\xi|^{-\alpha}\mathscr{F}\varphi(\xi)]$, $\mathscr{F}$ 与 $\mathscr{F}^{-1}$ 分别为 $\mathbb{R}$ 上的傅里叶变换及傅里叶逆变换.

证明: 推论 4.1 已经给出系统的局部弱解为

$$u \in C\left([0, T_m); H^1\right) \cap C^1\left([0, T_m); H^1\right) \cap C^2\left([0, T_m); H^1\right), \Lambda^{-1}u_t \in C\left([0, T_m); L^2\right),$$

且使得

$$\Lambda^{-2}u_{tt} + u_{tt} + u - u_{xx} - u_{xxtt} + f(u) = 0, \ 0 \leqslant t < T_m, \tag{4.5}$$

式中, T_m 为解 u 的最大存在时间. 由此可知

$$\frac{\mathrm{d}}{\mathrm{d}t}E(t)$$

$$= (\Lambda^{-1}u_{tt}, \Lambda^{-1}u_t) + (u_{tt}, u_t) + (u_{xtt}, u_{xt}) + (u_t, u) + (u_{xt}, u_x) + \int_{-\infty}^{+\infty} f(u)u_t\mathrm{d}x$$

$$= \left(\Lambda^{-2}u_{tt} + u_{tt} + u - u_{xx} - u_{xxtt} + f(u), u_t\right) = 0, \ 0 \leqslant t < T_m. \qquad \square$$

推论 4.3 如果 u_0, u_1 满足引理 4.1 的所有假设条件, 并有 $\Lambda^{-1}u_0 \in L^2$, 那么对于系统 (1.3) 的唯一弱解 u, 可以得出 $\Lambda^{-1}u \in C^1\left([0, T_m); L^2\right)$.

证明: 由引理 4.1, 易知 $\Lambda^{-1}u_t \in C\left([0, T_m); L^2\right)$. 于是, 结合

$$\Lambda^{-1}u = \Lambda^{-1}u_0 + \int_0^t \Lambda^{-1}u_t\mathrm{d}\tau,$$

得到本推论中的结论成立, 即有

$$\Lambda^{-1}u \in C^1([0, T_m); L^2). \qquad \square$$

引理 4.2 设 $f(u)$ 满足条件 1.9 或条件 1.10. 那么必有关于位势井深度 d 的估计

$$d \geqslant d_0 = \frac{p-1}{2(p+1)}r_0^2 = \frac{p-1}{2(p+1)}\left(\frac{1}{aC_*^{p+1}}\right)^{\frac{2}{p-1}},$$

式中, 当 $f(u)$ 符合条件 1.10 时, 要求 $p = 2k$ 或 $2k+1$, 而 $r_0 = \left(\frac{1}{C_*^{p+1}}\right)^{\frac{1}{p-1}}$.

证明: 对于任意的 $u \in \mathcal{N}$, 由 $I(u) = 0$ 可知

$$\|u\|_{H^1}^2 = -\int_{-\infty}^{+\infty} uf(u)\mathrm{d}x \leqslant C_*^{p+1}\|u\|_{H^1}^{p-1}\|u\|_{H^1}^2.$$

注意到 $\|u\|_{H^1} \neq 0$, 所以必有 $\|u\|_{H^1} \geqslant r_0$. 由此对 $J(u)$ 进行估计得

$$J(u) = \frac{1}{2}\|u\|_{H_1}^2 + \int_{-\infty}^{+\infty} F(u)\mathrm{d}x = \frac{1}{2}\|u\|_{H_1}^2 + \frac{1}{p+1}\int_{-\infty}^{+\infty} uf(u)\mathrm{d}x$$

$$= \left(\frac{1}{2} - \frac{1}{p+1}\right)\|u\|_{H_1}^2 + \frac{1}{p+1}I(u) = \frac{p-1}{2(p+1)}\|u\|_{H_1}^2 \geqslant \frac{p-1}{2(p+1)}r_0^2. \qquad \square$$

运用文献 [94] 中证明不变集合的方法, 并且结合能量表达式 (4.4), 可以得到如下集合的不变性定理.

定理 4.2　设 $f(u)$ 满足条件 1.9 或条件 1.10, $u_0 \in H^1$, $u_1 \in H^1$ 及 $\Lambda^{-1}u_1 \in L^2$, 如果 $E(0) < d$, 那么在系统 (1.3) 的流之下 W' 和 V' 都具有不变性.

定理 4.3　设 $f(u)$ 满足条件 1.9 或条件 1.10, $u_0 \in H^1$, $u_1 \in H^1$, $\Lambda^{-1}u_0 \in L^2$ 及 $\Lambda^{-1}u_1 \in L^2$, 如果 $E(0) < d$ 和 $I(u_0) < 0$, 那么系统 (1.3) 的弱解存在时间有限.

证明: 由推论 4.1～推论 4.3, 它们已经说明了系统的局部弱解的存在性, 且这个弱解为

$$u \in C\left([0, T_m); H^1\right) \cap C^1\left([0, T_m); H^1\right) \cap C^2\left([0, T_m); H^1\right),$$

$$\Lambda^{-1}u \in C\left([0, T_m); L^2\right), \Lambda^{-1}u_t \in C\left([0, T_m); L^2\right).$$

同时满足式 (4.5), 即

$$\Lambda^{-2}u_{tt} + u_{tt} + u - u_{xx} - u_{xxtt} + f(u) = 0, \ 0 < t < T_m,$$

式中, T_m 为解 u 的最大存在时间. 下面来证明 $T_m < \infty$. 假设此结论不成立, 则必有 $T_m = +\infty$. 定义一个辅助函数 $\phi(t)$ 为

$$\phi(t) = \|\Lambda^{-1}u\|^2 + \|u\|^2 + \|u_x\|^2.$$

经过计算, 易得 $\phi(t)$ 的一阶导数式

$$\dot{\phi}(t) = 2(\Lambda^{-1}u_t, \Lambda^{-1}u) + 2(u_t, u) + 2(u_{xt}, u_x),$$

对上式再求一次导数, 结合系统 (1.3) 和 $I(u)$ 的定义, 整理得

$$\ddot{\phi}(t) = 2\|\Lambda^{-1}u_t\|^2 + 2\|u_t\|^2 + 2\|u_{xt}\|^2 + 2(\Lambda^{-1}u_{tt}, \Lambda^{-1}u) + 2(u_{tt}, u) + 2(u_{xtt}, u_x)$$

$$=2\|\Lambda^{-1}u_t\|^2 + 2\|u_t\|^2 + 2\|u_{xt}\|^2 + 2(\Lambda^{-2}u_{tt},u) + 2(u_{tt},u) - 2(u_{xxtt},u)$$

$$=2\|\Lambda^{-1}u_t\|^2 + 2\|u_t\|^2 + 2\|u_{xt}\|^2 - 2(u,u) + 2(u_{xx},u) - 2(f(u),u)$$

$$=2\|\Lambda^{-1}u_t\|^2 + 2\|u_t\|^2 + 2\|u_{xt}\|^2 - 2(u,u) - 2(u_x,u_x) - 2(f(u),u)$$

$$=2\|\Lambda^{-1}u_t\|^2 + 2\|u_t\|^2 + 2\|u_{xt}\|^2 - 2\left(\|u\|_{H^1}^2 + \int_{-\infty}^{+\infty} uf(u)\mathrm{d}x\right)$$

$$=2\|\Lambda^{-1}u_t\|^2 + 2\|u_t\|^2 + 2\|u_{xt}\|^2 - 2I(u). \tag{4.6}$$

由式 (4.6) 可推出

$$\frac{1}{2}\|\Lambda^{-1}u_t\|^2 + \frac{1}{2}\|u_t\|^2 + \frac{1}{2}\|u_{xt}\|^2 + \frac{p-1}{2(p+1)}\|u\|_{H^1}^2 + \frac{1}{p+1}I(u) = E(0).$$

因此, 将上式代入式 (4.6) 得

$$\ddot{\phi}(t) = (p+3)\left(\|\Lambda^{-1}u_t\|^2 + \|u_t\|^2 + \|u_{xt}\|^2\right) + (p-1)\|u\|_{H^1}^2 - 2(p+1)E(0). \tag{4.7}$$

结合定理 4.2 中的结果得

$$u \in V, \quad 0 \leqslant t < \infty.$$

由引理 4.2 可以得到

$$(p-1)\|u\|_{H^1}^2 > 2(p+1)d > 2(p+1)E(0),$$

同时可以推出

$$\ddot{\phi}(t) > (p+3)\left(\|\Lambda^{-1}u_t\|^2 + \|u_t\|^2 + \|u_{xt}\|^2\right). \tag{4.8}$$

由以上各式综合得到

$$\phi(t)\ddot{\phi}(t) - \frac{p+3}{4}\left(\dot{\phi}(t)\right)^2$$

$$\geqslant (p+3)\left(\|\Lambda^{-1}u\|^2 + \|u\|^2 + \|u_x\|^2\right)\left(\|\Lambda^{-1}u_t\|^2 + \|u_t\|^2 + \|u_{xt}\|^2\right)$$

$$- (p+3)\left((\Lambda^{-1}u_t, \Lambda^{-1}u) + (u_t,u) + (u_{xt},u_x)\right)^2$$

$$=(p+3)(\|\Lambda^{-1}u\|^2\|\Lambda^{-1}u_t\|^2 + \|\Lambda^{-1}u\|^2\|u_t\|^2 + \|\Lambda^{-1}u\|^2\|u_{xt}\|^2 + \|u\|^2\|\Lambda^{-1}u_t\|^2$$

$$+ \|u\|^2\|u_t\|^2 + \|u\|^2\|u_{xt}\|^2 + \|u_x\|^2\|\Lambda^{-1}u_t\|^2 + \|u_x\|^2\|u_t\|^2 + \|u_x\|^2\|u_{xt}\|^2)$$

$$- (p+3)\left((\Lambda^{-1}u_t, \Lambda^{-1}u) + (u_t,u) + (u_{xt},u_x)\right)^2.$$

对上式右端最后的代数式使用施瓦茨不等式, 变形为

$$\left((\Lambda^{-1}u_t, \Lambda^{-1}u) + (u_t, u) + (u_{xt}, u_x)\right)^2$$

$$=(\Lambda^{-1}u_t, \Lambda^{-1}u)^2 + (u_t, u)^2 + (u_{xt}, u_x)^2 + 2(\Lambda^{-1}u_t, \Lambda^{-1}u)(u_t, u)$$

$$+ 2(\Lambda^{-1}u_t, \Lambda^{-1}u)(u_{xt}, u_x) + 2(u_t, u)(u_{xt}, u_x)$$

$$\leqslant \|\Lambda^{-1}u_t\|^2\|\Lambda^{-1}u\|^2 + \|u_t\|^2\|u\|^2 + \|u_{xt}\|^2\|u_x\|^2 + \|\Lambda^{-1}u_t\|^2\|u\|^2 + \|\Lambda^{-1}u\|^2\|u_t\|^2$$

$$+ \|u_x\|^2\|\Lambda^{-1}u_t\|^2 + \|u_{xt}\|^2\|\Lambda^{-1}u\|^2 + \|u_t\|^2\|u_x\|^2 + \|u\|^2\|u_{xt}\|^2.$$

结合上边两个式子可知

$$\phi(t)\ddot{\phi}(t) - \frac{p+3}{4}\left(\dot{\phi}(t)\right)^2 \geqslant 0. \tag{4.9}$$

另一方面, 由式 (4.3) 不难看出

$$\ddot{\phi}(t) \geqslant (p-1)\|u\|_{H^1}^2 - 2(p+1)E(0)$$

$$= (p-1)\|u\|_{H^1}^2 - 2(p+1)d + 2(p+1)(d - E(0))$$

$$> 2(p+1)(d - E(0)) \equiv C_0 > 0, \quad 0 \leqslant t < \infty,$$

$$\dot{\phi}(t) > C_0 t + \dot{\phi}(0), \quad 0 \leqslant t < \infty.$$

因此, 一定存在一个 $t_1 \geqslant t_0$ 使得 $\phi(t_1) > 0$ 和 $\dot{\phi}(t_1) > 0$ 均成立. 由式 (4.9) 推断存在一个 $T_1 > 0$ 使得

$$\lim_{t \to T_1} \phi(t) = +\infty. \tag{4.10}$$

上述结论与 $T_m = +\infty$ 产生矛盾. 故假设错误, 定理得证. □

　　结合定理 4.1 与定理 4.3 得到的结论, 比较后得到在 $E(0) < d$ 情形下, Bq 系统 (1.3) 的解的整体存在和非整体存在 (有限时间爆破) 的门槛条件.

　　推论 4.4　设 $f(u)$ 满足条件 1.9 或条件 1.10, 对 $s \geqslant 1$ 与 $\Lambda^{-1}u_1 \in L^2$, $u_0 \in H^s$, $u_1 \in H^s$. 如果 $E(0) < d$, 那么当 $I(u_0) \geqslant 0$ 时, 系统 (1.3) 存在一个唯一整体解 $u \in C\left([0,\infty); H^{s_1}\right) \cap C^1\left([0,\infty); H^{s_1}\right) \cap C^2\left([0,\infty); H^{s_1}\right)$, 式中, $s_1 = \min\{s, p-3\}$; 当 $I(u_0) < 0$ 时, 系统 (1.3) 没有解整体存在且局部解会在有限时间爆破.

由推论 4.4, 再次使用定理 4.1 的证明方法推出系统 (1.3) 在条件 1.10 下的整体存在性定理如下.

定理 4.4　设 $f(u)$ 满足条件 1.10, 对 $s > 1$, $u_0 \in H^s$, $u_1 \in H^s$ 及 $\Lambda^{-1}u_1 \in L^2$, 那么系统 (1.3) 存在一个唯一的整体解 $u \in C\left([0,\infty);H^s\right) \cap C^1\left([0,\infty);H^s\right) \cap C^2\left([0,\infty);H^s\right)$.

4.1.3　具有临界初始能量的 Bq 系统的可解性

本小节依据文献 [147] 中的方法, 将对高阶广义 Bq 系统 (1.3) 在临界初始能量即 $E(0) = d$ 时解的性质进行研究. 尽管定理 4.2 中的 W' 的不变性并不适合于临界情形 $E(0) = d$, 但是它仍可以为讨论 Bq 系统 (1.3) 在临界初始能量时解的整体存在提供思路. 本小节的主要研究方法是尺度放缩法和变分方法.

下面给出临界初始能量状态下的整体存在性结论. 由于前一部分在不变集合的基础上得到了 $E(0) < d$ 时的整体存在定理, 受其启发, 先对那些 $E(0) = d$ 的初值进行一个尺度变换, 再将其转化为 $E(u_{0m}) < d$. 这样便可以利用低初始能量时讨论解的整体适定性的方法进行讨论, 在这一过程中利用了尺度放缩的思想.

定理 4.5　设 $f(u)$ 满足条件 1.9, 对 $s \geqslant 1$ 与 $\Lambda^{-1}u_1 \in L^2$, $u_0 \in H^s$, $u_1 \in H^s$. 如果 $E(0) = d$, $I(u_0) \geqslant 0$, 那么广义 Bq 系统 (1.3) 存在一个唯一的整体弱解 $u \in C\left([0,\infty);H^{s_1}\right) \cap C^1\left([0,\infty);H^{s_1}\right) \cap C^2\left([0,\infty);H^{s_1}\right)$, 且对任意的 $0 \leqslant t < \infty$, 恒有 $u \in \bar{W} = W \cap \partial W$, 式中, $s_1 = \min\{s, p-3\}$.

证明：推论 4.1 已经给出广义 Bq 系统 (1.3) 存在一个唯一的局部弱解 $u \in C([0,T_m);H^{s_1}) \cap C^1\left([0,T_m);H^{s_1}\right) \cap C^2\left([0,T_m);H^{s_1}\right)$, 式中, T_m 为解 u 的最大存在时间. 下面将证明 $T_m = +\infty$, 先要证明广义 Bq 系统 (1.3) 存在一个整体弱解. 下面分两种情形来证明.

情形 I：$\|u_0\|_{H^1} \neq 0$. 在这种情形下, 又分两类情况 $I(u_0) > 0$ 与 $I(u_0) = 0$ 进行论证.

(i) 若 $I(u_0) > 0$, 则 $\left. I(\lambda u_0)\right|_{\lambda=1} = \lambda \dfrac{\mathrm{d}}{\mathrm{d}\lambda} J(\lambda u_0)\Big|_{\lambda=1} > 0$. 因此, 必存在一个区间 (λ', λ'') 使得对 $\lambda \in (\lambda', \lambda'')$, 有 $\lambda' < 1 < \lambda''$, $I(\lambda u_0) > 0$ 与 $\dfrac{\mathrm{d}}{\mathrm{d}\lambda} J(\lambda u_0) > 0$. 取一个序列 $\{\lambda_m\}$ 使得当 $m \to \infty$ 时, $\lambda' < \lambda_m < 1$, $m = 1, 2, \cdots$, $\lambda_m \to 1$ 成立. 令

$u_{0m}(x) = \lambda_m u_0(x),\, m = 1, 2, \cdots.$ 考虑初值条件

$$u(x,0) = u_{0m}(x),\ u_t(x,0) = u_1(x), \tag{4.11}$$

与 Bq 系统 (1.3) 的第一个方程及式 (4.11), 可知

$$I(u_{0m}) = I(\lambda_m u_0) > 0, \tag{4.12}$$

并且

$$
\begin{aligned}
E_m(0) &= \frac{1}{2}\|\Lambda^{-1}u_1\|^2 + \frac{1}{2}\|u_1\|^2 + \frac{1}{2}\|u_{1x}\|^2 + J(u_{0m}) \\
&= \frac{1}{2}\|\Lambda^{-1}u_1\|^2 + \frac{1}{2}\|u_1\|^2 + \frac{1}{2}\|u_{1x}\|^2 + J(\lambda_m u_0) \\
&< \frac{1}{2}\|\Lambda^{-1}u_1\|^2 + \frac{1}{2}\|u_1\|^2 + \frac{1}{2}\|u_{1x}\|^2 + J(u_0) \\
&= E(0) = d.
\end{aligned}
\tag{4.13}
$$

(ii) 若 $I(u_0) = 0$, 可以得到 $u_0 \in \mathcal{N}$ 及

$$-\int_{-\infty}^{+\infty} u_0 f(u_0)\mathrm{d}x = \|u_0\|_{H^1}^2 > 0,$$

对 $J(\lambda u)$ 求导, 进而可知 $\lambda^* = \lambda^*(u_0) = 1$, $J(\lambda u_0)$ 是单调增函数, 并且对 $0 < \lambda < 1$, 有 $I(\lambda u_0) > 0$. 取一个序列 $\{\lambda_m\}$ 使 $m \to \infty$ 时, $0 < \lambda_m < 1$, $m = 1, 2, \cdots$, $\lambda_m \to 1$. 令 $u_{0m}(x) = \lambda_m u_0(x)$ 来考虑由式 (1.3) 的第一个方程与式 (4.11) 组成的系统, 则式 (4.12) 与式 (4.13) 仍然成立. 利用定理 4.1 的结果, 可以得出对任意一个 m, 由式 (1.3) 的第一个方程与式 (4.11) 组成的系统存在一个唯一的整体弱解 $u_m \in C\left([0,\infty); H^{s_1}\right) \cap C^1\left([0,\infty); H^{s_1}\right) \cap C^2\left([0,\infty); H^{s_1}\right)$, $\Lambda^{-1}u_{mt} \in C\left([0,\infty); L^2\right)$, 并对任意 $0 \leqslant t < \infty$, 恒有 $u_m \in W$ 且满足 (由式 (4.3) 知)

$$(\Lambda^{-1}u_{mt}, \Lambda^{-1}v) + (u_{mt}, v) + (u_{mxt}, v_x) + \int_0^t \left((u_m, v)_{H^1} + (f(u_m), v)\right)\mathrm{d}\tau$$

$$= (\Lambda^{-1}u_1, \Lambda^{-1}v) + (u_1, v) + (u_{1x}, v_x),\ \forall v \in H^1, 0 \leqslant t < \infty, \tag{4.14}$$

以及

$$\frac{1}{2}\|\Lambda^{-1}u_{mt}\|^2 + \frac{1}{2}\|u_{mt}\|^2 + \frac{1}{2}\|u_{mxt}\|^2 + J(u_m) = E_m(0) < d, \tag{4.15}$$

将式 (4.15) 与

$$J(u_m) = \frac{p-1}{2(p+1)}\|u_m\|_{H^1}^2 + \frac{1}{2}\|u_{mxt}\|^2 + \frac{1}{p+1}I(u_m) \geqslant \frac{p-1}{2(p+1)}\|u_m\|_{H^1}^2,$$

结合, 计算整理得

$$\frac{1}{2}\|\varLambda^{-1}u_{mt}\|^2 + \frac{1}{2}\|u_{mt}\|^2 + \frac{1}{2}\|u_{mxt}\|^2 + \frac{p-1}{2(p+1)}\|u_m\|_{H^1}^2 < d, \ 0 \leqslant t < \infty. \quad (4.16)$$

又因为式 (4.16) 成立, 由此可推出以下四个结论:

$$\|u_m\|_{H^1}^2 \leqslant \frac{2(p+1)}{p-1}d, \ 0 \leqslant t < \infty, \quad (4.17)$$

$$\|\varLambda^{-1}u_{mt}\|^2 + \|u_{mt}\|^2 + \|u_{mxt}\|^2 \leqslant 2d, \ 0 \leqslant t < \infty, \quad (4.18)$$

$$\|u_m\|_{p+1}^2 \leqslant C_*^2\|u_m\|_{H^1}^2 \leqslant C_*^2\frac{2(p+1)}{p-1}d, \ 0 \leqslant t < \infty, \quad (4.19)$$

$$\|f(u_m)\|_r^r = \|u_m\|_{p+1}^{p+1} \leqslant C_*^{p+1}\|u_m\|_{H^1}^{p+1} \leqslant C_*^{p+1}\left(\frac{2(p+1)}{p-1}d\right)^{\frac{p+1}{2}}, \quad (4.20)$$

$$r = \frac{p+1}{p}, \ 0 \leqslant t < \infty.$$

将式 (4.17)~式 (4.20) 联立, 计算后知存在一个 $\bar{u} \in \overline{W}$ 及存在一个 $\{u_m\}$ 的序列 $\{u_\nu\}$, 使得当 $\nu \to \infty$ 时, 有

$u_\nu \to \bar{u}$ 在 $L^\infty(0,\infty;H^1)$ 空间中弱收敛且在 $\mathbb{R} \times [0,\infty)$ 中几乎处处收敛;

$u_{\nu t} \to \bar{u}_t$ 在 $L^\infty(0,\infty;L^2)$ 空间中弱收敛;

$u_{\nu xt} \to \bar{u}_{xt}$ 在 $L^\infty(0,\infty;L^2)$ 空间中弱收敛;

$\varLambda^{-1}u_{\nu t} \to \varLambda^{-1}\bar{u}_t$ 在 $L^\infty(0,\infty;L^2)$ 空间中弱收敛;

$f(u_\nu) \to f(\bar{u})$ 在 $L^\infty(0,\infty;L^r)$ 空间中弱收敛.

令式 (4.14) 中的 $m = \nu \to \infty$, 易得

$$(\varLambda^{-1}\bar{u}_t, \varLambda^{-1}v) + (\bar{u}_t, v) + (\bar{u}_{xt}, v_x) + \int_0^t ((\bar{u},v)_{H^1} + (f(\bar{u}),v))\,\mathrm{d}\tau$$

$$= (\varLambda^{-1}u_1, \varLambda^{-1}v) + (u_1, v) + (u_{1x}, v_x), \quad (4.21)$$

这说明 $\bar{u}$ 是系统 (1.3) 的第一个方程的解. 很显然可以得到 $\bar{u}(x,0) = u_0(x)$ 与 $\bar{u}_t(x,0) = u_1(x)$ 两个初值条件. 由此可知 $\bar{u}$ 是系统 (1.3) 的一个整体弱解. 由于系

统 (1.3) 的弱解是唯一的, 故在区间 $\mathbb{R} \times [0, T_m)$, 必有 $\bar{u} = u$. 而由

$$\|u\|_{H^1}^2 = \|\bar{u}\|_{H^1}^2 \leqslant C, \ 0 \leqslant t < T_m,$$

可以推得

$$T_m = +\infty,$$

同时还有

$$u \in C\left([0, \infty); H^{s_1}\right) \cap C^1\left([0, \infty); H^{s_1}\right) \cap C^2\left([0, \infty); H^{s_1}\right).$$

情形 II: $\|u_0\|_{H^1} = 0$. 在这种情况下, 必有 $J(u_0) = 0$. 由

$$\frac{1}{2}\|\Lambda^{-1}u_1\|^2 + \frac{1}{2}\|u_1\|^2 + \frac{1}{2}\|u_{1x}\|^2 + J(u_0) = E(0) = d,$$

得出 $\frac{1}{2}\|\Lambda^{-1}u_1\|^2 + \frac{1}{2}\|u_1\|^2 + \frac{1}{2}\|u_{1x}\|^2 = d$. 取一个序列 $\{\lambda_m\}$ 使得当 $m \to \infty$ 时, $0 < \lambda_m < 1, m = 1, 2, \cdots, \lambda_m \to 1$. 设 $u_{1m}(x) = \lambda_m u_1(x)$. 考虑初值条件

$$u(x, 0) = u_0(x), \quad u_t(x, 0) = u_{1m}(x), \tag{4.22}$$

以及由系统 (1.3) 的第一个方程与式 (4.22) 组成的新系统, 则可知

$$
\begin{aligned}
E_m(0) &= \frac{1}{2}\|\Lambda^{-1}u_{1m}\|^2 + \frac{1}{2}\|u_{1m}\|^2 + \frac{1}{2}\|u_{1xm}\|^2 + J(u_0) \\
&= \frac{1}{2}\|\Lambda^{-1}(\lambda_m u_1)\|^2 + \frac{1}{2}\|\lambda_m u_1\|^2 + \frac{1}{2}\|\lambda_m u_{1x}\|^2 \\
&< \frac{1}{2}\|\Lambda^{-1}u_1\|^2 + \frac{1}{2}\|u_1\|^2 + \frac{1}{2}\|u_{1x}\|^2 = d.
\end{aligned}
$$

因而, 利用定理 4.1 的结论, 可以得出对于任意 m, 由系统 (1.3) 的第一个方程与式 (4.22) 组成的新系统存在一个整体弱解 $u_m \in C\left([0, \infty); H^{s_1}\right) \cap C^1\left([0, \infty); H^{s_1}\right) \cap C^2\left([0, \infty); H^{s_1}\right)$, $\Lambda^{-1}u_{mt} \in C\left([0, \infty); L^2\right)$, 对 $0 \leqslant t < \infty$, 恒有 $u_m \in W$ 且满足式 (4.14) 与式 (4.15). 剩余部分的证明与本定理的情形 I (i) 的证明类似. □

　　参考文献 [151] 中的方法, 给出了系统 (1.3) 在临界初始能量 $E(u_0) = d$ 下解有限时间爆破的定理. 为此给出如下引理, 目的在于给出不变集合.

　　引理 4.3　设 $f(u)$ 满足条件 1.9 或条件 1.10, $u_0 \in H^1$, $u_1 \in H^1$, $\Lambda^{-1}u_0 \in L^2$, $\Lambda^{-1}u_1 \in L^2$ 与 $V' = \{u \in H^1 | I(u) < 0\}$. 如果 $E(0) = d$ 与 $(\Lambda^{-1}u_0, \Lambda^{-1}u_1) + (u_0, u_1) + (u_{0x}, u_{1x}) \geqslant 0$, 那么集合 V' 在系统 (1.3) 的流之下具有不变性.

证明： 设

$$u \in C\left([0, T_m); H^1\right) \cap C^1\left([0, T_m); H^1\right) \cap C^2\left([0, T_m); H^1\right), \Lambda^{-1} u_t \in C\left([0, T_m); L^2\right)$$

为系统 (1.3) 在 $I(u_0) < 0$, $E(0) = d$ 及 $(\Lambda^{-1} u_0, \Lambda^{-1} u_1) + (u_0, u_1) + (u_{0x}, u_{1x}) \geqslant 0$ 下的任意一个弱解, T_m 为解 u 的最大存在时间. 下面来证明对于 $0 < t < T_m$, 有 $I(u) < 0$. 如若不然, 则必存在一个 $t_0 \in (0, T_m)$ 使得对 $0 \leqslant t < t_0$, $I(u(t_0)) = 0$ 与 $I(u) < 0$ 都成立. 由引理 4.2 的证明过程知对于任意 $0 \leqslant t < t_0$, 有 $\|u\|_{H^1} > r_0$, 同时, $\|u(t_0)\|_{H^1} \geqslant r_0$. 从而可推出 $J(u(t_0)) \geqslant d$, 再结合

$$\frac{1}{2}\|\Lambda^{-1} u_t(t_0)\|^2 + \frac{1}{2}\|u_t(t_0)\|^2 + \frac{1}{2}\|u_{xt}(t_0)\|^2 + J(u(t_0)) = E(0) = d,$$

有

$$J(u(t_0)) = d, \quad \frac{1}{2}\|\Lambda^{-1} u_t(t_0)\|^2 + \frac{1}{2}\|u_t(t_0)\|^2 + \frac{1}{2}\|u_{xt}(t_0)\|^2 = 0.$$

还可得

$$(\Lambda^{-1} u(t_0), \Lambda^{-1} u_t(t_0)) = (u(t_0), u_t(t_0)) = (u_x(t_0), u_{xt}(t_0)) = 0.$$

另一方面, 设

$$\phi(t) = \|\Lambda^{-1} u\|^2 + \|u\|^2 + \|u_x\|^2,$$

那么

$$\dot{\phi}(t) = 2(\Lambda^{-1} u_t, \Lambda^{-1} u) + 2(u_t, u) + 2(u_{xt}, u_x),$$

以及

$$\dot{\phi}(0) = 2(\Lambda^{-1} u_0, \Lambda^{-1} u_1) + 2(u_0, u_1) + 2(u_{0x}, u_{1x}) \geqslant 0,$$

$$\ddot{\phi}(t) = 2\|\Lambda^{-1} u_t\|^2 + 2\|u_t\|^2 + 2\|u_{xt}\|^2 - 2I(u) > 0, \quad 0 \leqslant t < t_0.$$

于是在区间 $0 \leqslant t \leqslant t_0$ 上, $\dot{\phi}(t)$ 为严格单调增函数, 并且

$$\dot{\phi}(t_0) = 2(\Lambda^{-1} u(t_0), \Lambda^{-1} u_t(t_0)) + 2(u(t_0), u_t(t_0)) + 2(u_x(t_0), u_{xt}(t_0)) > 0,$$

这意味着与上面推出的结论产生了矛盾. □

定理 4.6 设 $f(u)$ 满足条件 1.9 或条件 1.10, $u_0 \in H^1$, $u_1 \in H^1$, $\Lambda^{-1} u_0 \in L^2$ 及 $\Lambda^{-1} u_1 \in L^2$. 如果 $E(0) = d$, $I(u_0) < 0$, $(\Lambda^{-1} u_0, \Lambda^{-1} u_1) + (u_0, u_1) + (u_{0x}, u_{1x}) \geqslant 0$, 那么系统 (1.3) 的弱解存在时间是有限的.

证明： 注意到, 推论 4.1 已给出了系统的局部弱解的存在性, 且这个弱解为 $u \in C\left([0, T_m); H^1\right) \cap C^1\left([0, T_m); H^1\right) \cap C^2\left([0, T_m); H^1\right)$, 此处, T_m 为解 u 的最大存在时间. 下面证明 $T_m < \infty$. 假设此结论不成立, 则必有 $T_m = +\infty$. 定义辅助泛函 $\phi(t)$, 令

$$\phi(t) = \|\Lambda^{-1}u\|^2 + \|u\|^2 + \|u_x\|^2.$$

对上式求导数, 易得

$$\dot{\phi}(t) = 2(\Lambda^{-1}u_t, \Lambda^{-1}u) + 2(u_t, u) + 2(u_{xt}, u_x),$$

结合引理 4.3 知

$$\ddot{\phi}(t) = 2\|\Lambda^{-1}u_t\|^2 + 2\|u_t\|^2 + 2\|u_{xt}\|^2 - 2I(u) > 0, \ 0 \leqslant t < \infty.$$

经过以上变形之后得到

$$\ddot{\phi}(t) = (p+3)\left(\|\Lambda^{-1}u_t\|^2 + \|u_t\|^2 + \|u_{xt}\|^2\right) + (p-1)\|u\|_{H^1}^2 - 2(p+1)E(0)$$
$$= (p+3)\left(\|\Lambda^{-1}u_t\|^2 + \|u_t\|^2 + \|u_{xt}\|^2\right) + (p-1)\|u\|_{H^1}^2 - 2(p+1)d, \ 0 \leqslant t < \infty.$$

同时, 由引理 4.3 可知对任意 $0 \leqslant t < \infty$, 有 $I(u) < 0$. 所以利用引理 4.2 的结论, 可以推出

$$(p-1)\|u\|_{H^1}^2 > 2(p+1)d.$$

进一步有

$$\ddot{\phi}(t) > (p+3)\left(\|\Lambda^{-1}u_t\|^2 + \|u_t\|^2 + \|u_{xt}\|^2\right), \ 0 \leqslant t < \infty,$$

这说明式 (4.9) 成立. 另一方面, 由 $\ddot{\phi}(t) > 0$ 和 $\dot{\phi}(0) \geqslant 0$, 可以推出对任意 $t > 0$, 都有 $\dot{\phi}(t) > 0$ 与 $\phi(t) > 0$. 因而, 存在一个 $T_1 > 0$, 使得

$$\lim_{t \to T_1} \phi(t) = +\infty,$$

而这与 $T_m = +\infty$ 是矛盾的. 于是假设是错误的, 定理得证.　　　□

4.2　高阶 Bq 系统的数值计算

本节将对高阶广义 Bq 系统 (1.3) 进行数值计算方面的研究, 给出一种守恒离散格式. 不失一般性, 在本节中, 取空间为一维, 非线性源项为条件 1.10 中的 $f(u)_{xx} = u_{xx}^2$, 至于满足条件 1.9 或条件 1.10 的其他源项情况可同理进行分析. 故本节考虑的目标系统形式如下（其中 $u_0(x)$ 和 $u_1(x)$ 均为光滑函数）：

$$u_{tt} - u_{xx} - u_{xxtt} + u_{xxxx} + u_{xxxxtt} = (u^2)_{xx}, \quad x \times t \in (a, b) \times [0, T), \tag{4.23}$$

其边界条件为

$$u(a, t) = u(b, t) = 0, \tag{4.24}$$

$$u_{xx}(a, t) = u_{xx}(b, t) = 0, \tag{4.25}$$

初值条件为

$$u(x, 0) = u_0(x), \tag{4.26}$$

$$u_t(x, 0) = u_1(x). \tag{4.27}$$

Bq 系统式 (4.23)~式 (4.27) 满足守恒律

$$E(t) = \|u\|_{L_2}^2 + \|u_x\|_{L_2}^2 + \|\varphi_x\|_{L_2}^2 + \|\varphi_{xx}\|_{L_2}^2$$
$$+ \|\varphi_{xxx}\|_{L_2}^2 + \frac{2}{3} \int_0^L u^3 \mathrm{d}x$$
$$= E(0), \tag{4.28}$$

式中, $\varphi_{xx} = (u)_t$.

4.2.1　基本假设、定义及引理

为了得到高阶 Bq 系统式 (4.23)~式 (4.27) 的一种新的守恒格式, 先对如下符号进行说明:

$$x_j = jh + a, \quad t_n = n\tau, \quad 0 \leqslant j \leqslant J = (b-1)/h, \quad 0 \leqslant n \leqslant N = T/\tau,$$

u_j^n 为 u 在节点 (x_j, t_n) 处的近似值. 近似解空间定义为

$$Z_h^0 = \{u = u_j | u_0 = u_J = 0, j = 0, 1, 2, \cdots, J\}.$$

引入差分记号

$$(u_j^n)_x = \frac{u_{j+1}^n - u_j^n}{h}, \quad (u_j^n)_{\bar{x}} = \frac{u_j^n - u_{j-1}^n}{h}, \quad (u_j^n)_t = \frac{u_j^{n+1} - u_j^n}{\tau},$$

$$(u_j^n)_{\bar{t}} = \frac{u_j^n - u_j^{n-1}}{\tau}, \quad \bar{u}_j^n = \frac{u_j^{n+1} + u_j^{n-1}}{2}, \quad \langle u^n, v^n \rangle = h \sum_{j=0}^{J} u_j^n v_j^n,$$

$$\|u^n\|^2 = (u^n, u^n), \quad \|u^p\|_p^p = h \sum_j^J |u_j^n|^p, \quad \|u^n\|_\infty = \sup_{1 \leqslant j \leqslant J} |u_j^n|.$$

容易证明向前与向后差分之间有以下运算律, 见文献 [152].

引理 4.4　对任意的 $u \in Z_h^0$, $v \in Z_h^0$, 如下运算法则成立:

（Ⅰ）$(u_x^n, v^n) = -(u^n, v_{\bar{x}}^n)$;　　$(u_{x\bar{x}}^n, v^n) = -(u_x^n, v_x^n) = (u^n, v_{x\bar{x}}^n)$;

（Ⅱ）$(u_{x\bar{x}}^n, u^n) = -\|u_x^n\|^2$; 　当 $(u_0^n)_{x\bar{x}} = (u_J^n)_{x\bar{x}} = 0$ 时, $(u_{xx\bar{x}\bar{x}}^n, u^n) = \|u_{xx}^n\|^2$.

在分析近似解的收敛性与存在性时经常会使用估计和放缩, 而无穷范数与二范数的关系是放缩的一个桥梁. 因此, 下面给出揭示二者关系的引理.

引理 4.5（索伯列夫不等式, 见文献 [152]）　对任意在有限区间 $[X_L, X_R]$ 的离散范数 $\{u_j^n | j = 0, 1, 2, \cdots, J\}$, 存在不等式

$$\|u^n\|_\infty \leqslant C_0 \sqrt{\|u^n\|} \sqrt{\|u_x^n\| + \|u^n\|}$$

或

$$\|u^n\|_\infty \leqslant \varepsilon \|u_x^n\| + C(\varepsilon) \|u^n\|,$$

式中, C_0, ε, $C(\varepsilon)$ 为三个独立常数, ε 能足够小, $C(\varepsilon)$ 是一个跟 ε 有关的常数.

由于 Bq 系统式 (4.23)~式 (4.27) 离散后的格式中非线性项次数为三次, 所以在收敛性分析时估计源项过程中会涉及降次. 这时, 需利用文献 [153] 中给出的一种类似于高阶的微分中值定理, 具体如下述.

引理 4.6　设 $g(x) \in C^2[d_1, d_2]$, a_1, a_2, b_1, $b_2 \in [d_1, d_2]$, 存在 $\theta \in (-1, 1)$ 和 $\eta \in [d_1, d_2]$ 使得

$$\frac{g(a_2) - g(a_1)}{a_2 - a_1} - \frac{g(b_2) - g(b_1)}{b_2 - b_1}$$

$$= g'\left(\frac{1-\theta}{2}a_1 + \frac{1+\theta}{2}a_2\right) - g'\left(\frac{1-\theta}{2}b_1 + \frac{1+\theta}{2}b_2\right)$$

$$= g''(\eta)\left(\frac{1-\theta}{2}(a_1 - b_1) + \frac{1+\theta}{2}(a_2 - b_2)\right)$$

离散的 Gronwall 不等式和 Brouwer 不动点原理分别被用于证明近似解的收敛性和存在性. 因为在文献 [152] 与文献 [154] 中已经论述过, 所以这里只是引用他们的结论如下.

引理 4.7(离散的 Gronwall 不等式, 见文献 [152]) 设 $w(k)$, $\rho(k)$ 是非负函数, 并且 $\rho(k)$ 是非递减的. 如果 $c > 0$ 且对于任意的 k, 有

$$w(k) \leqslant \rho(k) + c\tau\sum_{l=0}^{k-1}w(l),$$

那么必有 $w(k) \leqslant \rho(k)\mathrm{e}^{c\tau k}$.

引理 4.8(Brouwer 不动点原理, 见文献 [154]) 设 H 为有限维内积空间, $w:$ $H \to H$ 是连续算子, 且存在 $\alpha > 0$, 使得对任意 $x \in H$, $\|x\| = \alpha$, 有 $(w(x), x) > 0$, 那么必存在一个 $x^* \in H$, 使得 $w(x^*) = 0$ 且 $\|x^*\| \leqslant \alpha$.

4.2.2 高阶 Bq 系统的离散守恒律

本小节将利用有限差分法对 Bq 系统式 (4.23)~式 (4.27) 建立一种新的三层差分格式, 同时指出格式对应的守恒律. 给出这种守恒的三层差分格式如下:

$$(u_j^n)_{t\bar{t}} - (\bar{u}_j^n)_{x\bar{x}} - (u_j^n)_{x\bar{x}t\bar{t}} + (\bar{u}_j^n)_{xx\bar{x}\bar{x}} + (u_j^n)_{xx\bar{x}\bar{x}t\bar{t}}$$

$$= \frac{1}{3}\left((u_j^{n+1})^2 + (u_j^{n+1})(u_j^{n-1}) + (u_j^{n-1})^2\right)_{x\bar{x}}, \tag{4.29}$$

$$u_0^n = u_J^n = 0, \tag{4.30}$$

$$(u_0^n)_{x\bar{x}} = (u_J^n)_{x\bar{x}} = 0, \tag{4.31}$$

$$u_j^0 = u_0(x_j), \tag{4.32}$$

$$(u_j^0)_{\hat{t}} = u_1(x_j). \tag{4.33}$$

显然, 式 (4.29)~式 (4.33) 是一个非线性的离散格式. 在这里关于边界做一个说明, 由于式 (4.29) 需要两层初始条件才能进行计算, 由式 (4.26) 可知第一层初始值、第二层初始值由泰勒展开可得

$$u(x, \tau) = u(x, 0) + \tau u_t(x, 0) + O(\tau^2),$$

式中,

$$u(x, 0) = u_0(x),$$

$$u_t(x, 0) = u_1(x).$$

由此可得到 $u_j^1 = u(x_j, \tau)$. 当 $j = 0$ 时, 式 (4.31) 变为

$$\frac{1}{h^2}(u_{-1}^n - 2u_0^n + u_1^n) = \frac{1}{h^2}(u_{J-1}^n - 2u_J^n + u_{J+1}^n).$$

于是假设 $u_{-2}^n = u_{-1}^n = u_{J+1}^n = u_{J+2}^n = 0$.

为方便起见, 标记式 (4.2) 中等号右端为

$$P(u^{n+1}, u^{n-1}) := \frac{1}{3}\left((u_j^{n+1})^2 + (u_j^{n+1})(u_j^{n-1}) + (u_j^{n-1})^2\right)_{x\bar{x}}. \tag{4.34}$$

定理 4.7　Bq 系统式 (4.23)~式 (4.27) 的有限差分格式式 (4.29)~式 (4.33) 满足守恒律

$$E^n = \frac{1}{2}\left(\|u^{n+1}\|^2 + \|u^n\|^2 + \|u_x^{n+1}\|^2 + \|u_x^n\|^2\right) + \|\varphi_x^{n+\frac{1}{2}}\|^2$$

$$+ \|\varphi_{xx}^{n+\frac{1}{2}}\|^2 + \|\varphi_{xx\bar{x}}^{n+\frac{1}{2}}\|^2 + \frac{1}{3}\sum_{j=1}^{J}\left((u_j^{n+1})^3 + (u_j^n)^3\right)$$

$$= E^{n-1} = \cdots = E^0,$$

式中, φ_j^n 满足 $(\varphi_j^{n+\frac{1}{2}})_{x\bar{x}} = (u_j^n)_t$.

证明: 将差分格式式 (4.29) 的每一项与 $(\varphi^{n+\frac{1}{2}} + \varphi^{n-\frac{1}{2}})$ 做内积, 由边界条件及引理 4.4 可得

$$E - F - G + H + I = J, \tag{4.35}$$

式中各项的定义如下, 并化简得

$$E := \langle (u^n)_{t\bar{t}}, (\varphi^{n+\frac{1}{2}} + \varphi^{n-\frac{1}{2}}) \rangle$$

$$= \langle (\varphi^{n+\frac{1}{2}})_{x\bar{x}\bar{t}}, (\varphi^{n+\frac{1}{2}} + \varphi^{n-\frac{1}{2}}) \rangle$$

$$= \frac{1}{\tau} \langle (\varphi^{n+\frac{1}{2}} - \varphi^{n-\frac{1}{2}})_{x\bar{x}}, (\varphi^{n+\frac{1}{2}} + \varphi^{n-\frac{1}{2}}) \rangle$$

$$= -\frac{1}{\tau} \langle (\varphi^{n+\frac{1}{2}} - \varphi^{n-\frac{1}{2}})_x, (\varphi^{n+\frac{1}{2}} + \varphi^{n-\frac{1}{2}})_x \rangle$$

$$= -\frac{1}{\tau} (\|\varphi_x^{n+\frac{1}{2}}\|^2 - \|\varphi_x^{n-\frac{1}{2}}\|^2), \tag{4.36}$$

$$F := \langle (\bar{u}^n)_{x\bar{x}}, (\varphi^{n+\frac{1}{2}} + \varphi^{n-\frac{1}{2}}) \rangle$$

$$= \langle (\bar{u}^n), (\varphi^{n+\frac{1}{2}} + \varphi^{n-\frac{1}{2}})_{x\bar{x}} \rangle$$

$$= \frac{1}{2} \langle (u^{n+1} + u^{n-1}), (u^n + u^{n-1})_t \rangle$$

$$= \frac{1}{2\tau} \langle (u^{n+1} + u^{n-1}), (u^{n+1} - u^n) + (u^n - u^{n-1}) \rangle$$

$$= \frac{1}{2\tau} \langle (u^{n+1} + u^{n-1}), (u^{n+1} - u^{n-1}) \rangle$$

$$= \frac{1}{2\tau} (\|u^{n+1}\|^2 - \|u^{n-1}\|^2), \tag{4.37}$$

$$G := \langle (\bar{u}^n)_{x\bar{x}t\bar{t}}, (\varphi^{n+\frac{1}{2}} + \varphi^{n-\frac{1}{2}}) \rangle$$

$$= \langle (\varphi^{n+\frac{1}{2}})_{xx\bar{x}\bar{x}t\bar{t}}, (\varphi^{n+\frac{1}{2}} + \varphi^{n-\frac{1}{2}}) \rangle$$

$$= \frac{1}{\tau} \langle (\varphi^{n+\frac{1}{2}} - \varphi^{n-\frac{1}{2}})_{xx\bar{x}\bar{x}}, (\varphi^{n+\frac{1}{2}} + \varphi^{n-\frac{1}{2}}) \rangle$$

$$= \frac{1}{\tau} \langle (\varphi^{n+\frac{1}{2}} - \varphi^{n-\frac{1}{2}})_{xx}, (\varphi^{n+\frac{1}{2}} + \varphi^{n-\frac{1}{2}})_{xx} \rangle$$

$$= \frac{1}{\tau} (\|\varphi_{xx}^{n+\frac{1}{2}}\|^2 - \|\varphi_{xx}^{n-\frac{1}{2}}\|^2), \tag{4.38}$$

$$H := \langle (\bar{u}^n)_{xx\bar{x}\bar{x}}, (\varphi^{n+\frac{1}{2}} + \varphi^{n-\frac{1}{2}}) \rangle$$

$$= \langle (\bar{u}^n)_{x\bar{x}}, (\varphi^{n+\frac{1}{2}} + \varphi^{n-\frac{1}{2}})_{x\bar{x}} \rangle$$

$$= \frac{1}{2} \langle (u^{n+1} + u^{n-1})_{x\bar{x}}, (u^n + u^{n-1})_t \rangle$$

$$= \frac{1}{2\tau} \langle (u^{n+1} + u^{n-1})_{x\bar{x}}, (u^{n+1} - u^n) + (u^n - u^{n-1}) \rangle$$

$$= \frac{1}{2\tau} \langle (u^{n+1} + u^{n-1})_{x\bar{x}}, (u^{n+1} - u^{n-1}) \rangle$$

$$= -\frac{1}{2\tau} \langle (u^{n+1} + u^{n-1})_x, (u^{n+1} - u^{n-1})_x \rangle$$

$$= -\frac{1}{2\tau} (\|u_x^{n+1}\|^2 - \|u_x^{n-1}\|^2), \tag{4.39}$$

$$I := \langle (u^n)_{xx\bar{x}\bar{x}t\bar{t}}, (\varphi^{n+\frac{1}{2}} + \varphi^{n-\frac{1}{2}}) \rangle$$

$$= \langle (\varphi^{n+\frac{1}{2}})_{xx\bar{x}\bar{x}t}, (\varphi^{n+\frac{1}{2}} + \varphi^{n-\frac{1}{2}})_{x\bar{x}} \rangle$$

$$= \frac{1}{\tau} \langle (\varphi^{n+\frac{1}{2}} - \varphi^{n-\frac{1}{2}})_{xxx\bar{x}\bar{x}\bar{x}}, (\varphi^{n+\frac{1}{2}} + \varphi^{n-\frac{1}{2}}) \rangle$$

$$= -\frac{1}{\tau} \langle (\varphi^{n+\frac{1}{2}} - \varphi^{n-\frac{1}{2}})_{xxx}, (\varphi^{n+\frac{1}{2}} + \varphi^{n-\frac{1}{2}})_{xxx} \rangle$$

$$= -\frac{1}{\tau} (\|\varphi_{xx\bar{x}}^{n+\frac{1}{2}}\|^2 - \|\varphi_{xx\bar{x}}^{n-\frac{1}{2}}\|^2), \tag{4.40}$$

$$J := \langle P(u^{n+1}, u^{n-1}), (\varphi^{n+\frac{1}{2}} + \varphi^{n-\frac{1}{2}}) \rangle$$

$$= \frac{1}{3} \left\langle \left((u^{n+1})^2 + (u^{n+1})(u^{n-1}) + (u^{n-1})^2 \right)_{x\bar{x}}, (\varphi^{n+\frac{1}{2}} + \varphi^{n-\frac{1}{2}}) \right\rangle$$

$$= \frac{1}{3} \left\langle \left(\frac{(u^{n+1})^3 - (u^{n-1})^3}{u^{n+1} - u^{n-1}} \right)_{x\bar{x}}, (\varphi^{n+\frac{1}{2}} + \varphi^{n-\frac{1}{2}}) \right\rangle$$

$$= \frac{1}{3} \left\langle \left(\frac{(u^{n+1})^3 - (u^{n-1})^3}{u^{n+1} - u^{n-1}} \right), (\varphi^{n+\frac{1}{2}} + \varphi^{n-\frac{1}{2}})_{x\bar{x}} \right\rangle$$

$$= \frac{1}{3} \left\langle \left(\frac{(u^{n+1})^3 - (u^{n-1})^3}{u^{n+1} - u^{n-1}} \right), (u^n - u^{n-1})_t \right\rangle$$

$$= \frac{1}{3\tau} \left\langle \left(\frac{(u^{n+1})^3 - (u^{n-1})^3}{u^{n+1} - u^{n-1}} \right), (u^{n+1} - u^n) + (u^n - u^{n-1}) \right\rangle$$

$$= \frac{1}{3} \left\langle \left(\frac{(u^{n+1})^3 - (u^{n-1})^3}{u^{n+1} - u^{n-1}} \right), (u^{n+1} - u^{n-1}) \right\rangle$$

$$= \frac{h}{3\tau} \sum_{j=1}^{J} \left(\frac{(u_j^{n+1})^3 - (u_j^{n-1})^3}{u_j^{n+1} - u_j^{n-1}} (u_j^{n+1} - u_j^{n-1}) \right)$$

$$= \frac{h}{3\tau} \sum_{j=1}^{J} \left((u_j^{n+1})^3 - (u_j^{n-1})^3 \right). \tag{4.41}$$

结合式 (4.35)~式 (4.41), 整理可得

$$(\|\varphi_x^{n+\frac{1}{2}}\|^2 - \|\varphi_x^{n-\frac{1}{2}}\|^2) + \frac{1}{2}(\|u^{n+1}\|^2 - \|u^{n-1}\|^2)$$

$$+ (\|\varphi_{xx}^{n+\frac{1}{2}}\|^2 - \|\varphi_{xx}^{n-\frac{1}{2}}\|^2) + \frac{1}{2}(\|u_x^{n+1}\|^2 - \|u_x^{n-1}\|^2)$$

$$+ (\|\varphi_{xxx}^{n+\frac{1}{2}}\|^2 - \|\varphi_{xxx}^{n-\frac{1}{2}}\|^2) + \frac{h}{3}\sum_{j=1}^{J}\left((u_j^{n+1})^3 - (u_j^{n-1})^3\right) = 0. \tag{4.42}$$

进一步, 式 (4.42) 可以变形为

$$\frac{1}{2}(\|u^{n+1}\|^2 + \|u^n\|^2 + \|u_x^{n+1}\|^2 + \|u_x^2\|^2) + \|\varphi_x^{n+\frac{1}{2}}\|^2$$

$$+ \|\varphi_{xx}^{n+\frac{1}{2}}\|^2 + \|\varphi_{xxx}^{n+\frac{1}{2}}\|^2 + \frac{h}{3}\sum_{j=1}^{J}\left((u_j^{n+1})^3 + (u_j^n)^3\right)$$

$$= \frac{1}{2}(\|u^n\|^2 + \|u^{n-1}\|^2 + \|u_x^n\|^2 + \|u_x^{n-1}\|^2) + \|\varphi_x^{n-\frac{1}{2}}\|^2$$

$$+ \|\varphi_{xx}^{n-\frac{1}{2}}\|^2 + \|\varphi_{xxx}^{n-\frac{1}{2}}\|^2 + \frac{h}{3}\sum_{j=1}^{J}\left((u_j^n)^3 + (u_j^{n-1})^3\right). \tag{4.43}$$

定义

$$E^n := \frac{1}{2}(\|u^{n+1}\|^2 + \|u^n\|^2 + \|u_x^{n+1}\|^2 + \|u_x^n\|^2) + \|\varphi_x^{n+\frac{1}{2}}\|^2$$

$$+ \|\varphi_{xx}^{n+\frac{1}{2}}\|^2 + \|\varphi_{xxx}^{n+\frac{1}{2}}\|^2 + \frac{1}{3}\sum_{j=1}^{J}\left((u_j^{n+1})^3 + (u_j^n)^3\right). \tag{4.44}$$

对照式 (4.43) 与式 (4.44), 不难得出离散格式的守恒式为

$$E^n = E^{n-1} = \cdots = E^0. \qquad\qquad\qquad \Box$$

4.2.3 高阶 Bq 系统差分解的存在性

本小节将讨论高阶 Bq 系统式 (4.23)~ 式(4.27) 的守恒格式式 (4.29)~ 式(4.33) 解的存在性和先验估计. 首先利用数学归纳法证明了近似解是存在的, 然后借助一些微分不等式和引理 4.5 与引理 4.6 对近似解进行了先验估计. 下面将给出近似解存在定理, 此定理说明在解空间 Z_h^0 中一定存在一个满足差分格式式 (4.29) 的解.

定理 4.8　对于 Bq 系统式 (4.23)∼ 式(4.27) 的守恒格式式 (4.29)∼ 式(4.33) 而言, 必存在一个 $u^n \in Z_h^0$ 满足差分格式式 (4.29).

证明：利用数学归纳法.

设当 $n < N$ 时, 存在 $u^0, u^1, u^2, \cdots, u^n$ 满足差分格式式 (4.29). 下面证明 u^{n+1} 也满足差分格式式 (4.29). 定义 Z_h^0 上的算子

$$
\begin{aligned}
w(v) := {} & \frac{1}{\tau^2} \left(v - 2u^n + 2u^{n-1} \right) - \frac{1}{2} \left(v + 2u^{n-1} \right)_{x\bar{x}} + \frac{1}{2} \left(v + 2u^{n-1} \right)_{xx\bar{x}\bar{x}} \\
& - \frac{1}{\tau^2} \left(v_{x\bar{x}} - 2u^n_{x\bar{x}} + 2u^{n-1}_{x\bar{x}} \right) + \frac{1}{\tau^2} \left(v_{xx\bar{x}\bar{x}} - 2u^n_{xx\bar{x}\bar{x}} + 2u^{n-1}_{xx\bar{x}\bar{x}} \right) \\
& - \frac{1}{3} \left((v + u^{n-1})^2 + (u^{n-1})^2 + (v + u^{n-1})(u^{n-1}) \right).
\end{aligned}
\tag{4.45}
$$

显然 $w(v)$ 是连续的, 将式 (4.45) 与 v 做内积, 可得

$$
\langle w(v), v \rangle = O - P + Q - X - Y - Z,
\tag{4.46}
$$

式中各项的定义如下, 并化简得

$$
\begin{aligned}
O := {} & \frac{1}{\tau^2} \left\langle \left(v - 2u^n + 2u^{n-1} \right), v \right\rangle \\
= {} & \frac{1}{\tau^2} \left\langle \left(v - u^n + u^{n-1} \right) - \left(u^n - u^{n-1} \right), \left(v - u^n + u^{n-1} \right) + \left(u^n - u^{n-1} \right) \right\rangle \\
= {} & \frac{1}{\tau^2} \left(\left\| v - u^n + u^{n-1} \right\|^2 - \left\| u^n - u^{n-1} \right\|^2 \right),
\end{aligned}
\tag{4.47}
$$

$$
\begin{aligned}
P := {} & \frac{1}{2} \left\langle \left(v + 2u^{n-1} \right)_{x\bar{x}}, v \right\rangle \\
= {} & -\frac{1}{2} \left\langle \left(v_x + u^{n-1}_x \right) + u^{n-1}_x, \left(v_x + u^{n-1}_x \right) - u^{n-1}_x \right\rangle \\
= {} & -\frac{1}{2} \left(\left\| v_x + u^{n-1}_x \right\|^2 - \left\| u^{n-1}_x \right\|^2 \right),
\end{aligned}
\tag{4.48}
$$

$$
\begin{aligned}
Q := {} & \frac{1}{2} \left\langle \left(v + 2u^{n-1} \right)_{xx\bar{x}\bar{x}}, v \right\rangle \\
= {} & \frac{1}{2} \left\langle \left(v_{xx} + u^{n-1}_{xx} \right) + u^{n-1}_{xx}, \left(v_{xx} + u^{n-1}_{xx} \right) - u^{n-1}_{xx} \right\rangle \\
= {} & \frac{1}{2} \left(\left\| v_{xx} + u^{n-1}_{xx} \right\|^2 - \left\| u^{n-1}_{xx} \right\|^2 \right),
\end{aligned}
\tag{4.49}
$$

$$X := \frac{1}{\tau^2} \left\langle \left(v - 2u^n + 2u^{n-1}\right)_{x\bar{x}}, v \right\rangle$$

$$= -\frac{1}{\tau^2} \left\langle \left(v_x - u_x^n + u_x^{n-1}\right) - \left(u_x^n - u_x^{n-1}\right), \left(v_x - u_x^n + u_x^{n-1}\right) + \left(u_x^n - u_x^{n-1}\right) \right\rangle$$

$$= -\frac{1}{\tau^2} \left(\left\| v_x - u_x^n + u_x^{n-1} \right\|^2 - \left\| u_x^n - u_x^{n-1} \right\|^2 \right), \tag{4.50}$$

$$Y := \frac{1}{\tau^2} \left\langle \left(v - 2u^n + 2u^{n-1}\right)_{xx\bar{x}\bar{x}}, v \right\rangle$$

$$= \frac{1}{\tau^2} \left\langle \left(v_{xx} - u_{xx}^n + u_{xx}^{n-1}\right) - \left(u_{xx}^n - u_{xx}^{n-1}\right), \left(v_{xx} - u_{xx}^n + u_{xx}^{n-1}\right) + \left(u_{xx}^n - u_{xx}^{n-1}\right) \right\rangle$$

$$= \frac{1}{\tau^2} \left(\left\| v_{xx} - u_{xx}^n + u_{xx}^{n-1} \right\|^2 - \left\| u_{xx}^n - u_{xx}^{n-1} \right\|^2 \right), \tag{4.51}$$

$$Z := \frac{1}{3} \left\langle \left(\left(v + u^{n-1}\right)^2 + \left(u^{n-1}\right)^2 + \left(v + u^{n-1}\right)\left(u^{n-1}\right) \right), v \right\rangle$$

$$= \frac{1}{3} \left\langle \frac{\left(v + u^{n-1}\right)^3 - \left(u^{n-1}\right)^3}{\left(v + u^{n-1}\right) - \left(u^{n-1}\right)}, \left(v + u^{n-1}\right) - \left(u^{n-1}\right) \right\rangle$$

$$\leqslant \frac{1}{6} \left(\left\| v + u^{n-1} \right\|_4^4 + \left\| u^{n-1} \right\|_4^4 + \left\| v + u^{n-1} \right\|^2 + \left\| u^{n-1} \right\|^2 \right). \tag{4.52}$$

于是将式 (4.47)~式 (4.52) 的结果代入式 (4.46) 可得

$$(w(v), v) \geqslant \frac{1}{\tau^2} \left(\left\| v - u^n + u^{n-1} \right\|^2 - \left\| u^n - u^{n-1} \right\|^2 + \left\| v_x - u_x^n + u_x^{n-1} \right\|^2 \right.$$

$$\left. - \left\| u_x^n - u_x^{n-1} \right\|^2 + \left\| v_{xx} - u_{xx}^n + u_{xx}^{n-1} \right\|^2 - \left\| u_{xx}^n - u_{xx}^{n-1} \right\|^2 \right)$$

$$+ \frac{1}{2} \left(\left\| v_x + u_x^{n-1} \right\|^2 - \left\| u_x^{n-1} \right\|^2 + \left\| v_{xx} + u_{xx}^{n-1} \right\|^2 - \left\| u_{xx}^{n-1} \right\|^2 \right)$$

$$- \frac{1}{6} \left\| v + u^{n-1} \right\|_4^4 - \frac{1}{6} \left\| u^{n-1} \right\|_4^4 - \frac{1}{6} \left\| v + u^{n-1} \right\|^2 - \frac{1}{6} \left\| u^{n-1} \right\|^2$$

$$\geqslant \frac{1}{\tau^2} \left\| v - u^n + u^{n-1} \right\|^2 - \left(\frac{1}{\tau^2} \left\| u^n - u^{n-1} \right\|^2 + \frac{1}{\tau^2} \left\| u_x^n - u_x^{n-1} \right\|^2 \right.$$

$$+ \frac{1}{\tau^2} \left\| u_{xx}^n - u_{xx}^{n-1} \right\|^2 + \frac{1}{2} \left\| u_x^{n-1} \right\|^2 + \frac{1}{2} \left\| u_{xx}^{n-1} \right\|^2$$

$$\left. + \frac{1}{6} \left\| v + u^{n-1} \right\|_4^4 + \frac{1}{6} \left\| u^{n-1} \right\|_4^4 + \frac{1}{6} \left\| v + u^{n-1} \right\|^2 + \frac{1}{6} \left\| u^{n-1} \right\|^2 \right). \tag{4.53}$$

注意到

$$\left\| v - u^n + u^{n-1} \right\|^2 \geqslant \frac{1}{2} \left\| v \right\|^2 - 2 \left\| u^n - u^{n-1} \right\|^2,$$

由此, 式 (4.52) 转化为

$$(w(v), v) \geqslant \frac{1}{2\tau^2} \|v\|^2 - \left(\frac{3}{\tau^2} \|u^n - u^{n-1}\|^2 + \frac{1}{\tau^2} \|u_x^n - u_x^{n-1}\|^2 \right.$$

$$+ \frac{1}{\tau^2} \|u_{xx}^n - u_{xx}^{n-1}\|^2 + \frac{1}{2} \|u_x^{n-1}\|^2 + \frac{1}{2} \|u_{xx}^{n-1}\|^2$$

$$\left. + \frac{1}{6} \|v + u^{n-1}\|_4^4 + \frac{1}{6} \|u^{n-1}\|_4^4 + \frac{1}{6} \|v + u^{n-1}\|^2 + \frac{1}{6} \|u^{n-1}\|^2 \right). \quad (4.54)$$

对于任意近似解 $v \in Z_h^0$, $\|v\|^2 = 6\|u^n - u^{n-1}\|^2 + 2\|u_x^n - u_x^{n-1}\|^2 + 2\|u_{xx}^n - u_{xx}^{n-1}\|^2 +$ $2\tau^2 \|u_x^{n-1}\|^2 + 2\tau^2 \|u_{xx}^{n-1}\|^2 + \frac{\tau^2}{3} \|v + u^{n-1}\|_4^4 + \frac{\tau^2}{3} \|u^{n-1}\|_4^4 + \frac{\tau^2}{3} \|v + u^{n-1}\|^2 +$ $\frac{\tau^2}{3} \|u^{n-1}\|^2 + 1$, 有 $(w(v), v) > 1$. 根据引理 4.8, 可得存在一个 $v^* \in Z_h^0$, 使得 $w(v^*) = 0$ 成立. 此时, 取 $u^{n+1} = v^* + u^{n-1}$, 容易验证 u^{n+1} 满足差分格式式 (4.45).

　　　　　　　　　　　　　　　　　　　　　　　　　　　　　　　　　□

接下来将叙述有限差分格式式 (4.29)~式 (4.33) 的解的先验估计结果. 主要说明解及其导数的二范数有界, 而且解的无穷范数也是有界的.

定理 4.9　对于 $n = 0, 1, 2, \cdots, N$, 有如下不等式成立:

$$\|u^n\| \leqslant C, \ \|u_x^n\| \leqslant C, \ \|u^n\|_\infty \leqslant C.$$

证明：根据 Young's 不等式和柯西-施瓦茨不等式, 可得

$$- \frac{h}{3} \sum_{j=1}^{J} \left((u_j^{n+1})^3 + (u_j^n)^3 \right)$$

$$= - \frac{h}{3} \sum_{j=1}^{J} \left((u_j^{n+1})^2 (u_j^{n+1}) + (u_j^n)^2 (u_j^n) \right)$$

$$\leqslant \frac{1}{6} (\|u^{n+1}\|_4^4 + \|u^{n+1}\|^2 + \|u^n\|_4^4 + \|u^n\|^2). \quad (4.55)$$

又由引理 4.5 的结果, 可知

$$\|u^n\|_4^4 \leqslant \|u^n\|^2 \|u^n\|_\infty^2 \leqslant C(\varepsilon) + \varepsilon \|u_x^n\|^2. \quad (4.56)$$

结合定理 4.7、式 (4.45) 和式 (4.46), 计算得

$$\frac{1}{2} (\|u^{n+1}\|^2 + \|u^n\|^2 + \|u_x^{n+1}\|^2 + \|u_x^n\|^2) + \|\varphi^{n+\frac{1}{2}}\|^2 + \|\varphi_{xx}^{n+\frac{1}{2}}\|^2 + \|\varphi_{xxx}^{n+\frac{1}{2}}\|^2$$

$$= C - \frac{1}{3} \sum_{j=1}^{J} \left((u_j^{n+1})^3 + (u_j^n)^3 \right)$$

$$\leqslant C + \frac{1}{6}(\|u^{n+1}\|_4^4 + \|u^{n+1}\|^2 + \|u^n\|_4^4 + \|u^n\|^2)$$

$$\leqslant C + \frac{1}{6}(\varepsilon\|u_x^{n+1}\|^2 + \varepsilon\|u_x^n\|^2 + \|u^{n+1}\|^2 + \|u^n\|^2). \tag{4.57}$$

综合上述结果, 由式 (4.57) 可以推断

$$\left(\frac{1}{2} - \frac{\varepsilon}{6}\right)(\|u_x^{n+1}\|^2 + \|u_x^n\|^2) + \frac{1}{3}(\|u^{n+1}\|^2 + \|u^n\|^2)$$

$$+ \|\varphi^{n+\frac{1}{2}}\|^2 + \|\varphi_{xx}^{n+\frac{1}{2}}\|^2 + \|\varphi_{xxx}^{n+\frac{1}{2}}\|^2 \leqslant C. \tag{4.58}$$

由 ε 足够小, 可知 $\dfrac{1}{2} - \dfrac{\varepsilon}{6} \geqslant 0$, 于是, 可以得出

$$\|u^n\| \leqslant C, \ \|u_x^n\| \leqslant C.$$

再次应用引理 4.5, 可进一步推得

$$\|u^n\|_\infty \leqslant C. \qquad\qquad \square$$

4.2.4　高阶 Bq 系统的差分解的收敛性与稳定性

令高阶 Bq 系统式 (4.23)～式 (4.27) 的解为 $\tilde{u}(x,t)$, 即 $\tilde{u}_j^n = \tilde{u}(x_j, t_n)$, 则差分格式式 (4.29)～式 (4.33) 的截断误差为

$$r_j^n = \left(\tilde{u}_j^n\right)_{t\bar{t}} - \left(\bar{\tilde{u}}_j^n\right)_{x\bar{x}} - \left(\tilde{u}_j^n\right)_{x\bar{x}t\bar{t}} + \left(\bar{\tilde{u}}_j^n\right)_{xx\bar{x}\bar{x}} + \left(\tilde{u}_j^n\right)_{xx\bar{x}\bar{x}t\bar{t}}$$

$$+ \frac{1}{3}\left(\left(\tilde{u}_j^{n+1}\right)^2 + \left(\tilde{u}_j^{n+1}\right)\left(\tilde{u}_j^{n-1}\right) + \left(\tilde{u}_j^{n-1}\right)^2\right)_{x\bar{x}}, \tag{4.59}$$

由泰勒展开, 可知, 当 $h, \tau \to 0$ 时, $r_j^n = O(h^2 + \tau^2)$.

下面叙述一个重要的定理, 此定理揭示出离散格式式 (4.29)～式 (4.33) 具有时间和空间的二阶精度. 其中非线性项的处理仍是难点, 选择什么样的项与之做内积才能转化到二范数上来是关键, 本部分选择的是 $h\left(\delta^{n+\frac{1}{2}} + \delta^{n-\frac{1}{2}}\right)$.

定理 4.10　差分格式式 (4.29)～式 (4.33) 的解以 L_∞ 范数收敛到问题式 (4.23)～式 (4.27) 的解, 其收敛阶为 $O(h^2 + \tau^2)$.

证明: 设 u_j^n 为差分格式式 (4.29)～式 (4.33) 的解, $e_j^n = \tilde{u}_j^n - u_j^n$, 并且令 $\left(e_j^n\right)_t = \left(\delta_j^{n+\frac{1}{2}}\right)_{x\bar{x}}$, 将式 (4.59) 减去式 (4.29) 可得

$$r_j^n = \left(e_j^n\right)_{t\bar{t}} - \left(\bar{e}_j^n\right)_{x\bar{x}} - \left(e_j^n\right)_{x\bar{x}t\bar{t}} + \left(\bar{e}_j^n\right)_{xx\bar{x}\bar{x}} + \left(e_j^n\right)_{xx\bar{x}\bar{x}t\bar{t}} + (W_j)_{x\bar{x}}, \tag{4.60}$$

式中, W_j 的定义为

$$W_j := \frac{1}{3} \left(\left(\tilde{u}_j^{n+1} \right)^2 + \left(\tilde{u}_j^{n+1} \right) \left(\tilde{u}_j^{n-1} \right) + \left(\tilde{u}_j^{n-1} \right)^2 \right)$$
$$- \frac{1}{3} \left(\left(u_j^{n+1} \right)^2 + \left(u_j^{n+1} \right) \left(u_j^{n-1} \right) + \left(u_j^{n-1} \right)^2 \right). \tag{4.61}$$

将式 (4.61) 两端与 $h \left(\delta^{n+\frac{1}{2}} + \delta^{n-\frac{1}{2}} \right)$ 做内积, 可得

$$- \left\langle r^n, h \left(\delta^{n+\frac{1}{2}} + \delta^{n-\frac{1}{2}} \right) \right\rangle - \left\langle W_{x\bar{x}}, h \left(\delta^{n+\frac{1}{2}} + \delta^{n-\frac{1}{2}} \right) \right\rangle$$
$$= -K + M + S - T + D, \tag{4.62}$$

式中各项的定义如下, 并化简得

$$K := \left\langle (e^n)_{t\bar{t}}, h \left(\delta^{n+\frac{1}{2}} + \delta^{n-\frac{1}{2}} \right) \right\rangle = \left\langle \left(\delta^{n+\frac{1}{2}} \right)_{x\bar{x}t}, h \left(\delta^{n+\frac{1}{2}} + \delta^{n-\frac{1}{2}} \right) \right\rangle$$
$$= \frac{h}{\tau} \left\langle \left(\delta^{n+\frac{1}{2}} - \delta^{n-\frac{1}{2}} \right)_{x\bar{x}}, \left(\delta^{n+\frac{1}{2}} + \delta^{n-\frac{1}{2}} \right) \right\rangle$$
$$= -\frac{h}{\tau} \left\langle \left(\delta^{n+\frac{1}{2}} - \delta^{n-\frac{1}{2}} \right)_x, \left(\delta^{n+\frac{1}{2}} + \delta^{n-\frac{1}{2}} \right)_x \right\rangle$$
$$= -\frac{h}{\tau} \left(\left\| \delta^{n+\frac{1}{2}} \right\|^2 - \left\| \delta^{n-\frac{1}{2}} \right\|^2 \right), \tag{4.63}$$

$$M := \left\langle (\bar{e}^n)_{x\bar{x}}, h \left(\delta^{n+\frac{1}{2}} + \delta^{n-\frac{1}{2}} \right) \right\rangle = \left\langle (\bar{u}^n), h \left(\delta^{n+\frac{1}{2}} + \delta^{n-\frac{1}{2}} \right)_{x\bar{x}} \right\rangle$$
$$= \frac{h}{2} \left\langle (e^{n+1} + e^{n-1}), (e^n + e^{n-1})_t \right\rangle$$
$$= \frac{h}{2\tau} \left\langle (e^{n+1} + e^{n-1}), (e^{n+1} - e^n) + (e^n - e^{n-1}) \right\rangle$$
$$= \frac{h}{2\tau} \left\langle (e^{n+1} + e^{n-1}), (e^{n+1} - e^{n-1}) \right\rangle$$
$$= \frac{h}{2\tau} \left(\left\| e^{n+1} \right\|^2 - \left\| e^{n-1} \right\|^2 \right), \tag{4.64}$$

$$S := \left\langle (e^n)_{x\bar{x}t\bar{t}}, h \left(\delta^{n+\frac{1}{2}} + \delta^{n-\frac{1}{2}} \right) \right\rangle = \left\langle \left(\delta^{n+\frac{1}{2}} \right)_{xx\bar{x}\bar{x}t}, h \left(\delta^{n+\frac{1}{2}} + \delta^{n-\frac{1}{2}} \right) \right\rangle$$
$$= \frac{h}{\tau} \left\langle \left(\delta^{n+\frac{1}{2}} - \delta^{n-\frac{1}{2}} \right)_{xx\bar{x}\bar{x}}, \left(\delta^{n+\frac{1}{2}} + \delta^{n-\frac{1}{2}} \right) \right\rangle$$
$$= \frac{h}{\tau} \left\langle \left(\delta^{n+\frac{1}{2}} - \delta^{n-\frac{1}{2}} \right)_{xx}, \left(\delta^{n+\frac{1}{2}} + \delta^{n-\frac{1}{2}} \right)_{xx} \right\rangle$$

$$= \frac{h}{\tau} \left(\left\| \delta_{xx}^{n+\frac{1}{2}} \right\|^2 - \left\| \delta_{xx}^{n-\frac{1}{2}} \right\|^2 \right), \tag{4.65}$$

$$T := \left\langle (\bar{e}^n)_{xx\bar{x}\bar{x}}, h\left(\delta^{n+\frac{1}{2}} + \delta^{n-\frac{1}{2}} \right) \right\rangle = \left\langle (\bar{e}^n)_{x\bar{x}}, h\left(\delta^{n+\frac{1}{2}} + \delta^{n-\frac{1}{2}} \right)_{x\bar{x}} \right\rangle$$

$$= \frac{h}{2} \left\langle \left(e^{n+1} + e^{n-1} \right)_{x\bar{x}}, \left(e^n + e^{n-1} \right)_t \right\rangle$$

$$= \frac{h}{2\tau} \left\langle \left(e^{n+1} + e^{n-1} \right)_{x\bar{x}}, \left(e^{n+1} - e^n \right) + \left(e^n - e^{n-1} \right) \right\rangle$$

$$= \frac{h}{2\tau} \left\langle \left(e^{n+1} + e^{n-1} \right)_{x\bar{x}}, \left(e^{n+1} - e^{n-1} \right) \right\rangle$$

$$= -\frac{h}{2\tau} \left\langle \left(e^{n+1} + e^{n-1} \right)_x, \left(e^{n+1} - e^{n-1} \right)_x \right\rangle$$

$$= -\frac{h}{2\tau} \left(\left\| e_x^{n+1} \right\|^2 - \left\| e_x^{n-1} \right\|^2 \right), \tag{4.66}$$

$$D := \left\langle (e^n)_{xx\bar{x}\bar{x}t\bar{t}}, h\left(\delta^{n+\frac{1}{2}} + \delta^{n-\frac{1}{2}} \right) \right\rangle = \left\langle \left(\delta^{n+\frac{1}{2}} \right)_{xx\bar{x}\bar{x}t\bar{t}}, h\left(\delta^{n+\frac{1}{2}} + \delta^{n-\frac{1}{2}} \right) \right\rangle$$

$$= \frac{h}{\tau} \left\langle \left(\delta^{n+\frac{1}{2}} - \delta^{n-\frac{1}{2}} \right)_{xxx\bar{x}\bar{x}\bar{x}}, \left(\delta^{n+\frac{1}{2}} + \delta^{n-\frac{1}{2}} \right) \right\rangle$$

$$= -\frac{h}{\tau} \left\langle \left(\delta^{n+\frac{1}{2}} - \delta^{n-\frac{1}{2}} \right)_{xxx}, \left(\delta^{n+\frac{1}{2}} + \delta^{n-\frac{1}{2}} \right)_{xxx} \right\rangle$$

$$= -\frac{h}{\tau} \left(\left\| \delta_{xxx}^{n+\frac{1}{2}} \right\|^2 - \left\| \delta_{xxx}^{n-\frac{1}{2}} \right\|^2 \right). \tag{4.67}$$

接下来, 对非线性项做处理得

$$\left\langle W_{x\bar{x}}, h\left(\delta^{n+\frac{1}{2}} + \delta^{n-\frac{1}{2}} \right) \right\rangle$$

$$= h \left\langle W, \left(e^n + e^{n-1} \right)_t \right\rangle$$

$$= \frac{h^2}{3\tau} \sum_{j=1}^{J} \left(\left(\frac{\left(\tilde{u}_j^{n+1} \right)^3 - \left(\tilde{u}_j^{n-1} \right)^3}{\tilde{u}_j^{n+1} - \tilde{u}_j^{n-1}} - \frac{\left(u_j^{n+1} \right)^3 - \left(u_j^{n-1} \right)^3}{u_j^{n+1} - u_j^{n-1}} \right) \left(e_j^{n+1} - e_j^{n-1} \right) \right).$$

根据引理 4.6 可知, 存在 $\theta \in (-1, 1)$ 和 $\eta \in [a, b]$, 使得

$$\frac{h^2}{3\tau} \sum_{j=1}^{J} \left(\left(\frac{\left(\tilde{u}_j^{n+1} \right)^3 - \left(\tilde{u}_j^{n-1} \right)^3}{\tilde{u}_j^{n+1} - \tilde{u}_j^{n-1}} - \frac{\left(u_j^{n+1} \right)^3 - \left(u_j^{n-1} \right)^3}{u_j^{n+1} - u_j^{n-1}} \right) \left(e_j^{n+1} - e_j^{n-1} \right) \right)$$

$$
= \frac{h^2}{3\tau} \sum_{j=1}^{J} \left(6\eta \left(\frac{1-\theta}{2} e_j^{n-1} + \frac{1+\theta}{2} e_j^{n+1} \right) \left(e_j^{n+1} - e_j^{n-1} \right) \right)
$$

$$
\leqslant \frac{hC}{\tau} \left(\left\| e_j^{n+1} \right\|^2 + \left\| e_j^{n-1} \right\|^2 \right). \tag{4.68}
$$

同理, 能够推出

$$
- \left\langle r^n, h \left(\delta^{n+\frac{1}{2}} + \delta^{n-\frac{1}{2}} \right) \right\rangle
$$

$$
= - h^2 \sum_{j=1}^{J} r_j^n \left(\delta_j^{n+\frac{1}{2}} + \delta_j^{n-\frac{1}{2}} \right)
$$

$$
\leqslant Ch \left(\|r^n\|^2 + \left\| \delta^{n+\frac{1}{2}} \right\|^2 + \left\| \delta^{n-\frac{1}{2}} \right\|^2 \right)
$$

$$
\leqslant Ch \left(\|r^n\|^2 + \left\| \delta^{n+\frac{1}{2}} \right\|^2 + \left\| \delta^{n-\frac{1}{2}} \right\|^2 + \left\| \delta_{xx}^{n+\frac{1}{2}} \right\|^2 \right.
$$

$$
\left. + \left\| \delta_{xx}^{n-\frac{1}{2}} \right\|^2 + \left\| \delta_{xxx}^{n+\frac{1}{2}} \right\|^2 + \left\| \delta_{xxx}^{n-\frac{1}{2}} \right\|^2 \right). \tag{4.69}
$$

结合式 (4.62)~式 (4.69), 可知

$$
\left\langle r^n, h \left(\delta^{n+\frac{1}{2}} + \delta^{n-\frac{1}{2}} \right) \right\rangle - \left\langle W_{x\bar{x}}, h \left(\delta^{n+\frac{1}{2}} + \delta^{n-\frac{1}{2}} \right) \right\rangle
$$

$$
\leqslant Ch \left(\left\| \delta^{n+\frac{1}{2}} \right\|^2 + \left\| \delta^{n-\frac{1}{2}} \right\|^2 + \left\| \delta_{xx}^{n+\frac{1}{2}} \right\|^2 + \left\| \delta_{xx}^{n-\frac{1}{2}} \right\|^2 + \left\| \delta_{xxx}^{n+\frac{1}{2}} \right\|^2 + \left\| \delta_{xxx}^{n-\frac{1}{2}} \right\|^2 \right)
$$

$$
+ \frac{Ch}{\tau} \left(\left\| e_j^{n+1} \right\|^2 + \left\| e_j^{n-1} \right\|^2 \right) + Ch\|r^n\|^2. \tag{4.70}
$$

令 $B^n = \left\| \delta^{n+\frac{1}{2}} \right\|^2 + \left\| \delta_{xx}^{n+\frac{1}{2}} \right\|^2 + \left\| \delta_{xxx}^{n+\frac{1}{2}} \right\|^2 + \frac{1}{2} \left(\|e^{n+1}\|^2 + \|e^n\|^2 \right) + \frac{1}{2} \left(\|e_x^{n+1}\|^2 + \|e_x^n\|^2 \right)$,
则式 (4.70) 可表示为

$$
B^n - B^{n-1} \leqslant C\tau \|r^n\|^2 + C\tau \left(B^n + B^{n-1} \right). \tag{4.71}
$$

对式 (4.71) 从 0 到 N 求和得

$$
B^N \leqslant B^0 + C\tau \sum_{l=0}^{N} \|r_l^n\|^2 + C\tau \sum_{l=0}^{N} B^l. \tag{4.72}
$$

由于下式是成立的

$$
\tau \sum_{l=0}^{N} \|r_l^n\|^2 \leqslant N\tau \max_{0 \leqslant l \leqslant N} \|r_l^n\|^2 \leqslant TO\left(\tau^2 + h^2\right)^2, \quad e^0 = 0.
$$

得到

$$B^N \leqslant O\left(\tau^2 + h^2\right)^2 + C\tau \sum_{l=0}^{N} B^l.$$

应用引理 4.7 的结论有

$$B^N \leqslant O\left(\tau^2 + h^2\right)^2, \tag{4.73}$$

即等价于如下结论成立

$$\|e^n\| \leqslant O\left(\tau^2 + h^2\right), \quad \|e_x^n\| \leqslant O\left(\tau^2 + h^2\right).$$

根据引理 4.5, 立即得到二阶精度

$$\|e^n\|_\infty \leqslant O\left(\tau^2 + h^2\right). \qquad \Box$$

下面给出的是差分格式式 (4.29)～式 (4.33) 的解具有一定的稳定性, 具体来说, 它与真实解的误差是有界的, 而且可以很小为 $\|\tilde{e}^n\|^2 \leqslant C\|U^0 - u^0\|^2$.

定理 4.11 差分格式式 (4.29)～式 (4.33) 的解依 L_∞ 范数稳定.

证明: 令 U_j^n 为差分系统式 (4.29)～式 (4.33) 的另一个解, 由此可得初始条件为

$$U_j^0 = u_0\left(x_j\right) + \varepsilon_0\left(x_j\right),$$

式中, $\varepsilon_0\left(x_j\right)$ 为初值的微小扰动, 定义误差为

$$\tilde{e}_j^n = U_j^n - u_j^n, \quad \left(\tilde{e}_j^n\right)_t = \left(\tilde{\delta}_j^{n+\frac{1}{2}}\right)_{x\bar{x}}, \tag{4.74}$$

因此, 误差满足等式

$$\left(\tilde{e}_j^n\right)_{t\bar{t}} - \left(\bar{\tilde{e}}_j^n\right)_{x\bar{x}} - \left(\tilde{e}_j^n\right)_{x\bar{x}t\bar{t}} + \left(\bar{\tilde{e}}_j^n\right)_{xx\bar{x}\bar{x}} + \left(\tilde{e}_j^n\right)_{xx\bar{x}\bar{x}t\bar{t}} + \left(\tilde{W}_j\right)_{x\bar{x}} = 0, \tag{4.75}$$

式中, $\tilde{W}_j$ 的定义为

$$\tilde{W}_j = \frac{1}{3}\left(\left(U_j^{n+1}\right)^2 + \left(U_j^{n+1}\right)\left(U_j^{n-1}\right) + \left(U_j^{n-1}\right)^2\right)$$

$$- \frac{1}{3}\left(\left(u_j^{n+1}\right)^2 + \left(u_j^{n+1}\right)\left(u_j^{n-1}\right) + \left(u_j^{n-1}\right)^2\right). \tag{4.76}$$

类似定理 4.10 的证明, 易得 $\|\tilde{e}^n\|^2 \leqslant C\|U^0 - u^0\|^2$, 由此稳定性得证. $\qquad \Box$

4.2.5　高阶 Bq 系统的数值实验

本小节将针对高阶 Bq 系统式 (4.23)~式 (4.27) 的差分格式式 (4.29)~式 (4.33) 给出一些数值实验结果, 并由此验证所提出的格式的收敛阶和守恒性质. 用下面的公式来计算时间和空间的收敛阶:

$$\frac{\log(\frac{e_1}{e_2})}{\log(\frac{h_1}{h_2})}, \quad \frac{\log(\frac{e_1}{e_2})}{\log(\frac{\tau_1}{\tau_2})},$$

式中, e_i 为 ($e = \|U^N - u^N\|_\infty$) 的误差, h_i 和 τ_i ($i = 1, 2$) 分别为时间和空间步长.

下面在区间 $(x, t) \in [0, 2\pi] \times [0, T]$ 上对差分系统式 (4.29)~式 (4.33) 进行数值实验. 初值条件满足

$$u(x, 0) = \sin(x), \quad u_t(x, 0) = 2\sin(x).$$

因为无法得到高阶广义 Bq 方程的精确解, 所以采用误差估计的方法对解进行分析, 具体做法是对粗网格和细化网格上的数值解进行比较, 这里空间和时间步长分别取 $h = \pi/320, \tau = 0.0001$.

对于上面的差分格式, 当 $\tau = 0.001, T = 1, h$ 取不同值时相应的空间收敛阶 (相应的 L_∞)、初始能量及能量误差 $|E(T) - E(0)|$ 如表 4.1 所示. 表 4.1 中的数值结果说明提出的格式空间收敛阶是二阶, 此外通过能量差的变化可以看出任意时刻的能量与初始能量无限接近, 表明能量守恒律成立. 表 4.2 得出了 $h = \pi/160$, $T = 1, \tau$ 取不同值时对应的 L_∞ 误差与 u 对于时间有二阶收敛性.

表 4.1　$\tau = 0.001$, $T = 1$, h 取不同值时相应的能量误差和空间收敛阶

h	L_∞ 误差	收敛阶	$E(0)$	$|E(T) - E(0)|$
$2\pi/5$	7.3525×10^{-2}	—	4.779952984322570	8.5265×10^{-14}
$2\pi/10$	1.7082×10^{-2}	2.1057	4.783077540608440	2.1316×10^{-14}
$2\pi/20$	4.8150×10^{-3}	1.8269	4.783267130324504	6.3949×10^{-14}
$2\pi/40$	1.1918×10^{-3}	2.0144	4.783278869330395	4.9738×10^{-15}
$2\pi/80$	2.9391×10^{-4}	2.0197	4.783279601233270	8.3134×10^{-13}

表 4.2　$h = \pi/160$, $T = 1$, τ 取不同值时数值解的误差和时间收敛阶

τ	L_∞ 误差	收敛阶
1/18	1.8975×10^{-2}	—
1/36	4.7947×10^{-3}	1.9846
1/72	1.2050×10^{-3}	1.9925
1/144	3.0200×10^{-4}	1.9964
1/288	7.5588×10^{-5}	1.9983

数值解在 $h = \pi/40$, $T = 1$, $\tau = 0.05$ 时对应的时间空间图像如图 4.1(a) 所示. 能量误差如图 4.1(b) 所示. 能量误差 $|E(t) - E(0)|$ 在不同时间层与 $h = \pi/40$, $T = 1$, $\tau = 0.05$ 时非常接近.

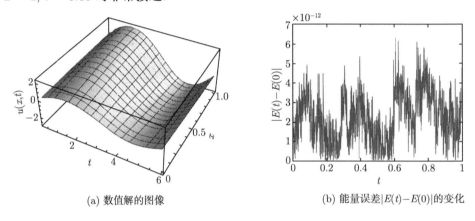

(a) 数值解的图像　　　　　　　　　　　(b) 能量误差$|E(t)-E(0)|$的变化

图 4.1　数值解的图像和能量误差 $|E(t) - E(0)|$ 的变化

通过观察不难得出, 上面提出的差分格式具有很好的能量守恒性.

4.3　本 章 小 结

(1) 本章研究了一类带有高阶色散项的高阶广义 Bq 系统的弱解和近似解的性质, 得到了系统在低能和临界情形下解的整体存在和有限时间爆破性质及门槛条件, 并构造了一种三层隐式守恒差分格式.

(2) 本章提出了一种使用变分法、尺度放缩法、改进的凸函数理论相结合的高阶广义 Bq 系统的可解判断方法, 基于类最优理论划分了能级空间. 基于差分思想

提出了针对能量守恒格式的有限差分待定系数法, 并对上述方法进行了理论分析. 数值实验的结果表明所设计的方法能有效地找到复杂结构项的差分形式, 得到较好的收敛阶, 并有助于建立解的稳定性质.

第 5 章　非线性耗散系统的定性分析与数值计算

本章研究如下一类非线性耗散波动系统的整体适定性和数值计算:

$$\begin{cases} u_{tt} - \Delta u + \mu u_t = f(u),\ x \in \Omega, t > 0, \\ u(x,0) = u_0(x),\ u_t(x,0) = u_1(x),\ x \in \Omega, \\ u(x,t) = 0,\ x \in \partial\Omega,\ t \geqslant 0, \end{cases}$$

式中, $\gamma \geqslant 0$; Ω 为 $\mathbb{R}^n$ 中的有界域; 非线性源项 $f(u)$ 满足条件 1.11~条件 1.13.

5.1　非线性耗散波动系统的定性分析

首先给出一些基础假设与定义, 然后对耗散波动系统 (1.4) 在 $E(0) < d$ 与 $E(0) = d$ 时解的整体存在、渐近和有限时间爆破的条件进行讨论, 并得出上述两种能级下解的整体存在与非存在的最佳条件.

5.1.1　基本假设、定义及预备知识

定义 $\| \cdot \|_p$ 为 $L^p(\Omega)$ 空间的范数, $\| \cdot \|_2$ 为 $L^2(\Omega)$ 空间的范数, 分别简记为 $\| \cdot \|_{L^p(\Omega)} = \| \cdot \|_p, \| \cdot \|_2 = \| \cdot \|$, 且算子 $\Delta u = \sum_{i=1}^{n} \dfrac{\partial^2 u}{\partial^2 x_i}$. 对所有的 $u, v \in L^2(\Omega)$, 定义 $L^2(\Omega)$ 空间的内积为 $(u,v) = \displaystyle\int_\Omega uv\mathrm{d}x$.

定义 $H^1(\Omega) \hookrightarrow L^q(\Omega)$ 的索伯列夫临界嵌入常数

$$\bar{q} = \begin{cases} \dfrac{2n}{n-2}, & \text{当 } n \geqslant 3, \\ +\infty, & \text{当 } n = 1, 2. \end{cases}$$

由迹定理 (见文献 [155] 中定理 5.8) 知, 嵌入 $H^1(\Omega) \hookrightarrow L^{q+1}(\Omega)$ 是连续的, 且有 $2 \leqslant q+1 \leqslant \bar{q}$, 由条件 1.11 知, 当 $n = 1,2$ 时, 有 $1 < q < \infty$; 当 $n \geqslant 3$ 时, 有 $1 < q < \dfrac{n+2}{n-2}$, 得 q 满足以上嵌入条件. 可得 $H^1(\Omega) \hookrightarrow L^{q+1}(\Omega)$ 的索伯列夫嵌入是紧嵌入.

对于波动系统 (1.4), 定义相应的位势泛函 $J(u), I(u)$ 和 $I_\delta(u)$ 分别为

$$J(u) = \frac{1}{2}\|\nabla u\|^2 - \int_\Omega F(u)\mathrm{d}x;$$

$$I(u) = \|\nabla u\|^2 - \int_\Omega uf(u)\mathrm{d}x;$$

$$I_\delta(u) = \delta\|\nabla u\|^2 - \int_\Omega uf(u)\mathrm{d}x, \delta > 0.$$

定义与系统 (1.4) 有关的位势井井内集合及井外集合分别为

$$W = \{u \in H_0^1(\Omega) \mid I(u) > 0, \; J(u) < d\} \cup \{0\};$$

$$V = \{u \in H_0^1(\Omega) \mid I(u) < 0, \; J(u) < d\};$$

$$W_\delta = \{u \in H_0^1(\Omega) \mid I_\delta(u) > 0, \; J(u) < d(\delta)\} \cup \{0\}, \; 0 < \delta < \delta_0;$$

$$V_\delta = \{u \in H_0^1(\Omega) \mid I_\delta(u) < 0, \; J(u) < d(\delta)\}, \; 0 < \delta < \delta_0.$$

下面给出系统 (1.4) 对应的弱解的概念.

定义 5.1（系统 (1.4) 的弱解定义）　一个函数 $u = u(x,t) \in L^\infty\left(0, T; H_0^1(\Omega)\right)$, $u_t \in L^\infty\left(0, T; L^2(\Omega)\right)$ 被称为系统 (1.4) 在 $\Omega \times [0, T)$ 上的一个弱解仅当满足以下三个条件时:

(I) 对任意的 $v \in H_0^1(\Omega), \; t \in (0, T)$ 有如下积分等式成立:

$$(u_t, v) + \int_0^t (\nabla u, \nabla v)\mathrm{d}\tau = \int_0^t (f(u), v)\,\mathrm{d}\tau + (u_1, v); \tag{5.1}$$

(II) 初值满足 $u(x, 0) = u_0(x), \; x \in H_0^1(\Omega)$;

(III) 系统在任意时刻 t 的能量 $E(t)$ 与初始能量 $E(0)$ 的关系是与耗散项有关的不等式

$$E(t) + \gamma \int_0^t \|u_\tau\|^2\mathrm{d}\tau \leqslant E(0), \; t \in [0, T), \tag{5.2}$$

式中, $E(t) = \frac{1}{2}\|u_t\|^2 + \frac{1}{2}\|\nabla u\|^2 - \int_\Omega F(u)\mathrm{d}x = \frac{1}{2}\|u_t\|^2 + J(u)$ 为系统 t 时刻的总能量.

注解 5.1　事实上, 由 $u \in L^\infty\left(0, T; H_0^1(\Omega)\right)$, $u_t \in L^\infty\left(0, T; L^2(\Omega)\right)$ 和系统 (1.4) 的第一个方程, 可以得出 $u_{tt} \in L^\infty\left(0, T; H^{-1}(\Omega)\right)$.

定义能量泛函 $J(u)$ 和 Nehari 泛函 $I(u)$ 为

$$J(u) = \frac{1}{2}\|\nabla u\|_2^2 - \frac{\lambda}{p+1}\|u\|_{p+1}^{p+1} - \frac{\mu}{q+1}\|u\|_{q+1}^{q+1}; \tag{5.3}$$

$$I(u) = \|\nabla u\|_2^2 - \lambda\|u\|_{p+1}^{p+1} - \mu\|u\|_{q+1}^{q+1}. \tag{5.4}$$

5.1.2　低初始能量下耗散波动系统的可解性

本小节将利用位势井方法和古典凸函数方法研究 $E(0) < d$ 时系统 (1.4) 的解的整体存在性和非存在性, 同时给出二者成立的最佳条件, 即所谓的门槛条件. 同时, 将针对此系统的长时间行为展开讨论, 试图得到解的衰减速率与方程的结构和初值的关系.

考虑系统 (1.4) 的解的整体存在性, 其相应的定理叙述如下.

定理 5.1　设 $\gamma \geqslant 0$, $f(u)$ 满足条件 1.11~条件 1.13, $u_0 \in H_0^1(\Omega)$, $u_1 \in L^2(\Omega)$. 如果 $E(0) < d$, $I(u_0) > 0$ 或 $\|\nabla u_0\| = 0$, 那么系统 (1.4) 存在一个整体弱解 $u(t) \in L^\infty\left(0, \infty; H_0^1(\Omega)\right)$, $u_t(t) \in L^\infty\left(0, \infty; L^2(\Omega)\right)$ 及对于 $0 \leqslant t < \infty$, 有 $u(t) \in W$.

证明: 设 $\{w_j(x)\}$ 是 $H_0^1(\Omega)$ 空间中的一个基函数系. 由泛函知识和 Galerkin 方法知任何一个与时间空间有关的函数都可以分解为空间的基函数与一个时间函数乘积的组合. 因此构造系统 (1.4) 的近似解 $u_m(x, t)$ 形式为

$$u_m(x, t) = \sum_{j=1}^m g_{jm}(t)w_j(x), \quad m = 1, 2, \cdots,$$

且满足

$$(u_{mtt}, w_s) + (\nabla u_m, \nabla w_s) + \gamma(u_{mt}, w_s) = (f(u_m), w_s), \quad s = 1, 2, \cdots, m, \tag{5.5}$$

在 $H_0^1(\Omega)$ 中,

$$u_m(x, 0) = \sum_{j=1}^m a_{jm}w_j(x) \to u_0(x), \tag{5.6}$$

在 $L^2(\Omega)$ 中,

$$u_{mt}(x, 0) = \sum_{j=1}^m b_{jm}w_j(x) \to u_1(x). \tag{5.7}$$

将式 (5.5) 两端同时乘以 $g'_{sm}(t)$ 并对 s 求和得

$$\frac{\mathrm{d}E_m(t)}{\mathrm{d}t} + \gamma\|u_{mt}\|^2 = 0,$$

整理可得

$$E_m(t) + \gamma \int_0^t \|u_{m\tau}\|^2 \mathrm{d}\tau = E_m(0) < d, \ 0 \leqslant t < \infty, \tag{5.8}$$

对于充分大的 m 有

$$E_m(t) = \frac{1}{2}\|u_{mt}\|^2 + \frac{1}{2}\|\nabla u_m\|^2 - \int_\Omega F(u_m)\mathrm{d}x.$$

由式 (5.8) 结合文献 [147] 中给出的结论和序列的完备性, 可以得出存在一个 u 和一个 $\{u_m\}$ 的子序列 $\{u_\nu\}$, 使得当 $\nu \to \infty$ 时有如下一些结论成立:

$u_\nu \to u$ 在 $L^\infty\left(0,\infty; H_0^1(\Omega)\right)$ 空间中弱收敛且在 $\Omega \times [0,\infty)$ 中几乎处处收敛;

对所有的 $t > 0$, $u_\nu \to u$ 在 $L^{q+1}(\Omega)$ 空间中强收敛;

$u_{\nu t} \to u_t$ 在 $L^\infty\left(0,\infty; L^2(\Omega)\right)$ 空间中弱收敛.

同时, u 满足定义 5.1 中的 (I) 和 (II). 下面证明这里的 u 也满足式 (5.2). 首先需证下面的结论成立:

$$\lim_{\nu \to \infty} \int_\Omega F(u_\nu)\mathrm{d}x = \int_\Omega F(u)\mathrm{d}x.$$

事实上, 由中值定理和 Hölder 不等式可以进行如下放缩:

$$\left| \int_\Omega F(u_\nu)\mathrm{d}x - \int_\Omega F(u)\mathrm{d}x \right| \leqslant \int_\Omega |f(u + \theta_\nu(u_\nu - u))| \, |u_\nu - u|\mathrm{d}x$$

$$\leqslant \|f(u + \theta_\nu(u_\nu - u))\|_r \|u_\nu - u\|_{q+1}, \quad 0 < \theta_\nu < 1, \ r = \frac{q+1}{q}.$$

考虑下面的事实

$$\|f(u + \theta_\nu(u_\nu - u))\|_r^r \leqslant a^r \int_\Omega \left(|u + \theta_\nu(u_\nu - u)|^q\right)^r \mathrm{d}x$$

$$= a^r \|u + \theta_\nu(u_\nu - u)\|_{q+1}^{q+1} \leqslant C,$$

可得

$$\lim_{\nu \to \infty} \int_\Omega F(u_\nu)\mathrm{d}x = \int_\Omega F(u)\mathrm{d}x.$$

因此由式 (5.8) 可得以下推导过程

$$
\begin{aligned}
&\frac{1}{2}\|u_t\|^2 + \frac{1}{2}\|\nabla u\|^2 + \gamma \int_0^t \|u_\tau\|^2 \mathrm{d}\tau \\
&\leqslant \lim_{\nu \to \infty} \inf \frac{1}{2}\|u_{\nu t}\|^2 + \lim_{\nu \to \infty} \inf \frac{1}{2}\|\nabla u_\nu\|^2 + \lim_{\nu \to \infty} \inf \gamma \int_0^t \|u_{\nu\tau}\|^2 \mathrm{d}\tau \\
&\leqslant \lim_{\nu \to \infty} \inf \left(\frac{1}{2}\|u_{\nu t}\|^2 + \frac{1}{2}\|\nabla u_\nu\|^2 + \gamma \int_0^t \|u_{\nu\tau}\|^2 \mathrm{d}\tau \right) \\
&= \lim_{\nu \to \infty} \inf \left(E_\nu(0) + \int_\Omega F(u_\nu)\mathrm{d}x \right) \\
&= \lim_{\nu \to \infty} \inf \left(E_\nu(0) + \int_\Omega F(u_\nu)\mathrm{d}x \right) \\
&= E(0) + \int_\Omega F(u)\mathrm{d}x,
\end{aligned}
$$

故推出式 (5.2) 是成立的.

接下来证明定理 5.1 的第二部分结论: 对于任意 $0 \leqslant t < \infty$, 恒有 $u \in W$. 此结论的证明来自于引理 5.1 中的 (I), 引理 5.1 的作用在于指出了由初值控制的解在后续时间里的连续性和不变性, 这里 (I) 和 (II) 分别表述了稳定集合和不稳定集合的不变性, 而 (II) 为后面证明解的爆破提供了不变性的保障. 下面将介绍这一引理.

由式 (5.2) 并借鉴文献 [147] 中证明不变集合的方法, 可以得到如下引理.

引理 5.1　设 $f(u)$ 满足条件 1.11~条件 1.13, $u_0(x) \in H_0^1(\Omega)$, $u_1 \in L^2(\Omega)$. 如果 $0 < e < d$, $\delta \in (\delta_1, \delta_2)$, 且 (δ_1, δ_2) 是使不等式 $d(\delta) > e$ 成立并包括 $\delta = 1$ 在内的最大区间, 那么

(I) 在 $I(u_0) > 0$ 或 $\|\nabla u_0\| = 0$, $0 < E(0) \leqslant e$ 的前提下, 对于 $\delta \in (\delta_1, \delta_2)$, 系统 (1.4) 的任意弱解都属于集合 W_δ;

(II) 在 $I(u_0) < 0$, $0 < E(0) \leqslant e$ 的前提下, 对于 $\delta \in (\delta_1, \delta_2)$, 系统 (1.4) 的任意弱解都属于集合 V_δ.

将引理 5.1 的 (I) 中的 δ 取为 1, 得出对于 $0 \leqslant t < \infty$, 有 $u \in W$. 综合上述两部分的证明知定理得证.　　　　　　　　　　　　　　　　　　　　　□

以下一个推论和一个定理分别是定理 5.1 与推论 5.1 的进一步刻画, 它们从不同的初值条件出发, 都得到了整体弱解存在. 这说明将原来的单个位势并初值条件

换为位势井族初始条件, 依然可得弱解存在的结论, 而实际上, 这是更理想的结果, 因为位势井族能够将解空间进行更细的剖分. 下面就来叙述这两个结论.

推论 5.1　若将定理 5.1 中的假设条件 "$E(0) < d$, $I(u_0) > 0$" 换为 "$0 < E(0) < d$, $I_{\delta_2}(u_0) > 0$", 且 (δ_1, δ_2) 是使不等式 $d(\delta) > E(0)$ 成立并包括 $\delta = 1$ 在内的最大区间, 则系统 (1.4) 存在一个整体弱解 $u(t) \in L^\infty\left(0, \infty; H_0^1(\Omega)\right)$, $u_t(t) \in L^\infty\left(0, \infty; L^2(\Omega)\right)$, 对于 $\delta \in (\delta_1, \delta_2)$, $0 \leqslant t < \infty$, 恒有 $u(t) \in W_\delta$.

定理 5.2　若将推论 5.1 中的假设条件 "$I_{\delta_2}(u_0) > 0$ 或 $\|\nabla u_0\| = 0$" 换为 "$\|\nabla u_0\| < r(\delta_2)$", 则系统 (1.4) 存在一个整体弱解 $u(t) \in L^\infty\left(0, \infty; H_0^1(\Omega)\right)$, $u_t(t) \in L^\infty\left(0, \infty; L^2(\Omega)\right)$ 同时解函数 $u(x, t)$ 满足

$$\|\nabla u\|^2 \leqslant \frac{E(0)}{a(\delta_1)}, \quad \|u_t\|^2 \leqslant 2E(0), \quad 0 \leqslant t < \infty. \tag{5.9}$$

证明:　由 $\|\nabla u_0\| < r(\delta_2)$ 知 $I_{\delta_2}(u_0) > 0$ 或 $\|\nabla u_0\| = 0$. 结合推论 5.1 可得出系统 (1.4) 存在一个整体弱解为 $u(t) \in L^\infty\left(0, \infty; H_0^1(\Omega)\right)$, $u_t(t) \in L^\infty\left(0, \infty; L^2(\Omega)\right)$, 且对 $\delta \in (\delta_1, \delta_2)$, $0 \leqslant t < \infty$, 恒有 $u(t) \in W_\delta$. 由表达式

$$\frac{1}{2}\|u_t\|^2 + a(\delta)\|\nabla u\|^2 + \frac{1}{p+1}I_\delta(u) \leqslant \frac{1}{2}\|u_t\|^2 + J(u) \leqslant E(0), \quad \delta \in (\delta_1, \delta_2), \quad 0 \leqslant t < \infty,$$

令 $\delta \to \delta_1$, 便推出式 (5.9) 成立.　　□

接下来讨论系统 (1.4) 的整体强解的存在性问题. 与此系统的整体弱解存在条件相比, 这里不难发现保证强解存在的条件要强一些, 因为它要求源项的导数小于等于 $b|u|^{q_1}$, 而整体弱解存在只需 $|f(u)| \leqslant a|u|^q$.

定理 5.3　设 $\gamma \geqslant 0$, $f(u)$ 满足如下条件:

(I) $f(u) \in C^1$, $f(0) = 0$ 和 $u(uf'(u) - f(u)) \geqslant 0$, 当且仅当 $u = 0$ 时不等式中的等号成立;

(II) 对于某些 $b > 0$ 有 $|f'(u)| \leqslant b|u|^{q_1}$, 且当 $n \geqslant 3$ 时, $0 < q_1 \leqslant \dfrac{2}{n-2}$; 当 $n = 1, 2$ 时, $0 < q_1 < \infty$.

(III) $u_0(x) \in H^2(\Omega) \cap H_0^1(\Omega)$, $u_1(x) \in H_0^1(\Omega)$. 对某些 $1 < p \leqslant q_1 + 1$, 有 $(p+1)F(u) \leqslant uf(u)$ 成立且 $F(u) = \displaystyle\int_0^u f(s)\mathrm{d}s$.

如果 $E(0) < d$, $I(u_0) > 0$ 或 $\|\nabla u_0\| = 0$, 那么系统 (1.4) 存在一个整体强解为 $u(t) \in L^\infty\left(0, T; H^2(\Omega)\right) \cap L^\infty\left(0, \infty; H_0^1(\Omega)\right)$, $u_t(t) \in L^\infty\left(0, T; H_0^1(\Omega)\right) \cap$

$L^\infty\left(0,\infty;L^2(\Omega)\right)$ 和 $u_{tt}(t) \in L^\infty\left(0,T;L^2(\Omega)\right)$, 对于任意 $T > 0$ 都成立. 且当 $0 \leqslant t < \infty$ 时, 恒有 $u(t) \in W$.

证明: 很明显由条件 (I) 可以推得条件 1.11 成立, 这里 $q = q_1 + 1$. 设 $\{w_j\}$ 是如下问题的特征函数系:

$$\Delta w + \lambda w = 0, \ x \in \Omega, \ w|_{\partial\Omega} = 0.$$

类似于定理 5.1 构造问题的近似解. 则由式 (5.8) 可以推出

$$\frac{1}{2}\|u_{mt}\|^2 + \frac{p-1}{2(p+1)}\|\nabla u_m\|^2 + \frac{1}{p+1}I(u_m) \leqslant E_m(t) \leqslant E_m(0) < d$$

对于充分大的 m 成立. 由充分大的 m, 有 $u_m \in W$, 由此得到

$$\|\nabla u_m\|^2 < \frac{2(p+1)}{p-1}d, \ \|u_{mt}\|^2 < 2d, \ 0 \leqslant t < \infty. \tag{5.10}$$

以下参照定理 5.1 的证明思路, 令 $\{u_\nu\}$ 和 $u \in L^\infty\left(0,\infty;H_0^1(\Omega)\right)$, $u_t \in L^\infty(0,\infty; L^2(\Omega))$, 则 u 是系统 (1.4) 的一个整体弱解. 下面将式 (5.5) 两端同时乘以 $\lambda_s g'_{sm}(t)$ 并对 s 求和得

$$\begin{aligned}
&\frac{\mathrm{d}}{\mathrm{d}t}\left(\frac{1}{2}\|\nabla u_{mt}\|^2 + \frac{1}{2}\|\Delta u_m\|^2\right) + \gamma\|\nabla u_{mt}\|^2 \\
&= (f'(u_m)\nabla u_m, \nabla u_{mt}) \\
&\leqslant \|f'(u_m)\|_r\|\nabla u_m\|_s\|\nabla u_{mt}\| \\
&\leqslant C\|f'(u_m)\|_r\|\Delta u_m\|\|\nabla u_{mt}\|,
\end{aligned} \tag{5.11}$$

式中, 若 $n \geqslant 3$, $s = \dfrac{2n}{n-2}$, $r = n$; 若 $n = 1, 2$, $s = r = 4$.

另一方面, 结合条件 (I) 和式 (5.10), 可得, 对 $0 \leqslant t < \infty$ 有 $\|f'(u_m)\|_r \leqslant C$. 由式 (5.11), 可知以下不等式放缩成立:

$$\frac{\mathrm{d}}{\mathrm{d}t}\left(\frac{1}{2}\|\nabla u_{mt}\|^2 + \frac{1}{2}\|\Delta u_m\|^2\right) \leqslant C\left(\|\nabla u_{mt}\|^2 + \|\Delta u_m\|^2\right).$$

运用 Gronwall 不等式, 得到

$$\|\nabla u_{mt}\|^2 + \|\Delta u_m\|^2 \leqslant C(T), \ 0 \leqslant t \leqslant T. \tag{5.12}$$

将式 (5.5) 两端同时乘以 $g''_{sm}(t)$ 并对 s 求和得

$$\|u_{mtt}\|^2 = (\Delta u_m - \gamma u_{mt} + f(u_m), u_{mtt})$$

$$\leqslant (\|\Delta u_m\| + \gamma\|u_{mt}\| + \|f(u_m)\|)\, \|u_{mtt}\|$$

$$\leqslant C(T)\|u_{mtt}\|$$

与

$$\|u_{mtt}\| \leqslant C(T),\ 0 \leqslant t \leqslant T. \tag{5.13}$$

结合式 (5.12) 和式 (5.13), 推出 $u \in L^\infty\left(0, T; H^2(\Omega)\right)$, $u_t \in L^\infty\left(0, T; H_0^1(\Omega)\right)$ 和 $u_{tt} \in L^\infty\left(0, T; L^2(\Omega)\right)$, 对于任意 $T > 0$ 均成立, 且 u 是系统 (1.4) 的整体强解. □

下面将借助位势井理论和古典凸函数法证明 $E(0) < d$ 时系统 (1.4) 的解的整体非存在性, 更进一步说是解的有限时间爆破的结论.

古典凸函数法 (亦称传统凸函数法) 最早的论述见 Levine 和 Payne [102] 与 Payne 和 Sattinger [123]. 而在本部分中对凸函数法的利用与文献 [102] 和文献 [123] 中对解的爆破性质的证明过程相似. 本部分的改进之处在于在证明过程中引入了解的不变集合并进行了证明, 见引理 5.1 中的 (II) 及对于耗散项的处理. 这同时也是证明有限时间爆破的一个难点.

定理 5.4　设 $0 \leqslant \gamma < (p-1)\lambda_1$, $f(u)$ 满足条件 1.11～条件 1.13, $u_0 \in H_0^1(\Omega)$, $u_1 \in L^2(\Omega)$. 如果 $E(0) < d$ 和 $I(u_0) < 0$, 那么系统 (1.4) 的解的存在时间是有限的, 式中,

$$\lambda_1 = \inf_{u \in H_0^1(\Omega),\, \|\nabla u\| \neq 0} \frac{\|\nabla u\|}{\|u\|}.$$

证明： 设 $u(t)$ 是系统 (1.4) 的任一弱解, T 是解 $u(t)$ 的最大存在时间. 这里需要证出 $T < \infty$. 利用原命题与逆否命题的关系, 利用反证法. 如若不然, 则有 $T = +\infty$. 构造与解相关的辅助函数为

$$M(t) = \|u\|^2,$$

于是易得其一阶导数为

$$\dot{M}(t) = 2(u_t, u),$$

二阶导数为

$$\ddot{M}(t) = 2\|u_t\|^2 + 2(u_{tt}, u) = 2\|u_t\|^2 - 2\gamma(u_t, u) - 2I(u), \tag{5.14}$$

将能量不等式

$$\frac{1}{2}\|u_t\|^2 + \frac{p-1}{2(p+1)}\|\nabla u\|^2 + \frac{1}{p+1}I(u) \leqslant E(t) \leqslant E(0)$$

代入式 (5.14) 整理得

$$\ddot{M}(t) \geqslant (p+3)\|u_t\|^2 - 2\gamma(u_t, u) + (p-1)\|\nabla u\|^2 - 2(p+1)E(0). \tag{5.15}$$

同时将根据初始能量的不同情形对问题进行讨论.

情形 I: $E(0) \leqslant 0$. 此时一定有

$$\ddot{M}(t) \geqslant (p+3)\|u_t\|^2 - 2\gamma(u_t, u) + (p-1)\lambda_1^2\|u\|^2.$$

由 $\gamma < (p-1)\lambda_1$ 可知存在一个 $\varepsilon \in (0, p-1)$ 使得

$$\gamma^2 < (p-1-\varepsilon)(p-1)\lambda_1^2.$$

于是得到

$$\ddot{M}(t) \geqslant (4+\varepsilon)\|u_t\|^2 + (p-1-\varepsilon)\|u_t\|^2 - 2\gamma(u_t, u) + (p-1)\lambda_1^2\|u\|^2.$$

结合上式及

$$\begin{aligned}
2\gamma(u_t, u) &\leqslant (p-1-\varepsilon)\|u_t\|^2 + \frac{\gamma^2}{p-1-\varepsilon}\|u\|^2 \\
&\leqslant (p-1-\varepsilon)\|u_t\|^2 + (p-1)\lambda_1^2\|u\|^2,
\end{aligned}$$

不难得出

$$\ddot{M}(t) \geqslant (4+\varepsilon)\|u_t\|^2. \tag{5.16}$$

利用施瓦茨不等式可知

$$\ddot{M}(t)M(t) - \frac{4+\varepsilon}{4}\dot{M}^2(t) \geqslant (4+\varepsilon)\left(\|u_t\|^2\|u\|^2 - (u_t, u)^2\right) \geqslant 0,$$

$$\left(M^{-\alpha}(t)\right)'' = \frac{-\alpha}{M^{\alpha+2}(t)} \left(\ddot{M}(t)M(t) - (\alpha+1)\dot{M}^2(t)\right) \leqslant 0,$$

$$\alpha = \frac{\varepsilon}{4},\ 0 \leqslant t < \infty.$$

因此, 必存在一个 $T_1 > 0$ 使得

$$\lim_{t \to T_1} M^{-\alpha}(t) = 0$$

及

$$\lim_{t \to T_1} M(t) = +\infty,$$

得出 $M(t)$ 无界与 $M(t) = \|u\|^2$ 是有界的相矛盾, 于是 $T = +\infty$ 是不成立的.

情形 II: $0 < E(0) < d$. 运用引理 5.1 中 (II) 的结论, 可知对于 $1 < \delta < \delta_2$, $0 \leqslant t < \infty$, 有 $u \in V_\delta$, 式中, $\delta \in (\delta_1, \delta_2)$, (δ_1, δ_2) 为包括 $\delta = 1$ 在内且使得 $d(\delta) > E(0)$ 成立的最大区间. 由此当 $1 < \delta < \delta_2, 0 \leqslant t < \infty$ 时, 有 $I_\delta(u) < 0$ 和 $\|\nabla u\| > r(\delta)$. 更进一步, 可知对于 $0 \leqslant t < \infty$, $I_{\delta_2}(u) \leqslant 0$ 和 $\|\nabla u\| \geqslant r(\delta_2)$ 都成立. 从式 (5.14) 知

$$\frac{\mathrm{d}}{\mathrm{d}t}\left(\mathrm{e}^{\gamma t}\dot{M}(t)\right) = 2\mathrm{e}^{\gamma t}\left(\|u_t\|^2 - I(u)\right)$$

$$= 2\mathrm{e}^{\gamma t}\left(\|u_t\|^2 + (\delta_2 - 1)\|\nabla u\|^2 - I_{\delta_2}(u)\right)$$

$$\geqslant 2\mathrm{e}^{\gamma t}(\delta_2 - 1)r^2(\delta_2) = C(\delta_2)\mathrm{e}^{\gamma t},$$

$$\mathrm{e}^{\gamma t}\dot{M}(t) \geqslant C(\delta_2)\int_0^t \mathrm{e}^{\gamma \tau}\mathrm{d}\tau + \dot{M}(0) = \frac{C(\delta_2)}{\gamma}(\mathrm{e}^{\gamma t} - 1) + \dot{M}(0),$$

$$\dot{M}(t) \geqslant \frac{C(\delta_2)}{\gamma}(1 - \mathrm{e}^{-\gamma t}) + \mathrm{e}^{-\gamma t}\dot{M}(0).$$

所以必存在一个 $t_0 > 0$ 使得

$$\dot{M}(t) \geqslant \frac{C(\delta_2)}{2\gamma},\ t \geqslant t_0$$

及由之可以推出

$$M(t) \geqslant \frac{C(\delta_2)}{2\gamma}(t - t_0) + M(t_0) \geqslant \frac{C(\delta_2)}{2\gamma}(t - t_0),\ t \geqslant t_0. \tag{5.17}$$

另一方面, 由 $\gamma < (p-1)\lambda_1$ 不难得到存在一个 $\varepsilon \in (0, p-1)$ 使得

$$\gamma^2 < (p - 1 - \varepsilon)\left((p-1)\lambda_1^2 - \varepsilon\right).$$

由式 (5.15) 可得

$$\ddot{M}(t) \geqslant (p+3)\|u_t\|^2 - 2\gamma(u_t, u) + (p-1)\lambda_1^2\|u\|^2 - 2(p+1)E(0)$$

$$= (4+\varepsilon)\|u_t\|^2 + (p-1-\varepsilon)\|u_t\|^2 - 2\gamma(u_t, u)$$

$$+ \left((p-1)\lambda_1^2 - \varepsilon\right)\|u\|^2 + \varepsilon M(t) - 2(p+1)E(0). \tag{5.18}$$

进而结合式 (5.18) 和

$$2\gamma(u_t, u) \leqslant (p-1-\varepsilon)\|u_t\|^2 + \frac{\gamma^2}{p-1-\varepsilon}\|u\|^2$$

$$\leqslant (p-1-\varepsilon)\|u_t\|^2 + \left((p-1)\lambda_1^2 - \varepsilon\right)\|u\|^2,$$

将上式代入式 (5.18) 推出

$$\ddot{M}(t) \geqslant (4+\varepsilon)\|u_t\|^2 + \varepsilon M(t) - 2(p+1)E(0).$$

由式 (5.17) 知存在一个 $t_1 > 0$ 使得

$$\varepsilon M(t) > 2(p+1)E(0), \quad t > t_1$$

和

$$\ddot{M}(t) > (4+\varepsilon)\|u_t\|^2, \ t > t_1.$$

剩余部分的证明与情形 I 同理, 可参照情形 I 的证明思路和步骤进行.

综合上述两种情形的分析证明, 假设 $T = \infty$ 是错误的, 总有 $T < \infty$. 结论得证. □

将定理 5.1 与定理 5.4 进行比较, 便得到如下关于系统 (1.4) 的解的整体存在和有限时间爆破的最佳条件 (门槛条件).

定理 5.5　设 $0 \leqslant \gamma < (p-1)\lambda_1$, $f(u)$ 满足条件 1.11~条件 1.13, $u_0(x) \in H_0^1(\Omega)$, $u_1(x) \in L^2(\Omega)$. 如果 $E(0) < d$, 那么当 $I(u_0) > 0$ 时, 系统 (1.4) 必存在一个整体弱解; 当 $I(u_0) < 0$ 时, 系统必不存在任何整体弱解.

注解 5.2　由于定理 5.4 在 $0 < E(0) < d$ 时整体解非存在的证明强烈依赖于 $u \in V_\delta$, 式中, $1 < \delta < \delta_2$; u 为系统在 $0 < E(0) < d$ 和 $I(u_0) < 0$ 限制下的一个解. 因此位势井族 $\{V_\delta\}$ 的引入在这个定理的证明中是非常必要的.

接下来主要研究系统 (1.4) 在正初始能量 $0 < E(0) < d$ 下解的长时间行为. 将利用乘子法讨论系统 (1.4) 在初始能量 $0 < E(0) < d$ 时的渐近性. 在给出衰减定理之前, 先给出一个基本引理. 此引理指出, 当初值落在稳定集合 W 中时, Nahari 泛函 $I(u)$ 可进行如下形式的转换或放缩. 而这两种替代形式是乘子法推导中必不可少的, 关于这一点在定理的证明中会看到.

引理 5.2 设 $\gamma \geqslant 0$, $f(u)$ 满足条件 1.11, 且 $u(x,t)$ 是系统 (1.4) 在条件 $0 < E(0) < d$, $I(u_0) > 0$ 或 $\|\nabla u_0\| = 0$ 下的任意一个弱解, 那么

(I) $I(u) = \|u_t\|^2 - \dfrac{\mathrm{d}}{\mathrm{d}t}(u_t, u) - \dfrac{\gamma}{2}\dfrac{\mathrm{d}}{\mathrm{d}t}\|u\|^2$;

(II) $I(u) \geqslant (1 - \delta_1)\|\nabla u\|^2$,

式中, $\delta \in (\delta_1, \delta_2)$, (δ_1, δ_2) 为包括 $\delta = 1$ 在内且使得 $d(\delta) > E(0)$ 成立的最大区间.

证明: 设 $u(t)$ 是系统 (1.4) 满足条件 $0 < E(0) < d$, $I(u_0) > 0$ 或 $\|\nabla u_0\| = 0$ 的任意一个弱解, T 为解 $u(t)$ 的最大存在时间.

(I) 将系统 (1.4) 的第一个方程两端都乘以 u, 在 Ω 上积分, 整理后可以得到结论 (I).

(II) 基于引理 5.1 中 (I) 的事实, 可知当 $\delta_1 < \delta < 1$, $0 \leqslant t < T$ 时, 必有 $u(t) \in W_\delta$. 因此对于 $\delta_1 < \delta < 1$, $0 \leqslant t < T$, 必有 $I_\delta(u) \geqslant 0$, 且对 $0 \leqslant t < T$, 一定有 $I_{\delta_1}(u) \geqslant 0$ 成立. 由此可推得

$$I(u) = \|\nabla u\|^2 - \int_\Omega u f(u)\mathrm{d}x = (1 - \delta_1)\|\nabla u\|^2 + I_{\delta_1}(u) \geqslant (1 - \delta_1)\|\nabla u\|^2. \qquad \square$$

在以上引理的基础上, 得出如下关于系统 (1.4) 的强解在 $0 < E(0) < d$ 时的渐近定理. 此定理表明能量的衰减呈指数型, 较之多项式型的衰减有更快的衰减速率.

定理 5.6 设 $\gamma > 0$, $f(u)$ 满足定理 5.3 中的条件 (I), $u_0 \in H^2(\Omega) \cap H_0^1(\Omega)$, $u_1 \in H_0^1(\Omega)$. 如果 $0 < E(0) < d$, $I(u_0) > 0$ 或 $\|\nabla u_0\| = 0$, 那么由定理 5.3 给出的系统 (1.4) 的整体强解有渐近性质:

$$E(t) \leqslant C\mathrm{e}^{-\lambda t}, \ 0 \leqslant t < \infty \tag{5.19}$$

和

$$\|u_t\|^2 + \|\nabla u\|^2 \leqslant C_1\mathrm{e}^{-\lambda t}, \ 0 \leqslant t < \infty, \tag{5.20}$$

式中, C, C_1 和 λ 为某些正常数.

证明: 设 $u(t)$ 为由定理 5.3 给出的系统 (1.4) 的整体强解. 由定理 5.3 和引理 5.1 中的 (I), 可知对任意的 $T > 0$, 有 $u(t) \in L^\infty\left(0, T; H^2(\Omega)\right) \cap L^\infty\left(0, \infty; H_0^1(\Omega)\right)$, $u_t(t) \in L^\infty\left(0, T; H_0^1(\Omega)\right) \cap L^\infty\left(0, \infty; L^2(\Omega)\right)$, $u_{tt}(t) \in L^\infty(0, \infty; L^2(\Omega))$, 且对于 $0 \leqslant t < \infty$, $\delta_1 < \delta < \delta_2$, 必有 $u(t) \in W_\delta$, 式中, $\delta \in (\delta_1, \delta_2)$, (δ_1, δ_2) 为包括 $\delta = 1$ 在内且使得 $d(\delta) > E(0)$ 成立的最大区间.

将系统 (1.4) 的第一个方程两端都乘以 u_t, 在 Ω 上积分, 用 $\mathrm{e}^{\alpha t}$ $(\alpha > 0)$ 去乘所得等式的两端, 经过计算整理得

$$\frac{\mathrm{d}}{\mathrm{d}t}\left(\mathrm{e}^{\alpha t} E(t)\right) + \gamma \mathrm{e}^{\alpha t}\|u_t\|^2 = \alpha \mathrm{e}^{\alpha t} E(t), \ 0 \leqslant t < T, \ T > 0. \tag{5.21}$$

对式 (5.21) 两端关于时间从 0 到 t 积分得到

$$\mathrm{e}^{\alpha t} E(t) + \gamma \int_0^t \mathrm{e}^{\alpha \tau}\|u_\tau\|^2 \mathrm{d}\tau \leqslant E(0) + \alpha \int_0^t \mathrm{e}^{\alpha \tau} E(\tau) \mathrm{d}\tau, \ 0 \leqslant t < \infty. \tag{5.22}$$

由于 $u(t) \in W$ 和能量不等式

$$E(t) \geqslant \frac{1}{2}\|u_t\|^2 + \frac{p-1}{2(p+1)}\|\nabla u\|^2 + \frac{1}{p+1} I(u),$$

综合推出

$$E(t) \geqslant \frac{1}{2}\|u_t\|^2 + \frac{p-1}{2(p+1)}\|\nabla u\|^2 \geqslant 0, \ 0 \leqslant t < \infty. \tag{5.23}$$

进而, 由引理 5.2 可以看出

$$\begin{aligned}
\int_0^t \mathrm{e}^{\alpha \tau} E(\tau) \mathrm{d}\tau &\leqslant \frac{1}{2} \int_0^t \mathrm{e}^{\alpha \tau}\|u_\tau\|^2 \mathrm{d}\tau + \frac{1}{2} \int_0^t \mathrm{e}^{\alpha \tau}\|\nabla u\|^2 \mathrm{d}\tau \\
&\leqslant \frac{1}{2} \int_0^t \mathrm{e}^{\alpha \tau}\|u_\tau\|^2 \mathrm{d}\tau + \frac{1}{2(1-\delta_1)} \int_0^t \mathrm{e}^{\alpha \tau} I(u) \mathrm{d}\tau \\
&= \frac{1}{2}\left(1 + \frac{1}{1-\delta_1}\right) \int_0^t \mathrm{e}^{\alpha \tau}\|u_\tau\|^2 \mathrm{d}\tau \\
&\quad - \frac{1}{2(1-\delta_1)} \int_0^t \mathrm{e}^{\alpha \tau} \frac{\mathrm{d}}{\mathrm{d}\tau}\left((u_\tau, u) + \frac{\gamma}{2}\|u\|^2\right) \mathrm{d}\tau
\end{aligned} \tag{5.24}$$

$$-\int_0^t e^{\alpha\tau}\frac{d}{d\tau}\left((u_\tau, u) + \frac{\gamma}{2}\|u\|^2\right)d\tau$$

$$= (u_1, u_0) + \frac{\gamma}{2}\|u_0\|^2 - e^{\alpha t}\left((u_t, u) + \frac{\gamma}{2}\|u\|^2\right)$$

$$+\alpha\int_0^t e^{\alpha\tau}\left((u_\tau, u) + \frac{\gamma}{2}\|u\|^2\right)d\tau$$

$$\leqslant \frac{1}{2}\left(\|u_1\|^2 + (1+\gamma)\|u_0\|^2\right) + \frac{1}{2}e^{\alpha t}\left(\|u_t\|^2 + (1+\gamma)\|u\|^2\right)$$

$$+\frac{\alpha}{2}\int_0^t e^{\alpha\tau}\left(\|u_\tau\|^2 + (1+\gamma)\|u\|^2\right)d\tau. \tag{5.25}$$

由定理 5.1, 式 (5.23)~式 (5.25) 可整理推得

$$e^{\alpha t}E(t) + \gamma\int_0^t e^{\alpha\tau}\|u_\tau\|^2 d\tau$$

$$\leqslant C_0 E(0) + \frac{\alpha}{2}\left(1 + \frac{1}{1-\delta_1}\right)\int_0^t e^{\alpha\tau}\|u_\tau\|^2 d\tau + \alpha C_1 e^{\alpha t}E(t)$$

$$+\alpha^2 C_1\int_0^t e^{\alpha\tau}E(\tau)d\tau, \tag{5.26}$$

式中, C_0 与 C_1 为正常数. 取 α 的值使其满足

$$0 < \alpha < \min\left\{\frac{1}{2C_1}, \frac{2\gamma}{1 + \frac{1}{1-\delta_1}}\right\}.$$

因此式 (5.26) 变为

$$e^{\alpha t}E(t) \leqslant 2C_0 E(0) + 2\alpha^2 C_1\int_0^t e^{\alpha\tau}E(\tau)d\tau, \ 0 \leqslant t < \infty,$$

通过使用 Gronwall 不等式, 得出

$$e^{\alpha t}E(t) \leqslant 2C_0 E(0)e^{2C_1\alpha^2 t}$$

及式 (5.19), 式中, $C = 2C_0 E(0) > 0$; $\lambda = \alpha(1 - 2C_1\alpha) > 0$.

更进一步, 结合式 (5.19) 和式 (5.23), 便推出了式 (5.14) 成立.　　　□

下面给出整体弱解的衰减定理, 与定理 5.6 相同的是在用乘子法证明中依然需要 Nahari 泛函 $I(u)$ 的等价和放缩形式. 不同的是二者的 $I(u)$ 的等价和放缩形式并不完全一致. 而此时的 $I(u)$ 可以表示为如下引理给出的形式.

引理 5.3　设 $\gamma > 0$, $f(u)$ 满足条件 1.11~条件 1.13, $u_0(x) \in H_0^1(\Omega)$, $u_1(x) \in L^2(\Omega)$. 如果 $E(0) < d$, $I(u_0) > 0$ 或 $\|\nabla u_0\| = 0$, 那么对于由定理 5.1 给出的整体弱解 $u(x,t)$ 有如下结论:

（I）$I(u_m) = \|u_{mt}\|^2 - \dfrac{\mathrm{d}}{\mathrm{d}t}(u_{mt}, u_m) - \dfrac{\gamma}{2}\dfrac{\mathrm{d}}{\mathrm{d}t}\|u_m\|^2$，对于任意的 m；

（II）$I(u_m) \geqslant (1 - \delta_1)\|\nabla u_m\|^2$，对于充分大的 m，

式中，$\delta \in (\delta_1, \delta_2)$，$(\delta_1, \delta_2)$ 为包括 $\delta = 1$ 在内且使得 $(\delta_1, \delta_2) \subset (0, \delta_0)$ 和 $E(0) < d(\delta)$ 成立的最大区间.

证明：（I）将系统 (1.4) 的第一个方程两端同时乘以 $g_{sm}(t)$ 并对 s 求和，即可推出此引理中的 (I) 成立.

（II）对 $\delta \in (\delta_1, \delta_2)$，有 $E(0) < d(\delta)$，由此可知对 $\delta \in (\delta_1, \delta_2)$ 和充分大的 m，必可得出 $E_m(0) < d(\delta)$. 结合式 (5.8)，能够得到

$$\frac{1}{2}\|u_{mt}\|^2 + J(u_m) + \gamma \int_0^t \|u_{m\tau}\|^2 \mathrm{d}\tau \leqslant E_m(0) < d(\delta), \quad \delta \in (\delta_1, \delta_2). \tag{5.27}$$

对式 (5.27) 进行与文献 [147] 中证明定理 3.1 过程相似的变换和处理方法，推出对 $\delta \in (\delta_1, \delta_2)$，$0 \leqslant t < \infty$ 和充分大的 m，有 $u_m \in W_\delta$. 因此，可知对于 $\delta \in (\delta_1, \delta_2)$，$0 \leqslant t < \infty$ 和充分大的 m，$I_\delta(u_m) \geqslant 0$ 成立，并由此得到对 $0 \leqslant t < \infty$ 和充分大的 m，一定有 $I_{\delta_1}(u_m) \geqslant 0$. 于是对充分大的 m，可得

$$I(u_m) = (1 - \delta_1)\|\nabla u_m\|^2 + I_{\delta_1}(u_m) \geqslant (1 - \delta_1)\|\nabla u_m\|^2. \qquad \square$$

有以上引理做铺垫，接下来，讨论系统 (1.4) 的整体弱解在 $E(0) < d$ 情形下的长时间行为，并由以下定理给出.

定理 5.7　设 $\gamma > 0$，$f(u)$ 满足条件 1.11～条件 1.13，$u_0(x) \in H_0^1(\Omega)$，$u_1(x) \in L^2(\Omega)$. 如果 $E(0) < d$，$I(u_0) > 0$ 或 $\|\nabla u_0\| = 0$，那么对于由定理 5.1 得出的整体弱解 $u(t)$，式 (5.19) 和式 (5.20) 仍然成立.

证明：设 $\{u_m\}$ 为证明定理 5.1 时构造的近似解. 由定理 5.1 的证明过程知

$$\frac{\mathrm{d}E_m(t)}{\mathrm{d}t} + \gamma\|u_{mt}\|^2 = 0. \tag{5.28}$$

对式 (5.28) 两端乘以 $\mathrm{e}^{\alpha t}(\alpha > 0)$，可得

$$\frac{\mathrm{d}}{\mathrm{d}t}\left(\mathrm{e}^{\alpha t}E_m(t)\right) + \gamma\mathrm{e}^{\alpha t}\|u_{mt}\|^2 = \alpha\mathrm{e}^{\alpha t}E_m(t), \quad 0 \leqslant t < \infty, \tag{5.29}$$

式中，

$$E_m(t) = \frac{1}{2}\|u_{mt}\|^2 + \frac{1}{2}\|\nabla u_m\|^2 - \int_\Omega F(u_m)\mathrm{d}x.$$

注意到对 u_m 而言, 引理 5.3 中的 (I) 和 (II) 结论均成立. 于是, 只需对式 (5.29) 重复与定理 5.6 相同的证明步骤, 即可得出

$$E_m(t) \leqslant CE_m(0)\mathrm{e}^{-\lambda t},\ 0 \leqslant t < \infty,$$

式中, C 和 λ 为不依赖于 m 的正常数, 由此可知

$$\frac{1}{2}\|u_{mt}\|^2 + \frac{1}{2}\|\nabla u_m\|^2 \leqslant CE_m(0)\mathrm{e}^{-\lambda t} + \int_\Omega F(u_m)\mathrm{d}x,\ 0 \leqslant t < \infty. \qquad (5.30)$$

设 $\{u_\nu\}$ 为定理 5.6 证明过程中给出的近似解 $\{u_m\}$ 的子序列. 那么可以得到

$$\lim_{\nu \to \infty} \int_\Omega F(u_\nu)\mathrm{d}x = \int_\Omega F(u)\mathrm{d}x.$$

于是结合式 (5.30) 得出估计

$$\begin{aligned}
\frac{1}{2}\|u_t\|^2 + \frac{1}{2}\|\nabla u\|^2 &\leqslant \lim_{\nu \to \infty}\inf \frac{1}{2}\|u_{\nu t}\|^2 + \lim_{\nu \to \infty}\inf \frac{1}{2}\|\nabla u_\nu\|^2 \\
&\leqslant \lim_{\nu \to \infty}\inf \left(\frac{1}{2}\|u_{\nu t}\|^2 + \frac{1}{2}\|\nabla u_\nu\|^2 \right) \\
&\leqslant \lim_{\nu \to \infty}\inf \left(CE_\nu(0)\mathrm{e}^{-\lambda t} + \int_\Omega F(u_\nu)\mathrm{d}x \right) \\
&= \lim_{\nu \to \infty}\inf \left(CE_\nu(0)\mathrm{e}^{-\lambda t} + \int_\Omega F(u_\nu)\mathrm{d}x \right) \\
&= CE(0)\mathrm{e}^{-\lambda t} + \int_\Omega F(u)\mathrm{d}x,
\end{aligned}$$

综上各式可知式 (5.19) 和式 (5.20) 得到证明. $\qquad\qquad\qquad\qquad\qquad\square$

注解 5.3　由于定理 5.6 和 定理 5.7 的证明过程强烈依赖于不变集合 $u \in W_\delta$, 式中, $\delta_1 < \delta < 1$; $u(t)$ 为 $0 < E(0) < d$, $I(u_0) > 0$ 或 $\|\nabla u_0\| = 0$ 限制下系统 (1.4) 对应的强解或弱解, $\delta \in (\delta_1, \delta_2)$, (δ_1, δ_2) 为包括 $\delta = 1$ 在内且使得 $E(0) < d(\delta)$ 成立的最大区间. 因此, 位势井族 $\{W_\delta\}$ 的引入对于定理 5.6 和 定理 5.7 的证明十分必要.

5.1.3　临界初始能量下耗散波动系统的可解性

本小节主要研究系统 (1.4) 在临界初始能量 $E(0) = d$ 情形下解的整体存在性、非存在性和长时间行为.

需要先证明稳定集合与不稳定集合 W' 和 V' 的不变性.

引理 5.4 设 $\gamma > 0$, $f(u)$ 满足条件 1.11, $u_0 \in H_0^1(\Omega)$, $u_1 \in L^2(\Omega)$,

$$W' = \{u \in H_0^1(\Omega)|I(u) > 0\} \cup \{0\},$$

$$V' = \{u \in H_0^1(\Omega)|I(u) < 0\}.$$

如果 $E(0) = d$, 那么集合 W' 和 V' 在系统 (1.4) 的流之下都具有不变的性质.

证明: 下面分两步来证明引理 5.4, 在步骤 I 中考虑集合 W' 的不变性, 在步骤 II 中给出集合 V' 的不变性.

步骤 I: 设 $u(t)$ 是系统 (1.4) 满足条件 $E(0) = d$, $I(u_0) > 0$ 或 $\|\nabla u_0\| = 0$ 的任意一个弱解, T 是解 $u(t)$ 的最大存在时间. 下面证明对于任意的 $0 < t < T$, 有 $u(t) \in W'$. 假设这个结论不成立, 则必存在一个时间点 $t_0 \in (0, T)$ 使得 $u(t_0) \in \partial W'$, 即 $I(u(t_0)) = 0$, $\|\nabla u(t_0)\| \neq 0$. 进而得到 $J(u(t_0)) \geqslant d$. 因此由能量不等式

$$\frac{1}{2}\|u_t\|^2 + J(u) + \gamma \int_0^t \|u_\tau\|^2 \mathrm{d}\tau \leqslant E(0) = d,$$

知对于 $0 \leqslant t \leqslant t_0$ $\int_0^{t_0} \|u_t\|^2 \mathrm{d}t = 0$ 和 $\|u_t\| = 0$ 成立, 这意味着对于 $x \in \Omega$, $0 \leqslant t \leqslant t_0$ 和 $u(x, t) = u_0(x)$, 必有 $\dfrac{\mathrm{d}u}{\mathrm{d}t} = 0$. 由此推断得出 $I(u(t_0)) = I(u_0) > 0$, 而此式与 $I(u(t_0)) = 0$ 相矛盾. 故假设结论不成立是错误的, 即对于任意的 $0 < t < T$, 必有 $u(t) \in W'$.

步骤 II: 设 $u(t)$ 是系统 (1.4) 满足条件 $E(0) = d$, $I(u_0) < 0$ 的任意一个弱解, T 是解 $u(t)$ 的最大存在时间. 下面证明对于任意的 $0 < t < T$, 有 $u(t) \in W'$. 假设这个结论不成立, 则必存在一个时间点 $t_0 \in (0, T)$ 使得 $u(t_0) \in \partial V'$, 即 $I(u(t_0)) = 0$. 令 t_0 为使得 $I(u) = 0$ 的第一个时刻. 对于 $0 < t < t_0$, 可知 $I(u) < 0$. 运用文献 [147] 中的方法, 能够得出对 $0 < t < t_0$, 有 $\|\nabla u\| > r(1)$ 和 $\|\nabla u(t_0)\| \geqslant r(1)$. 所以有 $J(u(t_0)) \geqslant d$. 余下部分的证明与 (I) 同. □

由于在临界初始能量条件下证明整体弱解的渐近性还需要判断 $\int_0^{t_0} \|u_t\|^2 \mathrm{d}t$ 的大小. 下面将以一个引理的形式给出 $\int_0^{t_0} \|u_t\|^2 \mathrm{d}t > 0$ 的论断并进行证明.

引理 5.5 设 $\gamma > 0$, $f(u)$ 满足条件 1.11～条件 1.13, $u_0 \in H_0^1(\Omega)$, $u_1 \in L^2(\Omega)$. 如果 $E(0) = d$, $u(t)$ 是系统 (1.4) 的一个弱解 (非稳态解), T 是解 $u(t)$ 的最大存

在时间, 那么存在一个 $t_0 \in (0, T)$ 使得

$$\int_0^{t_0} \|u_t\|^2 \mathrm{d}t > 0. \tag{5.31}$$

证明: 设 $u(t)$ 是系统 (1.4) 满足条件 $E(0) = d$, $I(u_0) < 0$ 的任意一个弱解, T 是解 $u(t)$ 的最大存在时间. 下面来证明存在一个 $t_0 \in (0, T)$ 使得式 (5.31) 成立. 假设这个结论不成立, 那么对 $0 \leqslant t < T$, 有 $\int_0^t \|u_\tau\|^2 \mathrm{d}\tau \equiv 0$, 由此可知对 $0 \leqslant t < T$, 必有 $\|u_t\| = 0$. 并由此得 $\dfrac{\mathrm{d}u}{\mathrm{d}t} = 0$, $x \in \Omega$, $t \in [0, T)$, 进一步推出 $u(t) \equiv u_0$, 即这说明 $u(t)$ 是系统 (1.4) 的一个稳态解, 与已知 $u(t)$ 为非稳态解相矛盾. 故假设错误, 存在一个 $t_0 \in (0, T)$ 使得式 (5.31) 成立 □

利用文献 [147] 中定理 5.1 的证明思路, 可以得到如下整体弱解存在定理和指数衰减定理. 首先叙述系统 (1.4) 在临界初始能量 $E(0) = d$ 情形下弱解的整体存在定理, 进而揭示出此时弱解存在的充分条件有哪些.

定理 5.8 设 $\gamma \geqslant 0$, $f(u)$ 满足条件 1.11～条件 1.13, $u_0(x) \in H_0^1(\Omega)$, $u_1(x) \in L^2(\Omega)$. 如果 $E(0) = d$ 和 $I(u_0) \geqslant 0$, 那么系统 (1.4) 存在一个整体弱解 $u(t) \in L^\infty\left(0, \infty; H_0^1(\Omega)\right)$, $u_t(t) \in L^\infty\left(0, \infty; L^2(\Omega)\right)$, 并且对于 $0 \leqslant t < \infty$, 有 $u(t) \in \bar{W} = W \cap \partial W$.

受讨论系统 (1.4) 的整体弱解在 $E(0) < d$ 情形下的长时间行为的启发, 结合定理 5.7 和引理 5.5, 可得系统 (1.4) 在临界初始能量 $E(0) = d$ 情形下弱解的渐近性定理.

定理 5.9 设 $\gamma > 0$, $f(u)$ 满足条件 1.11, $u_0(x) \in H_0^1(\Omega)$, $u_1(x) \in L^2(\Omega)$. 如果 $E(0) = d$ 和 $I(u_0) \geqslant 0$, 那么对于由定理 5.8 确定出的系统 (1.4) 的整体弱解而言, 式 (5.19) 和式 (5.20) 均成立.

证明: 这里仅考虑 $\|\nabla u_0\| \neq 0$ 的情况. 由定理 5.8 (见文献 [147] 中的定理 5.1). 取 $\lambda_m = 1 - \dfrac{1}{m}$, $m = 2, 3, \cdots$, $u_{0m}(x) = \lambda_m u_0(x)$. 考虑初值条件

$$u(x, 0) = u_{0m}(x), \ u_t(x, 0) = u_1(x), \ x \in \Omega \tag{5.32}$$

及相应系统 (1.4) 的第一个方程、式 (5.32) 和系统 (1.4) 的边界条件, 可知 $0 <$

$E_m(0) < d$, $I(u_{0m}) > 0$, 式中,

$$E_m(0) = \frac{1}{2}\|u_1\|^2 + \frac{1}{2}\|\nabla u_{0m}\|^2 - \int_\Omega F(u_{0m})\mathrm{d}x.$$

由此结合定理 5.1 和定理 5.7 可以得出对每一个 m, 系统 (1.4) 的第一个方程、式 (5.32) 和系统 (1.4) 的边界条件存在一个整体弱解 $u_m(t) \in L^\infty\left(0, \infty; H_0^1(\Omega)\right)$, $u_{mt}(t) \in L^\infty\left(0, \infty; L^2(\Omega)\right)$, 且服从指数型衰减

$$E_m(t) \leqslant CE_m(0)\mathrm{e}^{-\lambda t}, \ 0 \leqslant t < \infty,$$

式中, C 和 λ 为不依赖于 m 的正常数. 以下部分的证明与定理 4.6 的证明相同, 同理得证. $\qquad\square$

系统 (1.4) 在临界初始能量 $E(0) = d$ 情形下弱解 (非稳态解) 的整体非存在定理及证明如下.

定理 5.10 设 $0 \leqslant \gamma < (p-1)\lambda_1$, λ_1 如定理 5.4 中所定义, $f(u)$ 满足条件 1.11, $u_0(x) \in H_0^1(\Omega)$, $u_1(x) \in L^2(\Omega)$. 如果 $E(0) = d$ 和 $I(u_0) < 0$, 那么系统 (1.4) 的弱解 (非稳态解) $u(t)$ 的存在时间是有限的.

证明: 设 $u(t)$ 是系统 (1.4)) 满足条件 $E(0) = d$, $I(u_0) < 0$ 的任意一个弱解, T 是解 $u(t)$ 的最大存在时间. 下面证明若 $u(t)$ 是非稳态解, 则必有 $T < \infty$. 事实上, 由引理 5.5 可得一定存在一个 $t_0 \in (0, T)$ 使得

$$\int_0^{t_0} \|u_t\|^2\mathrm{d}t > 0$$

及

$$E(t_0) = E(0) - \gamma \int_0^{t_0} \|u_t\|^2\mathrm{d}t < d.$$

另一方面, 考虑引理 5.4 可知 $I(u(t_0)) < 0$. 由此结合定理 5.4 得出解 $u(t)$ 的存在时间是有限的. $\qquad\square$

将定理 5.8 和定理 5.10 进行对照, 不难得出系统 (1.4) 在初始能级 $E(0) = d$ 下整体存在与非存在成立的条件是最佳条件 (门槛条件).

推论 5.2 设 $f(u)$ 满足条件 1.11, $u_0(x) \in H_0^1(\Omega)$, $u_1(x) \in L^2(\Omega)$. 如果 $0 < \gamma < (p-1)\lambda_1$ 和 $E(0) = d$, 那么当 $I(u_0) > 0$ 时, 系统 (1.4) 的弱解 $u(t)$ 整体存在, 而当 $I(u_0) < 0$ 时, 系统 (1.4) 的弱解 (非稳态解) $u(t)$ 的存在时间是有限的.

5.2 非线性耗散波动系统的数值计算

本节将对非线性耗散波动系统 (1.4) 分别利用有限差分法和多重有限体积法进行离散, 分析得到的离散格式的存在性和收敛性, 并通过算例进行数值实验. 不失一般性, 只针对系统 (1.4) 中的非线性项取 $f(u) = u|u|$ 的情况进行数值计算. 即本节要讨论的目标为

$$u_{tt} - u_{xx} + \gamma u_t = u|u|, \ (x,t) \in [a,b] \times [0,T], \tag{5.33}$$

且满足边界和初始条件

$$u(a,t) = u(b,t) = 0, \tag{5.34}$$

$$u(x,0) = u(x,t) = 0, \tag{5.35}$$

$$u_t(x,0) = u_1(x), \tag{5.36}$$

式中, γ 为正常数; $u_0(x)$ 和 $u_1(x)$ 为关于 x 的且在 $[a,b]$ 上连续的函数.

5.2.1 耗散波动系统的差分格式

本小节将利用有限差分法构造一种新的离散格式, 而后证明这种差分格式解的存在唯一性, 且说明截断误差为 $O(h^2 + \tau^2)$, 并给出一些算例来验证相应结论的正确性. 下面提出系统式 (5.33)~式 (5.36) 的一种新的差分格式如下:

未给出系统的三层两阶线性隐式差分格式之前, 引入记号

$$x_i = ih + a, \ t_n = n\tau, \ 0 \leqslant i \leqslant M = (b-a)/h, \ 0 \leqslant n \leqslant N = T/\tau.$$

令 u_i^n 是 u 在格点 (x_i, t_n) 处的近似值. 定义

$$\delta_t^2 u_i^n = \frac{u_i^{n-1} - 2u_i^n + u_i^{n+1}}{\tau^2}, \delta_x^2 u_i^n = \frac{u_{i+1}^n - 2u_i^n + u_{i-1}^n}{h^2},$$

$$\delta_t u_i^n = \frac{u_i^{n+1} - u_i^{n-1}}{2\tau}, \bar{u}_j^n = \frac{u_j^{n+1} + u_j^{n-1}}{2}, \langle u^n, v^n \rangle = h \sum_{j=1}^{J-1} u_j^n v_j^n.$$

下面给出系统式 (5.33)~式 (5.36) 的一个三层两阶线性隐式差分格式

$$\delta_t^2 u_i^n - \delta_x^2 \bar{u}_i^n + \gamma \delta_t u_i^n = u_i^n |u_i^n| + O\left(h^2 + \tau^2\right),$$

$$i = 1, 2, \cdots, M-1; n = 1, 2, \cdots, N. \tag{5.37}$$

忽略上式中的高阶无穷小量 $O\left(h^2 + \tau^2\right)$，得到差分格式

$$-\frac{1}{2h^2}U_{i-1}^{n+1} + \left(\frac{1}{h^2} + \frac{1}{\tau^2} + \frac{\gamma}{2\tau}\right)U_i^{n+1} - \frac{1}{2h^2}U_{i+1}^{n+1}$$

$$= \left(\frac{2}{\tau^2} + |U_i^n|\right)U_i^n + \frac{1}{2h^2}U_{i-1}^{n-1} + \frac{1}{2h^2}U_{i+1}^{n-1}$$

$$- \left(\frac{1}{h^2} + \frac{1}{\tau^2} - \frac{\gamma}{2\tau}\right)U_i^{n-1}. \tag{5.38}$$

离散边界条件式 (5.33) 和初始条件式 (5.35) 与初始条件式 (5.36) 有

$$U_0^n = U_M^n = 0, \tag{5.39}$$

$$U_i^0 = u_0\left(ih\right), \tag{5.40}$$

$$\delta_t U_i^0 = u_1\left(ih\right). \tag{5.41}$$

设 $U^k = \left[U_1^k, U_2^k, \cdots, U_{M-1}^k\right]^{\mathrm{T}}$，在各个空间节点应用差分格式式 (5.38)，并将得到的所有方程写成矩阵形式，可得 $AU^{n+1} = d$，这是一个关于 U^{n+1} 的代数方程组，式中 A 是一个三对角矩阵，这个矩阵的每一行只有三个值且在该行的主对角线和两个副对角线.

在建立以上差分格式式 (5.38) 的基础上，接下来分析这种格式的存在唯一性.

定理 5.11 方程 $AU^{n+1} = d$ 的系数矩阵 A 可逆，且系统式 (5.33)~式 (5.36) 的差分格式式 (5.38)~式 (5.41) 的解存在唯一.

证明：系数矩阵 A 的特征值可由下式给出，见文献 [156] 中的叙述.

$$\lambda_j = \left(\frac{1}{h^2} + \frac{1}{\tau^2} + \frac{\gamma}{2\tau}\right) + 2\sqrt{\left(-\frac{1}{2h^2}\right)\left(-\frac{1}{2h^2}\right)} \cos\frac{j\pi}{M}, j = 1, 2, \cdots, M - 1.$$

化简整理得

$$\lambda_j = \left(\frac{1}{h^2} + \frac{1}{\tau^2} + \frac{\gamma}{2\tau}\right) + \frac{1}{h^2}\cos\frac{j\pi}{M}, j = 1, 2, \cdots, M - 1.$$

进一步有

$$\lambda_j = \left(\frac{1}{h^2} + \frac{1}{\tau^2} + \frac{\gamma}{2\tau}\right) + \frac{1}{h^2}\cos\frac{j\pi}{M} \geqslant \frac{1}{\tau^2} + \frac{\gamma}{2\tau}.$$

由于 γ 是正常数，所以无论 j 是何值，系数矩阵 A 的特征值是正的（非零的），从而系数矩阵 A 可逆. 式 (5.33) 依据差分格式式 (5.41) 可得结论

$$\delta_t U_i^0 = \frac{U_i^1 - U_i^0}{2\tau} = u_1\left(ih\right),$$

由此可得到

$$U_i^1 = 2\tau u_1\,(ih) + U_i^0,$$

故由等式 (5.41) 可知

$$U_i^0 = u_0\,(ih)\,,$$

$$U_i^1 = 2\tau u_1\,(ih) + u_0\,(ih)\,.$$

从而由差分格式式 (5.38)~式 (5.41) 可推得 U^2. 假设 U^{n-1}, U^{n-2} 是已知的, 可以通过求解方程组 $AU^n = b$, 得到问题在时间层 $t_n = n\tau$ 的值. 式中, 向量 b 包含 U^{n-1}, U^{n-2}, 为已知. 对于任意的 γ 系数矩阵 A 是可逆的, 因此差分格式式 (5.38)~式 (5.41) 的解是存在唯一的.　　　　□

5.2.2　耗散波动系统的多重有限体积格式

本小节将运用多重有限体积法 (有限体积法的一种推广) 建立一种新的迭代格式. 同时, 说明该格式是如何解决外力源项所带来的非线性的, 如何保证计算的准确性、可行性和有效性, 并且通过一些算例来体现这种优势. 多重有限体积法的核心思想是将微分系统转化为积分系统进行处理. 为此, 将空间区间 $[a, b]$ 进行 N 等分得 $a = x_0 < x_1 < \cdots < x_N = b$, 其中 $h = \dfrac{b-a}{N}, x_i = ih$. 在所给空间区间 $[a, b]$ 内对方程 (5.33) 做变限积分

$$\int_{x_a}^{x_b} (u_{tt} - u_{xx} + \gamma u_t)\,\mathrm{d}x = \int_{x_a}^{x_b} u\,|u|\mathrm{d}x. \tag{5.42}$$

由式 (5.42), 得到

$$\int_{x_a}^{x_b} u_{tt}\mathrm{d}x - (u_x\,(x_a) - u_x\,(x_a)) + \gamma\int_{x_a}^{x_b} u_t\mathrm{d}x = \int_{x_a}^{x_b} u\,|u|\mathrm{d}x. \tag{5.43}$$

对式 (5.43) 关于 x_a, x_b 在点 x_i 附近做变限积分得

$$\int_{x_i}^{x_i-\varepsilon_4}\int_{x_i-\varepsilon_3}^{x_i}\left(\int_{x_a}^{x_b} u_{tt}\mathrm{d}x - (u_x\,(x_a) - u_x\,(x_a)) + \gamma\int_{x_a}^{x_b} u_t\mathrm{d}x\right)\mathrm{d}x_a\mathrm{d}x_b$$

$$= \int_{x_i}^{x_i-\varepsilon_4}\int_{x_i-\varepsilon_3}^{x_i}\left(\int_{x_a}^{x_b} u\,|u|\mathrm{d}x\right)\mathrm{d}x_a\mathrm{d}x_b.$$

再对 t 做类似处理, 可看成对方程 (5.33) 进行变限积分得

$$\int_{x_i}^{x_i+\varepsilon_4}\int_{x_i-\varepsilon_3}^{x_i}\int_{x_a}^{x_b}\int_{t_n}^{t_n+\varepsilon_2}\int_{t_n-\varepsilon_1}^{t_n}\int_{t_a}^{t_b} u_{tt}\,(x,t)\,\mathrm{d}t\mathrm{d}t_a\mathrm{d}t_b\mathrm{d}x\mathrm{d}x_a\mathrm{d}x_b$$

$$-\int_{x_i}^{x_i+\varepsilon_4}\int_{x_i-\varepsilon_3}^{x_i}\int_{x_a}^{x_b}\int_{t_n}^{t_n+\varepsilon_2}\int_{t_n-\varepsilon_1}^{t_n}\int_{t_a}^{t_b} u_{xx}\,(x,t)\,\mathrm{d}t\mathrm{d}t_a\mathrm{d}t_b\mathrm{d}x\mathrm{d}x_a\mathrm{d}x_b$$

$$+\gamma\int_{x_i}^{x_i+\varepsilon_4}\int_{x_i-\varepsilon_3}^{x_i}\int_{x_a}^{x_b}\int_{t_n}^{t_n+\varepsilon_2}\int_{t_n-\varepsilon_1}^{t_n}\int_{t_a}^{t_b} u_t\,(x,t)\,\mathrm{d}t\mathrm{d}t_a\mathrm{d}t_b\mathrm{d}x\mathrm{d}x_a\mathrm{d}x_b$$

$$=\int_{x_i}^{x_i+\varepsilon_4}\int_{x_i-\varepsilon_3}^{x_i}\int_{x_a}^{x_b}\int_{t_n}^{t_n+\varepsilon_2}\int_{t_n-\varepsilon_1}^{t_n}\int_{t_a}^{t_b} u\,(x,t)\,|u\,(x,t)|\,\mathrm{d}t\mathrm{d}t_a\mathrm{d}t_b\mathrm{d}x\mathrm{d}x_a\mathrm{d}x_b. \quad (5.44)$$

为方便描述, 标记式 (5.44) 为

$$A'' + B'' + \gamma C'' = D'',$$

式中,

$$A'' = \int_{x_i}^{x_i+\varepsilon_4}\int_{x_i-\varepsilon_3}^{x_i}\int_{x_a}^{x_b}\int_{t_n}^{t_n+\varepsilon_2}\int_{t_n-\varepsilon_1}^{t_n}\int_{t_a}^{t_b} u_{tt}\,(x,t)\,\mathrm{d}t\mathrm{d}t_a\mathrm{d}t_b\mathrm{d}x\mathrm{d}x_a\mathrm{d}x_b$$

$$=\int_{x_i}^{x_i+\varepsilon_4}\int_{x_i-\varepsilon_3}^{x_i}\int_{x_a}^{x_b}\left(-\left(\varepsilon_1+\varepsilon_2\right)u\,(x,t_n)+\varepsilon_2 u\,(x,t_n-\varepsilon_1)\right.$$
$$\left.+\varepsilon_1 u\,(x,t_n+\varepsilon_2)\right)\mathrm{d}x\mathrm{d}x_a\mathrm{d}x_b,$$

$$B'' = -\int_{x_i}^{x_i+\varepsilon_4}\int_{x_i-\varepsilon_3}^{x_i}\int_{x_a}^{x_b}\int_{t_n}^{t_n+\varepsilon_2}\int_{t_n-\varepsilon_1}^{t_n}\int_{t_a}^{t_b} u_{xx}\,(x,t)\,\mathrm{d}t\mathrm{d}t_a\mathrm{d}t_b\mathrm{d}x\mathrm{d}x_a\mathrm{d}x_b$$

$$=\int_{t_n}^{t_n+\varepsilon_2}\int_{t_n-\varepsilon_1}^{t_n}\int_{t_a}^{t_b}\left(-\left(\varepsilon_3+\varepsilon_4\right)u\,(x_i,t)+\varepsilon_4 u\,(x_i-\varepsilon_3,t)\right.$$
$$\left.+\varepsilon_3 u\,(x_i+\varepsilon_4,t)\right)\mathrm{d}t\mathrm{d}t_a\mathrm{d}t_b,$$

$$C'' = \gamma\int_{x_i}^{x_i+\varepsilon_4}\int_{x_i-\varepsilon_3}^{x_i}\int_{x_a}^{x_b}\int_{t_n}^{t_n+\varepsilon_2}\int_{t_n-\varepsilon_1}^{t_n}\int_{t_a}^{t_b} u_t\,(x,t)\,\mathrm{d}t\mathrm{d}t_a\mathrm{d}t_b\mathrm{d}x\mathrm{d}x_a\mathrm{d}x_b$$

$$=\gamma\int_{x_i}^{x_i+\varepsilon_4}\int_{x_i-\varepsilon_3}^{x_i}\int_{x_a}^{x_b}\int_{t_n}^{t_n+\varepsilon_2}\int_{t_n-\varepsilon_1}^{t_n}\left(-u\,(x,t_a)+u\,(x,t_b)\right)\mathrm{d}t_a\mathrm{d}t_b\mathrm{d}x\mathrm{d}x_a\mathrm{d}x_b,$$

$$D'' = \int_{x_i}^{x_i+\varepsilon_4}\int_{x_i-\varepsilon_3}^{x_i}\int_{x_a}^{x_b}\int_{t_n}^{t_n+\varepsilon_2}\int_{t_n-\varepsilon_1}^{t_n}\int_{t_a}^{t_b} u\,(x,t)\,|u\,(x,t)|\,\mathrm{d}t\mathrm{d}t_a\mathrm{d}t_b\mathrm{d}x\mathrm{d}x_a\mathrm{d}x_b.$$

式中, A'', B'', C'', D'' 中出现的 $u(x,t)$ 为未知函数. 为了得到多重有限体积的差分

格式用拉格朗日插值法来代替 $u(x,t)$, 即

$$
\begin{aligned}
u\left(x,t\right) =& \frac{\left(t-tn\right)\left(x-xi\right)\left(-h+x-xi\right)\left(t-tn-\tau\right)u_{i-1}^{n-1}}{4h^2\tau^2} \\
&-\frac{\left(x-xi\right)\left(-h+x-xi\right)\left(t-tn-\tau\right)\left(t-tn+\tau\right)u_{i-1}^{n}}{2h^2\tau^2} \\
&+\frac{\left(t-tn\right)\left(x-xi\right)\left(-h+x-xi\right)\left(t-tn+\tau\right)u_{i-1}^{n+1}}{4h^2\tau^2} \\
&-\frac{\left(t-tn\right)\left(-h+x-xi\right)\left(h+x-xi\right)\left(t-tn-\tau\right)u_{i}^{n-1}}{2h^2\tau^2} \\
&+\frac{\left(-h+x-xi\right)\left(h+x-xi\right)\left(t-tn-\tau\right)\left(t-tn+\tau\right)u_{i}^{n}}{h^2\tau^2} \\
&-\frac{\left(t-tn\right)\left(-h+x-xi\right)\left(h+x-xi\right)\left(t-tn+\tau\right)u_{i}^{n+1}}{2h^2\tau^2} \\
&+\frac{\left(t-tn\right)\left(x-xi\right)\left(h+x-xi\right)\left(t-tn-\tau\right)u_{i+1}^{n-1}}{4h^2\tau^2} \\
&-\frac{\left(x-xi\right)\left(h+x-xi\right)\left(t-tn-\tau\right)\left(t-tn+\tau\right)u_{i+1}^{n}}{2h^2\tau^2} \\
&+\frac{\left(t-tn\right)\left(x-xi\right)\left(h+x-xi\right)\left(t-tn+\tau\right)u_{i+1}^{n+1}}{4h^2\tau^2}.
\end{aligned}
$$

将 $u(x,t)$ 代入 A'', B'', C''', D'' 计算可推出

$$
\begin{aligned}
A'' =& \frac{1}{48h^2\tau^2}\varepsilon_1\varepsilon_2\left(\varepsilon_1+\varepsilon_2\right)\varepsilon_3\varepsilon_4\Big(12h^2\left(\varepsilon_3+\varepsilon_4\right)\left(u_i^{n-1}-2u_i^n+u_i^{n+1}\right) \\
&+2h\left(\varepsilon_3-\varepsilon_4\right)\left(\varepsilon_3+\varepsilon_4\right)\left(u_{i-1}^{n-1}-2u_{i-1}^n+u_{i-1}^{n+1}-u_{i+1}^{n-1}+2u_{i+1}^n-u_{i+1}^{n+1}\right)+\left(\varepsilon_3^3+\varepsilon_4^3\right) \\
&\cdot\left(u_{i-1}^{n-1}-2u_{i-1}^n+u_{i-1}^{n+1}-2u_i^{n-1}+4u_i^n-2u_i^{n+1}+u_{i+1}^{n-1}-2u_{i+1}^n+u_{i+1}^{n+1}\right)\Big),
\end{aligned}
$$

$$
\begin{aligned}
B'' =& \frac{1}{288h^2\tau^2}\gamma\varepsilon_1\varepsilon_2\left(\varepsilon_1+\varepsilon_2\right)\varepsilon_3\varepsilon_4\Big(-12h^2\left(\varepsilon_3+\varepsilon_4\right)\big(3\tau\left(u_i^{n-1}-u_i^{n+1}\right) \\
&+2\varepsilon_1\left(u_i^{n-1}-2u_i^n+u_i^{n+1}\right)-2\varepsilon_2\left(u_i^{n-1}-2u_i^n+u_i^{n+1}\right)\big) \\
&-2h\left(\varepsilon_3-\varepsilon_4\right)\left(\varepsilon_3+\varepsilon_4\right)\big(2\varepsilon_1\left(u_{i-1}^{n-1}-2u_{i-1}^n+u_{i-1}^{n+1}-u_{i+1}^{n-1}+2u_{i+1}^n-u_{i+1}^{n+1}\right) \\
&+3\tau\left(u_{i-1}^{n-1}-u_{i-1}^{n+1}-u_{i+1}^{n-1}+u_{i+1}^{n+1}\right) \\
&+2\varepsilon_2\left(-u_{i-1}^{n-1}+2u_{i-1}^n-u_{i-1}^{n+1}+u_{i+1}^{n-1}-2u_{i+1}^n+u_{i+1}^{n+1}\right)\big) \\
&-\left(\varepsilon_3^3+\varepsilon_4^3\right)\big(3\tau\left(u_{i-1}^{n-1}-u_{i-1}^{n+1}-2u_i^{n-1}+2u_i^{n+1}+u_{i+1}^{n-1}-u_{i+1}^{n+1}\right) \\
&+2\varepsilon_1\left(u_{i-1}^{n-1}-2u_{i-1}^n+u_{i-1}^{n+1}-2u_i^{n-1}+4u_i^n-2u_i^{n+1}+u_{i+1}^{n-1}-2u_{i+1}^n+u_{i+1}^{n+1}\right) \\
&-2\varepsilon_2\left(u_{i-1}^{n-1}-2u_{i-1}^n+u_{i-1}^{n+1}-2u_i^{n-1}+4u_i^n-2u_i^{n+1}+u_{i+1}^{n-1}-2u_{i+1}^n+u_{i+1}^{n+1}\right)\big)\Big),
\end{aligned}
$$

$$C'' = \frac{1}{48h^2\tau^2}\varepsilon_1\varepsilon_2\varepsilon_3\varepsilon_4\left(\varepsilon_3 + \varepsilon_4\right)\left(12\varepsilon_1\tau^2\left(u_{i-1}^n - 2u_i^n + u_{i+1}^n\right)\right.$$

$$+ 2\varepsilon_1^2\tau\left(u_{i-1}^{n-1} - u_{i-1}^{n+1} - 2u_i^{n-1} + 2u_i^{n+1} + u_{i+1}^{n-1} - u_{i+1}^{n+1}\right)$$

$$+ \varepsilon_1^3\left(u_{i-1}^{n-1} - 2u_{i-1}^n + u_{i-1}^{n+1} - 2u_i^{n-1} + 4u_i^n - 2u_i^{n+1} + u_{i+1}^{n-1} - 2u_{i+1}^n + u_{i+1}^{n+1}\right)$$

$$+ \varepsilon_2\left(12\tau^2\left(u_{i-1}^n - 2u_i^n + u_{i+1}^n\right)\right.$$

$$- 2\varepsilon_2\tau\left(u_{i-1}^{n-1} - u_{i-1}^{n+1} - 2u_i^{n-1} + 2u_i^{n+1} + u_{i+1}^{n-1} - u_{i+1}^{n+1}\right)$$

$$\left.\left.+ \varepsilon_2^2\left(u_{i-1}^{n-1} - 2u_{i-1}^n + u_{i-1}^{n+1} - 2u_i^{n-1} + 4u_i^n - 2u_i^{n+1} + u_{i+1}^{n-1} - 2u_{i+1}^n + u_{i+1}^{n+1}\right)\right)\right),$$

$$D'' = \int_{x_i}^{x_i+\varepsilon_4}\int_{x_i-\varepsilon_3}^{x_i}\int_{x_a}^{x_b}\int_{t_n}^{t_n+\varepsilon_2}\int_{t_n-\varepsilon_1}^{t_n}\int_{t_a}^{t_b} u\left(x,t\right)\left|u\left(x,t\right)\right|\,\mathrm{d}t\mathrm{d}t_a\mathrm{d}t_b\mathrm{d}x\mathrm{d}x_a\mathrm{d}x_b$$

$$\approx \left|u\left(x,t\right)\right|\int_{x_i}^{x_i+\varepsilon_4}\int_{x_i-\varepsilon_3}^{x_i}\int_{x_a}^{x_b}\int_{t_n}^{t_n+\varepsilon_2}\int_{t_n-\varepsilon_1}^{t_n}\int_{t_a}^{t_b} u\left(x,t\right)\,\mathrm{d}t\mathrm{d}t_a\mathrm{d}t_b\mathrm{d}x\mathrm{d}x_a\mathrm{d}x_b$$

$$= \frac{\left|u\left(x,t\right)\right|}{576h^2\tau^2}\varepsilon_1\varepsilon_2\left(\varepsilon_1 + \varepsilon_2\right)\varepsilon_3\varepsilon_4\left(12h^2\left(\varepsilon_3 + \varepsilon_4\right)\left(12\tau^2 u_i^n + 2\varepsilon_2\tau\left(-u_i^{n-1} + u_i^{n+1}\right)\right.\right.$$

$$+ \varepsilon_1^2\left(u_i^{n-1} - 2u_i^n + u_i^{n+1}\right) + \varepsilon_2^2\left(u_i^{n-1} - 2u_i^n + u_i^{n+1}\right)$$

$$\left.- \varepsilon_1\left(2\tau\left(-u_i^{n-1} + u_i^{n+1}\right) + \varepsilon_2\left(u_i^{n-1} - 2u_i^n + u_i^{n+1}\right)\right)\right)$$

$$+ 2h\left(\varepsilon_3^2 - \varepsilon_4^2\right)\left(12\tau^2\left(u_{i-1}^n - u_{i+1}^n\right)\right.$$

$$+ \varepsilon_1^2\left(u_{i-1}^{n-1} - 2u_{i-1}^n + u_{i-1}^{n+1} - u_{i+1}^{n-1} + 2u_{i+1}^n - u_{i+1}^{n+1}\right)$$

$$+ \varepsilon_2^2\left(u_{i-1}^{n-1} - 2u_{i-1}^n + u_{i-1}^{n+1} - u_{i+1}^{n-1} + 2u_{i+1}^n - u_{i+1}^{n+1}\right)$$

$$- 2\varepsilon_2\tau\left(u_{i-1}^{n-1} - u_{i-1}^{n+1} - u_{i+1}^{n-1} + u_{i+1}^{n+1}\right)$$

$$+ \varepsilon_1\left(2\tau\left(u_{i-1}^{n-1} - u_{i-1}^{n+1} - u_{i+1}^{n-1} + u_{i+1}^{n+1}\right)\right.$$

$$\left.\left.+ \varepsilon_2\left(-u_{i-1}^{n-1} + 2u_{i-1}^n - u_{i-1}^{n+1} + u_{i+1}^{n-1} - 2u_{i+1}^n + u_{i+1}^{n+1}\right)\right)\right)$$

$$+ \left(\varepsilon_3^3 + \varepsilon_4^3\right)\left(12\tau^2\left(u_{i-1}^n - 2u_i^n + u_{i+1}^n\right)\right.$$

$$- 2\varepsilon_2\tau\left(u_{i-1}^{n-1} - u_{i-1}^{n+1} - 2u_i^{n-1} + 2u_i^{n+1} + u_{i+1}^{n-1} - u_{i+1}^{n+1}\right)$$

$$+ \varepsilon_1^2\left(u_{i-1}^{n-1} - 2u_{i-1}^n + u_{i-1}^{n+1} - 2u_i^{n-1} + 4u_i^n - 2u_i^{n+1} + u_{i+1}^{n-1} - 2u_{i+1}^n + u_{i+1}^{n+1}\right)$$

$$+ \varepsilon_2^2\left(u_{i-1}^{n-1} - 2u_{i-1}^n + u_{i-1}^{n+1} - 2u_i^{n-1} + 4u_i^n - 2u_i^{n+1} + u_{i+1}^{n-1} - 2u_{i+1}^n + u_{i+1}^{n+1}\right)$$

$$- \varepsilon_1\left(2\tau\left(-u_{i-1}^{n-1} + u_{i-1}^{n+1} + 2u_i^{n-1} - 2u_i^{n+1} - u_{i+1}^{n-1} + u_{i+1}^{n+1}\right)\right.$$

$$\left.\left.\left.+ \varepsilon_2\left(u_{i-1}^{n-1} - 2u_{i-1}^n + u_{i-1}^{n+1} - 2u_i^{n-1} + 4u_i^n - 2u_i^{n+1} + u_{i+1}^{n-1} - 2u_{i+1}^n + u_{i+1}^{n+1}\right)\right)\right)\right).$$

将所得结果代入并取定 $\varepsilon_1 = \varepsilon_2 = \dfrac{\tau}{2}, \varepsilon_3 = \varepsilon_4 = \dfrac{h}{2}$, 整理得式 (5.44) 的全离散格式为

$$\left(49\,152h^2 - 24\,576h^2\tau - 49\,152\tau^2 + 1\,024h^2\,|u|\,\tau^2\right) u_{i-1}^{n-1}$$

$$+ \left(-98\,304h^2 - 2\,260\,992\tau^2 + 47\,104h^2\tau^2\,|u|\right) u_{i-1}^{n}$$

$$+ \left(49\,152h^2 + 24\,576h^2\tau - 49\,152\tau^2 + 1\,024h^2\,|u|\,\tau^2\right) u_{i-1}^{n+1}$$

$$+ \left(2\,260\,992h^2 - 1\,130\,496h^2\tau + 98\,304\tau^2 + 47\,104h^2\,|u|\,\tau^2\right) u_{i}^{n-1}$$

$$+ \left(-4\,521\,984h^2 + 4\,521\,984\tau^2 + 2\,166\,784h^2\,|u|\,\tau^2\right) u_{i}^{n}$$

$$+ \left(2\,260\,992h^2 + 1\,130\,496h^2\tau + 98\,304\tau^2 + 47\,104h^2\,|u|\,\tau^2\right) u_{i}^{n+1}$$

$$+ \left(49\,152h^2 - 24\,576h^2\tau - 49\,152\tau^2 + 1\,024h^2\,|u|\,\tau^2\right) u_{i+1}^{n-1}$$

$$+ \left(-98\,304h^2 - 2\,260\,992\tau^2 + 47\,104h^2\,|u|\,\tau^2\right) u_{i+1}^{n}$$

$$+ \left(49\,152h^2 + 24\,576h^2\tau - 49\,152\tau^2 + 1\,024h^2\,|u|\,\tau^2\right) u_{i+1}^{n+1} = 0. \qquad (5.45)$$

由于式 (5.45) 中含有 $|u|$, 因此只有式 (5.45) 这一项和 u^0, u^1 还不能解出近似解, 必须对 $|u|$ 这项进行处理. 采用 "迭代法" 进行处理, 下面是 "迭代法" 的算法, 设 e 为设定的误差.

(1) 由等式 (5.35) 与等式 (5.36) 可以计算出 u^0, u^1;

(2) 假设 u^{n-2}, u^{n-1} 已知, 用 u^{n-1} 来代替 $|u|$ 中的 u, 将 $u^{n-2}, u^{n-1}\,|u|$ 代入式 (5.45), 求解出 u^n. 若计算的 u^n 满足 $\|u - u^n\| < e$, 则视为已计算出, 否则转入 (3);

(3) 将 u^n 赋值给 u, 将 $u^{n-2}, u^{n-1}, |u|$ 代入式 (5.45), 求解出 u^n. 若 $\|u - u^n\| < e$, 不成立, 则继续迭代直至成立, 从而得到 u^n 的值;

(4) 利用与 (2), (3) 相同的办法可以计算出其他时间层的值.

5.2.3　耗散波动系统的数值实验

本小节将运用差分方法和多重有限体积法给出下面的一维半线性波动方程的数值解, 并与文献 [156] 对比. 这三种结果相互说明, 相互印证.

考查一维半线性波动方程

$$u_{tt}\left(x,t\right) - u_{xx}\left(x,t\right) + u_t\left(x,t\right) = |u\left(x,t\right)|\,u\left(x,t\right),$$

$$u\left(0,t\right) = u\left(1,t\right) = 0,$$

$$u\left(x,0\right) = \mathrm{e}^{bx},\ u_t\left(x,0\right) = 0, \qquad (5.46)$$

式中, $(x,t) \in (0,1) \times (0,15)$; b 为一个常数.

运用差分格式式 (5.38)~式 (5.41) 分别讨论了当 $b=1, b=-1$ 时系统 (5.46) 的数值结果, 其中时间步长 $\tau = 0.01$, 空间步长 $h = 0.01$. 图 5.1 与图 5.2 给出了数值结果.

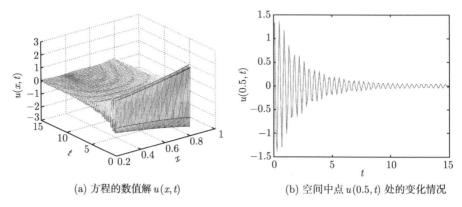

(a) 方程的数值解 $u(x,t)$　　　　　　(b) 空间中点 $u(0.5,t)$ 处的变化情况

图 5.1　当 $b=1$ 时基于三层隐式格式有限差分法的数值结果

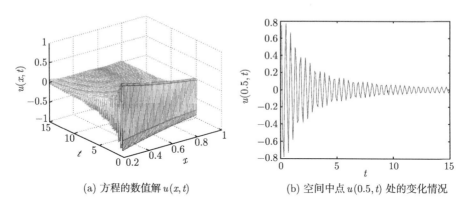

(a) 方程的数值解 $u(x,t)$　　　　　　(b) 空间中点 $u(0.5,t)$ 处的变化情况

图 5.2　当 $b=-1$ 时基于三层隐式格式有限差分法的数值结果

在本算例中运用多重有限体积法对式 (5.45) 分别讨论了当 $b=1, b=-1$ 时系统 (5.46) 的数值结果, 其中时间步长 $\tau = 0.01$, 空间步长 $h = 0.01$. 图 5.3 与图 5.4 给出了数值结果.

文献 [156] 中运用不同的有限差分法对系统 (5.46) 也给出了数值结果, 结果如图 5.5 和图 5.6 所示. 对比文献 [156] 及本部分中有限差分法和多重有限体积法关于系统 (5.46) 的数值结果, 可以发现这三种方法算得的结果大致相同, 所得的数值

结果的图形相吻合, 并且在中点的波动情况也十分相似, 都会随着自变量 x 的增加
而趋向于零.

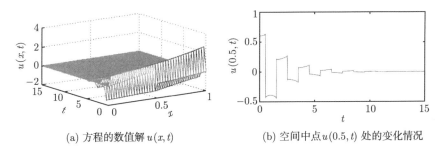

(a) 方程的数值解 $u(x,t)$　　　　　　(b) 空间中点 $u(0.5,t)$ 处的变化情况

图 5.3　当 $b = 1$ 时基于多重有限体积法的数值结果

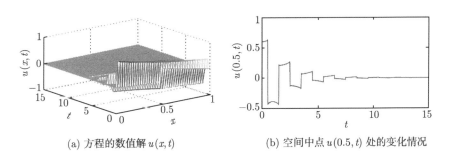

(a) 方程的数值解 $u(x,t)$　　　　　　(b) 空间中点 $u(0.5,t)$ 处的变化情况

图 5.4　当 $b = -1$ 时基于多重有限体积法的数值结果

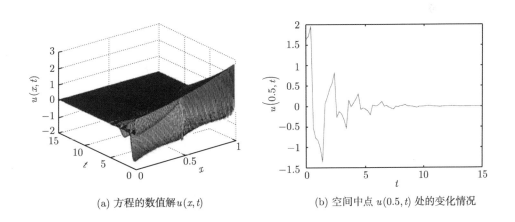

(a) 方程的数值解 $u(x,t)$　　　　　　(b) 空间中点 $u(0.5,t)$ 处的变化情况

图 5.5　当 $b = 1$ 时基于三层显式格式有限差分法的数值结果

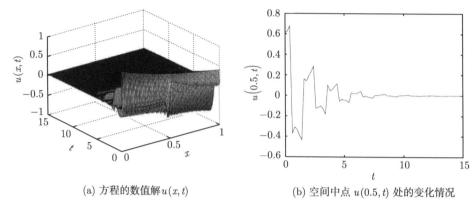

(a) 方程的数值解 $u(x,t)$　　　　　(b) 空间中点 $u(0.5,t)$ 处的变化情况

图 5.6　当 $b = -1$ 时基于三层显式格式有限差分法的数值结果

5.3　本　章　小　结

(1) 本章对弱耗散波动系统的适定性与算法进行了研究. 首先得到了系统在两种能量级别下可解的条件, 然后基于有限差分法和多重有限体积法建立了两种不同的离散格式.

(2) 本章提出了一套基于位势理论与凸函数法及乘子法相结合的判断系统可解性的理论, 找到了非线性耗散波动系统的整体存在与非存在的门槛条件. 非线性项对离散格式影响较大, 而它又是系统构成不能忽略的结构, 所以非线性项的离散格式设计首要的是保证格式的有效性.

(3) 本章介绍了两种基于化非线性为线性和迭代理论的有限差分法和有限体积法, 然后就所设计的两种格式进行了数值实验, 并与已有可靠的结果进行对比, 佐证了格式的有效性.

参 考 文 献

[1] 姚晓霞, 从志坚. 非线性 Kirchhoff 方程的解的存在性. 四川师范大学学报, 2009, 32(6): 768-770.

[2] Kirchhoff G. Vorlesungen Uber Mechanik. Leipzig: Teubner, 1883.

[3] Ames W F. Nolinear partial differential equations in engineering. Academic Pr, 1965, 20(1): 131.

[4] Greenberg J M, Hu S C. The initial value problem for a stretched string. Quarterly of Applied Mathematics, 1980, 38: 289-311.

[5] D'Ancona P, Spagnolo S. A class of nonlinear hyperbolic problems with global solutions. Archive for Rational Mechanics and Analysis, 1993, 124(3): 201-219.

[6] D'Ancona P, Spagnolo S. Kirchhoff type equations depending on a small parameter. Chinese Annals of Mathematics, 1995, 16(4): 413-430.

[7] Rzymowski W. One-dimensional Kirchhoff equation. Nonlinear Analysis: Theory, Methods & Applications, 2002, 48(2): 209-221.

[8] Racke R. Generalized fourier transforms and global small solutions to kirchhoff equations. Applicable Analysis, 1994, 58(1-2): 85-100.

[9] Kerler C. Differenzierbarkeit im Bild und Abbildungseigenschaften verallgemeinerter Fouriertransformationen bei variablen Koeffizienten im Außngebiet und Anwendungen auf Gleichungen vom Kirchhoff-Typ. kanstanz: Universitä tY Konstanz, 1998.

[10] Heiming C. Mapping properties of generalized Fourier transforms and applications to Kirchhoff equations. Nonlinear Differential Equations & Applications Nodea, 2000, 7(4): 389-414.

[11] Yamazaki T. Global solvability for the Kirchhoff equations in exterior domains of dimension larger than three. Mathematical Methods in the Applied Sciences, 2004, 27(16): 1893-1916.

[12] Yamazaki T. Global solvability for the Kirchhoff equations in exterior domains of dimension three. Journal of Differential Equations, 2005, 210(2): 290-316.

[13] de Brito E H, Hale J. The damped elastic stretched string equation generalized: existence, uniqueness, regularity and stability. Applicable Analysis, 1982, 13(3): 219-233.

[14] Hosoya M, Yamada Y. On some nonlinear wave equations II: global existence and energy decay of solutions. Journal of the Faculty of Science the University of Tokyo, 1991, 38: 239-250.

[15] Ikehata R. A note on the global solvability of solutions to some nonlinear wave equations with dissipative terms. Differential & Integral Equations, 1995, 8(3): 607-616.

[16] Yamada Y. On some quasilinear wave equations with dissipative terms. Nagoya Mathematical Journal, 1982, 87: 17-39.

[17] Nishihara K. Exponential decay of solutions of some quasilinear hyperbolic equations with linear damping. Nonlinear Analysis: Theory, Methods & Applications, 1984, 8(6): 623-636.

[18] Matsuyama T. Quasilinear hyperbolic-hyperbolic singular perturbations with nonmonotone nonlinearity. Nonlinear Analysis: Theory, Methods & Applications, 1999, 35(5): 589-607.

[19] Nakao M. Existence of global smooth solutions to the initial-boundary value problem for the quasi-linear wave equation with a degenerate dissipative term. Journal of Differential Equations, 1992, 98(2): 299-327.

[20] Taniguchi T. Existence and asymptotic behaviour of soulations to weakly damped wave equations of Kirchhoff type with nonlinear damping and source terms. Journal of Mathematical Analysis & Applications, 2010, 361(2): 566-578.

[21] Matsuyama T, Ikehata R. On global solutions and energy decay for the wave equations of Kirchhoff type with nonlinear damping terms. Journal of Mathematical Analysis & Applications, 1996, 204(3): 729-753.

[22] Benaissa A, Messaoudi S A. Blow-up of solutions for the Kirchhoff equation of q-Laplacian type with nonlinear dissipation. Colloquium Mathematicum, 2002, 94(1): 103-109.

[23] Zeng R, Mu C L, Zhou S M. A blow-up result for Kirchhoff-type equations with high energy. Mathematical Methods in the Applied Sciences, 2015, 34(4): 479-486.

[24] Gazzola F, Weth T. Finite time blow-up and global solutions for semilinear parabolic equations with initial data at high energy level. Differential & Integral Equations, 2004, 18(9): 961-990.

[25] Gazzola F, Squassina M. Global solutions and finite time blow up for damped semi-

linear wave equations. Annales De l'Institut Henri Poincaré, 2006, 23(2): 185-207.

[26] Wang Y J. A global nonexistence theorem for viscoelastic equations with arbitrary positive initial energy. Applied Mathematics Letters, 2009, 22(9): 1394-1400.

[27] Xu R Z, Yang Y B, Liu Y C. Global well-posedness for strongly damped viscoelastic wave equation. Applicable Analysis, 2013, 92(1): 138-157.

[28] Xu R Z, Yang Y B, Chen S H, et al. Nonlinear wave equations and reaction-diffusion equations with several nonlinear source terms of different signs at high energy level. The Australian and New Zealand Industrial and Applied Mathematics Journal, 2013, 54(3): 153-170.

[29] Taskesen H, Polat N, Erta A. On global solutions for the Cauchy problem of a Boussinesq-type equation. Abstract & Applied Analysis, 2012, 2012(5-7): 509-512.

[30] Taskesen H, Polat N. Existence of global solutions for a multidimensional Boussinesq-type equation with supercritical initial energy. International Conference on Analysis & Applied Mathematics, 2012, 1470(1): 159-162.

[31] Kutev N, Kolkovska N, Dimova M. Global existence of Cauchy problem for Boussinesq paradigm equation. Computers & Mathematics with Applications, 2013, 65(3): 500-511.

[32] Xu R Z, Yang Y B. Finite time blow-up for the nonlinear fourth-order dispersive-dissipative wave equation at high energy level. International Journal of Mathematics, 2012, 23(5): 1-10.

[33] Segal I E. Non-linear semi-groups. Annals of Mathematics, 1963, 78(2): 339-364.

[34] Segal I E. Nonlinear partial differential equations in quantum field theory. Proc Sympos Appl Math, 1965, 17: 210-226.

[35] Jögens K. Nonlinear Wave Equations. Denver: University of Colorado, 1970.

[36] Medeiros L A, Menzala G P. On a mixed problem for a class of nonlinear Klein-Gordon equations. Acta Mathematica Hungarica, 1988, 52(1-2): 61-69.

[37] Medeiros L A, Miranda M M. Weak solutions for a system of nonlinear Klein-Gordon equations. Annali Di Matematica Pura Ed Applicata, 1986, 146(1): 173-183.

[38] Miranda M M, Medeiros L A. On the existence of global solutions of a coupled nonlinear Klein-Gordon equations. Funkcialaj Ekvacioj, 1987, 30(1): 147-161.

[39] Santo D D, Georgiev V, Mitidieri E. Global existence of the solutions and formation of

singularities for a class of hyperbolic systems. Geometrical Optics & Related Topics, 1997, 32: 117-140.

[40] Zhang J. On the standing wave in coupled non-linear Klein-Gordon equations. Mathematical Methods in the Applied Sciences, 2003, 26(1): 11-25.

[41] Reed M. Abstract Nonlinear Wave Equations. Berlin: Springer, 1976.

[42] Wei X, Yan P. Global solutions and finite time blow up for some system of nonlinear wave equations. Applied Mathematics & Computation, 2012, 219(8): 3754-3768.

[43] Wang Y J. Non-existence of global solutions of a class of coupled non-linear Klein-Gordon equations with non-negative potentials and arbitrary initial energy. IMA Journal of Applied Mathematics, 2009, 74: 392-415.

[44] Komornik V, Rao B. Boundary stabilization of compactly coupled wave equations. Asymptotic Analysis, 1997, 14(4): 339-359.

[45] Aassila M. A note on the boundary stabilization of a compactly coupled system of wave equations. Applied Mathematics Letters, 1999, 12(3): 19-24.

[46] Rajaram R, Najafi M. Exact controllability of wave equations in $\mathbf{R}^n$ coupled in parallel. Journal of Mathematical Analysis & Applications, 2010, 356(1): 7-12.

[47] Sun F Q, Wang M X. Existence and nonexistence of global solutions for a nonlinear hyperbolic system with damping. Nonlinear Analysis: Theory, Methods & Applications, 2007, 66(12): 2889-2910.

[48] Takeda H. Global existence and nonexistence of solutions for a system of nonlinear damped wave equations. Journal of Mathematical Analysis & Applications, 2009, 360(2): 631-650.

[49] Wu S T. Global existence, blow-up and asymptotic behavior of solutions for a class of coupled nonlinear Klein-Gordon equations with damping terms. Acta Applicandae Mathematicae, 2012, 119(1): 75-95.

[50] Liu W J. Global existence, asymptotic behavior and blow-up of solutions for coupled Klein-Gordon equations with damping terms. Nonlinear Analysis: Theory, Methods & Applications, 2010, 73(1): 244-255.

[51] Agre K, Rammaha M A. Systems of nonlinear wave equations with damping and source terms. Differential and Integral Equations, 2006, 19(11): 1235-1270.

[52] Toundykov D, Rammaha M, Cavalcanti V, et al. On existence, uniform decay rates and

blow up for solutions of systems of nonlinear wave equations with damping and source terms. Discrete and Continuous Dynamical Systems-Series S, 2009, 2(3): 583-608.

[53] Wu S T. Blow-up of solutions for a system of nonlinear wave equations with nonlinear damping. Electronic Journal of Differential Equations, 2009, (105): 253-289.

[54] Li G, Sun Y A, Liu W J. Global existence, uniform decay and blow-up of solutions for a system of Petrosky equations. Nonlinear Analysis: Theory, Methods & Applications, 2011, 74(4): 1523-1538.

[55] Alves C O, Cavalcanti M M. On existence, uniform decay rates and blow up for solutions of the 2-D wave equation with exponential source. Calculus of Variations & Partial Differential Equations, 2009, 34(3): 377-411.

[56] Guesmia A. Existence globale et stabilisation interne non linéair d'un système de Petrovsky. Bulletin of the Belgian Mathematical Society Simon Stevin, 1998, 5(4): 333-347.

[57] Han X S, Wang M X. Energy decay rate for a coupled hyperbolic system with nonlinear damping. Nonlinear Analysis: Theory, Methods & Applications, 2009, 70(9): 3264-3272.

[58] Liu W J. Uniform decay of solutions for a quasilinear system of viscoelastic equations. Nonlinear Analysis: Theory Methods & Applications, 2009, 71(5-6): 2257-2267.

[59] Park J Y, Bae J J. On the existence of solutions of the degenerate wave equations with nonlinear damping terms. Journal of the Korean Mathematical Society, 1998, 35(2): 465-489.

[60] Brito E H D. Nonlinear initial-boundary value problems. Nonlinear Analysis: Theory, Methods & Applications, 1987, 11(1): 125-137.

[61] Ikehata R. On the existence of global solutions for some nonlinear hyperbolic equations with Neumann condition. Tokyo Science University Mathematics, 1988, 24(1): 1-17.

[62] Nishihara K, Yamada Y. On global solutions of some degenerate quasilinear hyperbolic equations with dissipative terms. Funkcialaj Ekvacioj, 1990, 33(1): 151-159.

[63] Ono K. Global Existence, Decay, and Blowup of Solutions for Some Mildly Degenerate Nonlinear Kirchhoff Strings. Journal of Differential Equations, 1997, 137(2): 273-301.

[64] Alves M D S. Variational inequality for a nonlinear model of the oscillations of beams. Nonlinear Analysis: Theory, Methods & Applications, 1997, 28(6): 1101-1108.

[65] Park J Y, Bae J J. Variational inequality for quasilinear wave equations with nonlinear damping terms. Nonlinear Analysis: Theory, Methods & Applications, 2002, 50(8): 1065-1083.

[66] Feireisl E. Global attractors for semilinear damped wave equations with supercritical exponent. Journal of Differential Equations, 1995, 116(2): 431-447.

[67] Frota C L, Lar'Kin N A. On global existence and uniqueness for the unilateral problem associated to the degenerated Kirchhoff equation. Nonlinear Analysis: Theory, Methods & Applications, 1997, 28(3): 443-452.

[68] Ono K. Global existence and decay properties of solutions for some mildly degenerate nonlinear dissipative Kirchhoff strings. Funkcial Ekvac, 1997, 40(2): 255-270.

[69] Ferreira J S. Exponential decay for a nonlinear system of hyperbolic equations with locally distributed dampings. Nonlinear Analysis: Theory, Methods & Applications, 1992, 18(11): 1015-1032.

[70] Park J Y, Bae J J. On coupled wave equation of Kirchhoff type with nonlinear boundary damping and memory term. Applied Mathematics & Computation, 2002, 129(1): 87-105.

[71] Bae J J. On uniform decay of the solution for a damped nonlinear coupled system of wave equations with nonlinear boundary damping and memory term. Elsevier Science Inc., 2004, 148(1): 207-223.

[72] Bae J J. On uniform decay of coupled wave equation of Kirchhoff type subject to memory condition on the boundary. Nonlinear Analysis: Theory, Methods & Applications, 2005, 61(3): 351-372.

[73] Liu L, Wang M X. Global existence and blow-up of solutions for some hyperbolic systems with damping and source terms. Nonlinear Analysis: Theory, Methods & Applications, 2006, 64: 69-91.

[74] Torrejón R, Yong J M. On a quasilinear wave equation with memory. Nonlinear Analysis: Theory, Methods & Applications, 1991, 16(1): 61-78.

[75] Rivera J E M. Global solution on a quasilinear wave equation with memory. Bollettino Della Unione Matematica Italiana B, 1994, 7(2): 289-303.

[76] Wu S T, Tsai L Y. On global existence and blow-up of solutions for an integrodifferential equation with strong damping. Taiwanese Journal of Mathematics, 2006, 10(4):

979-1014.

[77] Wu S T. Exponential energy decay of solutions for an integro-differential equation with strong damping. Journal of Mathematical Analysis & Applications, 2010, 364(2): 609-617.

[78] Saiol-Houari B. Global nonexistence of positive initial-energy solutions of a system of nonlinear wave equations with damping and source terms. Differential and Integral Equations, 2010, 23(1-2): 79-92.

[79] Liang F, Gao H J. Exponential energy decay and blow-up of solutions for a system of nonlinear viscoelastic wave equations with strong damping. Boundary Value Problems, 2011, (1): 22-40.

[80] Ma J, Mu C, Zeng R. A blow up result for viscoelastic equations with arbitrary positive initial energy. Boundary Value Problems, 2011, (1): 1-10.

[81] Han X S, Wang M X. Global existence and blow-up of solutions for a system of nonlinear viscoelastic wave equations with damping and source. Nonlinear Analysis: Theory, Methods & Applications, 2009, 71(11): 5427-5450.

[82] Messaoudi S A, Said-Houari B. Global nonexistence of positive initial-energy solutions of a system of nonlinear viscoelastic wave equations with damping and source terms. Journal of Mathematical Analysis & Applications, 2010, 365(1): 277-287.

[83] Messaoudi S A, Tatar N. Uniform stabilization of solutions of a nonlinear system of viscoelastic equations. Applicable Analysis, 2008, 87(3): 247-263.

[84] Mauro D L S. Decay rates for solutions of a system of wave equations with memory. Electronic Journal of Differential Equations, 2002, (38): 225-228.

[85] Wu S T. On decay and blow-up of solutions for a system of nonlinear wave equations. Journal of Mathematical Analysis & Applications, 2012, 394(1): 360-377.

[86] Boussinesq J V. Theorie des ondes et de remous qui se propagent le long d'un canal rectangulaire horizontal, en communiquant au liquide contenu dans ce canal des vitesses sensiblement pareilles de la surface au foud. Joural de Mathématiques Dures et Appliquées, 1872, 17(2): 55-108.

[87] An L J, Peirce A. A weakly nonlinear analysis of elasto-plastic-microstructure models. SIAM Journal on Applied Mathematics, 1995, 55(1): 136-155.

[88] Makhan'kov V G. Dynamics of classical solitons (in non-integrable systems). Physics

Reports, 1978, 35(1): 1-128.

[89] Wang S B, Chen G W. The Cauchy problem for the generalized IMBq equation in $W^{k,p}(\mathbb{R}^n)$. Journal of Mathematical Analysis & Applications, 2002, 266(1): 38-54.

[90] Wang S B, Chen G W. Small amplitude solutions of the generalized IMBq equation. Journal of Mathematical Analysis & Applications, 2002, 274(2): 846-866.

[91] Schneider G, Wayne C E. Kawahara dynamics in dispersive media. Physica D Nonlinear Phenomena, 2001, 152(3): 384-394.

[92] Boussinesq J. Essai sur la théorie des eaux courantes, Mémoires présentés par divers savants á I. Académie des Sciences Inst, 1877, 2: 1-680.

[93] Wang Y, Mu C L. Blow-up and scattering of solution for a generalized Boussinesq equation. Applied Mathematics & Computation, 2007, 188(2): 1131-1141.

[94] Wang Y P, Guo B L. The Cauchy problem for a generalized Boussinesq type equation. Chinese Annals of Mathematics, 2008, 2(2): 185-194.

[95] Linares F. Global existence of small solutions for a generalized Boussinesq equation. Journal of Differential Equations, 1993, 106(2): 257-293.

[96] Yiu Y. Decay and scattering of small solutions of a generalized Boussinesq equation. Journal of Functional Analysis, 1997, 147(1): 51-68.

[97] Akmel D G. Global existence and decay for solution to the "bad" Boussinesq equation in two space dimensions. Applicable Analysis, 2004, 83(1): 17-36.

[98] Chen G W, Wang S B. Existence and non-existence of global solutions for nonlinear hyperbolic equations of higher order. Commentationes Mathematicae Universitatis Carolinae, 1995, 36(36): 475-487.

[99] Wang Y, Mu C L. Global existence and blow-up of the solutions for the multidimensional generalized Boussinesq equation. Mathematical Methods in the Applied Sciences, 2007, 30(12): 1403-1417.

[100] Liu Y C, Xu R Z. Potential well method for Cauchy problem of generalized double dispersion equations. Journal of Mathematical Analysis & Applications, 2008, 338(2): 1169-1187.

[101] Wang Y Z. Global existence and asymptotic behaviour of solutions for the generalized Boussinesq equation. Nonlinear Analysis: Theory, Methods & Applications, 2009, 70(1): 465-482.

[102] Levine H A, Payne L E. Nonexistence theorems for the heat equation with nonlinear boundary conditions and for the porous medium equation backward in time. Journal of Differential Equations, 1974, 16(2): 319-334.

[103] Abbott M B, Petersen H M, Skovgaard O. On the numerical modeling os short waves in shallowwater. Journal of Hydraulic Research, 1978, 16(3): 173-204.

[104] 陶建华. 波浪在岸滩上的爬高和破碎的数学模拟. 海洋学报, 1984, 6(5): 692-700.

[105] Madsen P A, Sørensen O R, Schäffer H A. Surf zone dynamics simulated by a Boussinesq type model. Part II: surf beat and swash oscillations for wave groups and irregular waves. Coastal Engineering, 1997, 32(4): 289-319.

[106] Peregrine D H. Long waves on a beach. Journal of Fluid Mechanics, 1967, 27(4): 815-827.

[107] 张岩, 陶建华. 二维短波方程的差分格式研究. 水动力学研究与进展, 1989, 4(3): 21-28.

[108] 洪广文, 张洪生. 任意水深变化水域非线性波数值模拟. 海洋工程, 1999, 17(4): 64-73.

[109] 朱良生, 洪广文. 任意水深变化 Boussinesq 型方程非线性波数值计算. 海洋工程, 2000, 18(2): 29-37.

[110] El-Zoheiry H. Numerical study of the improved Boussinesq equation. Chaos Solitons & Fractals, 2002, 14(3): 377-384.

[111] Bratsos A G. A second order numerical scheme for the improved Boussinesq equation. Physics Letters A, 2007, 370(2): 145-147.

[112] Bratsos A G. A predictor-corrector scheme for the improved Boussinesq equation. Chaos Solitons & Fractals, 2009, 40(5): 2083-2094.

[113] 胡伟鹏, 邓子辰. 广义 Boussinesq 方程的多辛方法. 应用数学和力学, 2008, 29(7): 839-845.

[114] 李燕. 广义修正 Boussinesq 方程的多辛算法. 泉州: 华侨大学, 2012.

[115] 王涛. 高阶 Boussinesq 方程的数值模型. 大连: 大连理工大学, 2002.

[116] 柳淑学, 俞聿修, 赖国璋, 等. 数值求解 Boussinesq 方程的有限元法. 水动力学研究与进展, 2000, 15(4): 399-410.

[117] 王全祥. 流体力学中几类波方程的有限体积元方法. 南京: 南京师范大学, 2013.

[118] 莫嘉琪, 程燕. 广义 Boussinesq 方程的同伦映射近似解. 物理学报, 2009, 58(7): 4379-4382.

[119] Zhao M, Teng B, Liu S X. Numerical simulation of improved Boussinesq equations

by a finite element method. 水动力学研究与进展 B 辑, 2003, 15(4): 31-40.

[120] 熊志强. Boussinesq 方程模型的数值造波方法研究. 天津: 天津大学, 2007.

[121] 聂红涛, 袁德奎, 陶建华. 基于 Boussinesq 方程的数值波浪水池. 港工技术, 2005, (2): 6-8.

[122] Rygg O B. Nonlinear refraction-diffraction of surface waves in intermediate and shallow water. Coastal Engineering, 1988, 12(3): 191-211.

[123] Payne L E, Sattinger D H. Saddle points and instability of nonlinear hyperbolic equations. Israel Journal of Mathematics, 1975, 22(3-4): 273-303.

[124] Andrews G, Ball J M. Asymptotic behaviour and changes of phase in one-dimensional nonlinear viscoelasticity. Journal of Differential Equations, 1982, 44(2): 306-341.

[125] Clements J. Existence theorems for a quasilinear evolution equation. Siam Journal on Applied Mathematics, 1974, 26(4): 745-752.

[126] Dang D A, Dinh A P N. Strong solutions of a quasilinear wave equation with nonlinear damping. Siam Journal on Mathematical Analysis, 1988, 19(2): 337-347.

[127] Levine H A, Serrin J. Global nonexistence theorems for quasilinear evolution equations with dissipation. Archive for Rational Mechanics & Analysis, 1997, 137(4): 341-361.

[128] Vitillaro E. Global nonexistence theorems for a class of evolution equations with dissipation. Archive for Rational Mechanics & Analysis, 1999, 149(2): 155-182.

[129] Haraux A, Zuazua E. Decay estimates for some semilinear damped hyperbolic problems. Archive for Rational Mechanics & Analysis, 1988, 100(2): 191-206.

[130] Kopáčková M. Remarks on bounded solutions of a semilinear dissipative hyperbolic equation. Commentationes Mathematicae Universitatis Carolinae, 1989, 30(4): 713-719.

[131] Levine H A, Pucci P, Serrin J. Some remarks on global nonexistence for nonautonomous abstract evolution equations. Contemporary Mathematics, 1997, 208: 253-263.

[132] Ikehata R. Some remarks on the wave equations with nonlinear damping and source terms. Nonlinear Analysis: Theory, Methods & Applications, 1996, 27(10): 1165-1175.

[133] Ikehata R, Suzuki T. Stable and unstable sets for evolution of parabolic and hyperbolic type. Hiroshima Mathematical Journal, 1996, 26(3): 475-491.

[134] Pucci P, Serrin J. Global nonexistence for abstract evolution equations with positive

initial energy. Journal of Differential Equations, 1998, 150(1): 203-214.

[135] Xu R Z. Global existence, blow up and asymptotic behaviour of solutions for nonlinear Klein-Gordon equation with dissipative term. Mathematical Methods in the Applied Sciences, 2010, 33(7): 831-844.

[136] Nakao M, Ono K. Existence of global solutions to the Cauchy problem for the semilinear dissipative wave equations. Mathematische Zeitschrift, 1993, 214(1): 325-342.

[137] Vanhille C, Conde C, Campos-Pozuelo C. Finite-difference and finite-volume methods for nonlinear standing ultrasonic waves in fluid media. Ultrasonics, 2004, 42(1-9): 315-318.

[138] Jenny P, Lee S H, Tchelepi H A. Adaptive fully implicit multi-scale finite-volume method for multi-phase flow and transport in heterogeneous porous media. Journal of Computational Physics, 2006, 217(2): 627-641.

[139] Bank R E, Rose D J. Some error estimates for the box method. SIAM Journal on Numerical Analysis, 1987, 24(4): 777-787.

[140] Kumar S, Nataraj N, Pani A K. Finite volume element method for second order hyperbolic equations. International Journal of Numerical Analysis & Modeling, 2008, 5(1): 132-151.

[141] Alpert B, Greengard L, Hagstrom T. An integral evolution formula for the wave equation. Journal of Computational Physics, 2000, 162(2): 536-543.

[142] Banks J W, Henshaw W D. Upwind schemes for the wave equation in second-order form. Journal of Computational Physics, 2012, 231(17): 5854-5889.

[143] Chen C J, Liu W. A two-grid method for finite volume element approximations of second-order nonlinear hyperbolic equations. Journal of Computational & Applied Mathematics, 2010, 233(11): 2975-2984.

[144] Yang M. Two-time level ADI finite volume method for a class of second-order hyperbolic problems. Applied Mathematics and Computation, 2010, 215(9): 3239-3248.

[145] Dehghan M, Shokri A. A numerical method for solution of the two-dimensional sine-Gordon equation using the radial basis functions. Mathematics and Computers in Simulation, 2008, 79(3): 700-715.

[146] Dehghan M, Shokri A. Numerical solution of the nonlinear Klein-Gordon equation using radial basis functions. Journal of Computational & Applied Mathematics, 2009,

230(2): 400-410.

[147] Liu Y C, Zhao J S. On potential wells and applications to semilinear hyperbolic equations and parabolic equations. Nonlinear Analysis: Theory, Methods & Applications, 2006, 64(12): 2665-2687.

[148] Liu Y C, Xu R Z. Global existence and blow up of solutions for Cauchy problem of generalized Boussinesq equation. Physica D Nonlinear Phenomena, 2008, 237(6): 721-731.

[149] Xu R Z. Initial boundary value problem for semilinear hyperbolic equations and parabolic equations with critical initial data. Quarterly of Applied Mathematics, 2010, 68(3): 459-468.

[150] Messaoudi S A. Blow-up of positive-initial-energy solutions of a nonlinear viscoelastic hyperbolic equation. Journal of Mathematical Analysis & Applications, 2006, 320(2): 902-915.

[151] Liu Y C, Xu R Z, Yu T. Global existence, nonexistence and asymptotic behavior of solutions for the Cauchy problem of semilinear heat equations. Nonlinear Analysis: Theory, Methods & Applications, 2008, 68(11): 3332-3348.

[152] Wang T C, Guo B L, Zhang L M. New conservative difference schemes for a coupled nonlinear Schrödinger system. Applied Mathematics & Computation, 2010, 217(4): 1604-1619.

[153] Sun Z Z. A note on finite difference method for generalized Zakharov equations. Journal of Southeast University, 2000, 16(2): 84-86.

[154] 常红. Camassa-Holm 方程的守恒有限差分格式. 高等学校计算数学学报, 2012, 34(1): 78-86.

[155] Adams R A. Sobolev spaces. New York: Academic Press, 1975.

[156] Ha T G, Kim G, Jung I H. Global existence and uniform decay rates for the semilinear wave equation with damping and source terms. Computers & Mathematics with Applications, 2014, 67(3): 692-707.